有機デバイスのための界面評価と制御技術
Technological Application for Interfacial Control of
High Performance Organic Devices

《普及版／Popular Edition》

監修 岩本光正

シーエムシー出版

はじめに

　有機デバイスに関連した研究が活発である。しかし，有機FET，有機ELなどのデバイスでは，いまだ有機材料本来の機能を活かしきれていないのが実状である。有機材料の持つ機能を使い切るためには，有機材料のみならず，電極と有機半導体，有機半導体と絶縁体など，デバイス中にある界面の機能についてもあわせて理解する必要がある。有機トランジスタ特性や有機EL，有機太陽電池などのデバイスの機能は，界面の理解，さらに制御なくして困難である。こうした界面の重要性は，もちろん無機シリコンデバイスの研究開発の歴史においても指摘され続けてきたことである。しかし，有機デバイスの研究開発では，さらに，有機分子の幾何形状，界面のトポロジー，分子集合体の構造，フレキシブルな構造などの特徴や作成プロセスの違いなども踏まえる必要がある。そこで，「有機デバイスのための界面評価と制御技術」をテーマとし，一線で活躍する研究者・技術者の方々に，それぞれの視点から最近の研究の状況や話題について執筆していただくことにした。

　本書が，この分野で活躍される研究者・技術者はもとより，この分野に関心のある方々に参考になることを期待している。また，末筆になるが，貴重な時間を割いていただいた著者の方々にお礼申し上げる。

2009年7月

東京工業大学　大学院

岩本光正

普及版の刊行にあたって

　本書は2009年に『有機デバイスのための界面評価と制御技術』として刊行されました。普及版の刊行にあたり，内容は当時のままであり加筆・訂正などの手は加えておりませんので，ご了承ください。

2015年12月

シーエムシー出版　編集部

執筆者一覧(執筆順)

岩本 光正	東京工業大学　大学院理工学研究科　電子物理工学専攻　教授
金井 要	岡山大学　異分野融合先端研究コア　助教
丸本 一弘	筑波大学　大学院数理物質科学研究科　准教授
中村 雅一	千葉大学　大学院工学研究科　人工システム科学専攻　准教授
永松 秀一	九州工業大学　大学院情報工学研究院　電子情報工学研究系　助教
佐藤 宣夫	京都大学　大学院工学研究科　助教
香取 重尊	京都大学　大学院工学研究科　産官学連携研究員
上野 信雄	千葉大学　大学院融合科学研究科　ナノサイエンス専攻　教授
廣瀬 文彦	山形大学　大学院理工学研究科　教授
宮本 隆志	㈱東レリサーチセンター　表面科学研究部　表面科学第1研究室　SIMS担当
藤山 紀之	㈱東レリサーチセンター　表面科学研究部　表面科学第1研究室　SIMS担当
平本 昌宏	分子科学研究所　分子スケールナノサイエンスセンター　教授
加藤 拓司	㈱リコー　研究開発本部　先端技術研究センター　スペシャリスト研究員；九州大学　未来化学創造センター　客員准教授
鳥居 昌史	㈱リコー　研究開発本部　先端技術研究センター　シニアスペシャリスト研究員
大北 英生	京都大学　大学院工学研究科　高分子化学専攻　准教授
伊藤 紳三郎	京都大学　大学院工学研究科　高分子化学専攻　教授

加納 正隆	大日本印刷㈱　研究開発センター　エキスパート
臼井 博明	東京農工大学　大学院共生科学技術研究院　教授
竹谷 純一	大阪大学　理学研究科　化学専攻　准教授
但馬 敬介	東京大学　大学院工学系研究科　応用化学専攻　講師
小野田 光宣	兵庫県立大学　大学院工学研究科　電気系工学専攻　教授
八瀬 清志	㈱産業技術総合研究所　光技術研究部門　副研究部門長
小野 新平	㈶電力中央研究所　材料科学研究所　主任研究員
原 浩二郎	㈱産業技術総合研究所　太陽光発電研究センター　有機新材料チーム　主任研究員
早瀬 修二	九州工業大学　大学院生命体工学研究科　教授
山成 敏広	㈱産業技術総合研究所　太陽光発電研究センター　有機新材料チーム　研究員
當摩 哲也	㈱産業技術総合研究所　太陽光発電研究センター　有機新材料チーム　研究員
吉田 郵司	㈱産業技術総合研究所　太陽光発電研究センター　有機新材料チーム　チーム長
加藤 景三	新潟大学　大学院自然科学研究科　教授
松島 敏則	北陸先端科学技術大学院大学　マテリアルサイエンス研究科　助教
村田 英幸	北陸先端科学技術大学院大学　マテリアルサイエンス研究科　教授

執筆者の所属表記は，2009年当時のものを使用しております。

目次

【第Ⅰ編　界面現象の観察と界面構造】

[電子デバイス界面]

第1章　有機デバイス関連界面の電子構造の決定　　金井　要

1　はじめに …………………………………… 3
2　電子構造の決定方法 ……………………… 3
　2.1　紫外光電子分光（UPS）と逆光電子分光（IPES） ………………………… 3
3　有機デバイス関連界面の電子構造の決定 …………………………………………… 6
　3.1　有機／金属界面における界面電気二重層の形成 ……………………………… 7
　3.2　界面電気二重層の成因 ……………… 8
　　3.2.1　相互作用の強い系 ……………… 9
　　3.2.2　弱い化学吸着系 ………………… 11
　　3.2.3　相互作用の弱い系 ……………… 15
4　まとめ …………………………………… 18

第2章　電子スピン共鳴法（ESR）を用いた有機トランジスタ界面のミクロ特性評価法　　丸本一弘

1　はじめに ………………………………… 21
2　導電性高分子デバイス界面のESR研究 …………………………………………… 22
3　ペンタセンFET界面のESR研究 …… 23
　3.1　ペンタセン ………………………… 23
　3.2　ESR研究用のペンタセンFETの作製と動作 …………………………… 24
　3.3　ペンタセンFETのESR観測 …… 25
　3.4　ペンタセンFET界面の分子配向評価 …………………………………… 27
　3.5　ペンタセンFET界面の電荷輸送機構 …………………………………… 28
4　ルブレン単結晶FET界面のESR研究 …………………………………………… 29
　4.1　ルブレン単結晶FET ……………… 29
　4.2　ESR研究用のルブレン単結晶FETの作製と動作 …………………… 29
　4.3　ルブレン単結晶FETのESR観測 …………………………………………… 29
　4.4　ルブレン単結晶FETのESRにおける界面修飾効果 ……………………… 31
　4.5　ペンタセンFET界面の分子配向評価 …………………………………… 31
5　まとめと今後の展望 …………………… 32

第3章　薄膜トランジスタにおける界面キャリア輸送の原子間力顕微鏡ポテンショメトリによる評価　　中村雅一

1　はじめに …………………………… 35
2　原子間力顕微鏡ポテンショメトリの原理と装置構成 ………………………… 35
3　電極／活性層界面キャリア輸送の評価例 …………………………………… 40
4　活性層／ゲート絶縁膜界面キャリア輸送の評価例 ………………………… 42
5　おわりに …………………………… 44

第4章　微小角入射X線回折法によるポリチオフェン摩擦転写超薄膜の界面構造評価　　永松秀一

1　はじめに …………………………… 46
2　摩擦転写法 ………………………… 46
3　微小角入射X線回折法 …………… 48
4　トランジスタ特性 ………………… 51
5　おわりに …………………………… 52

第5章　原子間力顕微鏡とケルビンプローブ表面力顕微鏡（KPFM）による発光素子の解析　　佐藤宣夫，香取重尊

1　はじめに …………………………… 53
2　原子間力顕微鏡（AFM） ………… 53
　2.1　AFMの測定原理 ……………… 53
　2.2　AFMの測定モード …………… 55
　　2.2.1　探針—試料間に働く力 … 55
　2.3　カンチレバーの駆動方式 …… 56
　　2.3.1　Static-mode（スタティックモード） ………………………… 57
　　2.3.2　Dynamic-mode（ダイナミックモード） ………………………… 57
　2.4　ダイナミックモードAFMでの検出方式 …………………………… 58
　　2.4.1　AM検出 ………………… 59
　　2.4.2　FM検出 ………………… 60
　2.5　AFMの特長 …………………… 60
3　ケルビンプローブ表面力顕微鏡（KPFM）の原理 ……………………… 61
　3.1　ケルビン法の原理 …………… 61
　3.2　静電気力検出と表面電位 …… 62
　3.3　KPFMの分解能 ……………… 63
　3.4　一般的なKPFMの問題点 …… 64
4　発光素子のKPFM観察 …………… 65
　4.1　有機ELの現状 ………………… 65
　4.2　実験方法 ……………………… 67
　　4.2.1　試料作製 ………………… 67
　　4.2.2　実験装置 ………………… 68

| 4.3 実験結果と考察 …………………… 69 | 4.4 まとめと今後の課題 …………… 71 |

第6章　MDC-SHG法によるエネルギー構造と空間構造の評価
岩本光正

1 はじめに ……………………………… 74	3 界面に蓄積される電荷とMDC-SHG … 77
2 有機分子界面の構造と自発分極 ……… 74	3.1 界面電荷移動による帯電と表面電位 …………………………………… 77
2.1 有機分子膜界面の構造 …………… 74	3.2 SHGによる電子移動の評価 …… 77
2.2 双極子配列による界面分極構造の評価 …………………………………… 76	3.3 2層誘電体の界面に蓄積される電荷による分極 …………………… 78
2.3 MDC-SHG法によるS_1とS_3の評価 …………………………………… 76	4 まとめ ……………………………………… 79

第7章　電子状態と電気伝導：界面電子準位接続と電荷移動度研究の課題と現状
上野信雄

1 はじめに ……………………………… 80	子振動結合とホール寿命 ………… 87
1.1 プロローグ ……………………… 80	5 バンド伝導による移動度：エネルギーバンド分散と移動度 ……………… 90
2 界面電子準位接続の基本問題 ………… 82	
3 移動度の内部を探る：ホール移動度の光電子分光 …………………………… 84	6 HOMO準位の$2t$分裂：ダイマーナノ構造の形成によるtの実測 ………… 92
4 ホッピング移動度：HOMOホール／分	7 おわりに ……………………………… 94

[光デバイス界面]

第8章　増感色素の酸化チタン表面の吸着構造の評価
廣瀬文彦

| 1 はじめに〜色素増感太陽電池の概要〜 …………………………………… 97 | 3 N719増感色素吸着酸化チタン表面の多重内部反射赤外吸収分光の評価事例 … 100 |
| 2 増感色素吸着酸化チタン表面の多重内部反射赤外吸収分光観察 …………… 99 | 4 赤外吸収分光観察を用いたN719色素増感電池のプロセス改善事例 ………… 102 |

III

4.1 UV照射法を用いた発電特性の改善事例 …………………… 102
4.2 増感色素吸着密度制御による発電特性の改善事例 ………………… 103
5 おわりに ……………………………… 104

第9章　Backside SIMSによる有機ELの劣化評価　　宮本隆志, 藤山紀之

1 はじめに ……………………………… 105
2 素子構造変化を捉える — Backside SIMS — ……………………… 106
 2.1 SIMS（二次イオン質量分析）…… 106
 2.2 Backside SIMS ………………… 106
3 有機EL素子のBackside SIMSによる解析例 ……………………… 107
 3.1 高温保存時の層構造変化①（HTM） ………………………………… 107
 3.2 高温保存時の層構造変化②（EIM） ………………………………… 109
4 おわりに ……………………………… 110

第10章　弾道電子放出顕微鏡の電子注入バリア計測による有機デバイスの評価　　平本昌宏

……………………………………………… 111

【第Ⅱ編　界面制御とプロセス】

［ウェットプロセス］

第1章　自己組織化膜による半導体の界面　　加藤拓司, 鳥居昌史

1 はじめに ……………………………… 121
2 OFETにおける有機半導体／絶縁膜界面修飾 ………………………… 121
3 自己組織化単分子膜の構造解析 ……… 122
 3.1 X線回折測定（面内回折測定）… 123
 3.2 X線反射率測定 ………………… 124
 3.3 IR測定（Grazing incident ATR法） ………………………………… 124
 3.4 X線光電子分光法（XPS）……… 126
 3.5 ペニングイオン化電子分光法（PIES）と紫外線光電子分光法（UPS）…… 127
4 自己組織化単分子膜を用いたOFET … 127

第2章　高分子薄膜太陽電池の界面制御　　大北英生，伊藤紳三郎

1　はじめに …………………………… 132
2　交互吸着法による界面設計 ………… 133
　2.1　交互吸着超薄膜の作製方法 ……… 133
　2.2　電荷分離界面の設計 ……………… 134
　2.3　ナノ精度での膜厚の最適化 ……… 136
3　増感色素の界面修飾 ………………… 139
　3.1　色素の分子構造と分散特性 ……… 140
　3.2　色素を導入した有機薄膜太陽電池の
　　　 素子特性と増感機構 ……………… 143
　3.3　色素の界面修飾 …………………… 145
4　おわりに …………………………… 146

第3章　表面選択塗布法を用いた自己形成有機トランジスタ　　加納正隆

1　はじめに …………………………… 148
2　表面選択塗布法による有機FETアレイ
　　の作製 …………………………… 148
　2.1　表面選択塗布法の原理 …………… 148
　2.2　表面選択塗布法を用いた有機FET
　　　 アレイの形成 ……………………… 149
　2.3　表面選択塗布法を用いた有機FET
　　　 アレイの電気特性と動作安定性 … 151
　2.4　表面選択塗布法のフレキシブル基板
　　　 への応用 …………………………… 153
3　おわりに …………………………… 154

[ドライプロセス]

第4章　物理蒸着法を用いた有機デバイスの界面制御　　臼井博明

1　はじめに …………………………… 156
2　物理蒸着による高分子薄膜形成 …… 157
3　高分子材料の直接蒸着 ……………… 157
4　共蒸着による重合膜形成 …………… 158
5　単独蒸着による重合膜形成 ………… 161
6　表面開始蒸着重合 …………………… 162
　6.1　表面開始蒸着重合によるビニルポリ
　　　 マーの製膜 ………………………… 162
　6.2　表面開始蒸着重合によるポリペプチ
　　　 ドの製膜 …………………………… 164
7　おわりに …………………………… 166

第5章　有機単結晶シートの接合界面とトランジスタ機能　　竹谷純一

1　はじめに …………………………… 169
2　有機単結晶シートの「貼り合わせ」による接合界面 ……………………… 170
  2.1　有機単結晶シートの成長と結晶表面の観察 …………………………… 170
  2.2　有機単結晶シートの「貼り合わせ」 …………………………………… 172
  2.3　有機単結晶トランジスタ ………… 173
3　有機単結晶トランジスタの電界効果特性 …………………………………… 175
  3.1　自己組織化単分子膜を用いた高移動度ルブレン単結晶トランジスタ …………………………… 175
  3.2　大気中で動作するn型有機単結晶トランジスタ ……………………… 176
4　おわりに …………………………… 177

第6章　圧着法を用いたポリマー太陽電池の接合界面制御　　但馬敬介

1　はじめに …………………………… 179
2　圧着法を用いたポリマー太陽電池の作成 …………………………………… 180
3　まとめ ……………………………… 188

[電解重合]

第7章　有機電解合成と界面電気化学現象　　小野田光宣

1　はじめに …………………………… 190
2　電解重合法 ………………………… 192
3　電解重合反応の機構 ……………… 193
4　陰極還元重合による導電性高分子 … 195
5　電解重合膜の機能応用例 ………… 196
  5.1　導電性高分子 — 無機物質複合体 …………………………………… 196
  5.2　人工筋肉，駆動素子 …………… 197
  5.3　分子機械，分子素子 …………… 200
  5.4　分子ワイヤ，超格子構造素子 … 200
6　まとめ ……………………………… 202

【第Ⅲ編】 界面制御とデバイス特性

[トランジスタ]

第1章　全印刷プロセスによる有機TFTアレイ化技術　　八瀬清志

1　はじめに …………………………… 207
2　マイクロコンタクトプリント法による大面積・高精細有機TFTパターニング … 208
3　全印刷有機TFTによる液晶パネルの駆動 …………………………………… 211
4　おわりに …………………………… 212

第2章　イオン液体電解質を用いたトランジスタの製造と界面　　小野新平，竹谷純一

1　はじめに …………………………… 215
2　イオン液体電解質を用いた有機単結晶FETの構造と作製法 ……………… 216
 2.1　高性能の有機FETの実現 …… 216
 2.2　電解質を用いた有機FET ……… 216
 2.3　イオン液体電解質を使用した有機FET ………………………………… 218
3　イオン液体電解質の性質 ………… 218
4　デバイスの構造 …………………… 219
5　イオン液体電解質を用いた有機単結晶FETの特性 ……………………… 220
6　高性能有機FETに必要なイオン液体電解質 ………………………………… 222
7　今後の展開 ………………………… 223

[太陽電池]

第3章　ナノ・ヘテロ界面構造の制御による有機色素増感太陽電池の高効率化　　原　浩二郎

1　はじめに …………………………… 225
2　高性能有機色素の分子構造 ……… 226
3　有機色素の会合体抑制による高効率化 …………………………………… 228
4　有機色素の分子構造による再結合抑制 …………………………………… 231
5　アルキル基による吸着状態や太陽電池特性の変化 ………………………… 232
6　おわりに …………………………… 234

第4章　界面制御技術による高性能固体太陽電池作製に関する研究開発動向

早瀬修二

1 はじめに …………………… 236
2 色素増感太陽電池の発電機構 ………… 236
3 液体型 DSSC とホール輸送固体型 DSSC の発電機構の違い …………… 239
4 有機ホール輸送層を用いた固体 DSSC
   ………………………………… 240
5 無機ホール輸送材料を用いた固体 DSSC
   ………………………………… 245
6 擬固体 DSSC ………………… 247
7 まとめ ……………………… 249

第5章　塗布法により作製した高分子系有機薄膜太陽電池と界面

山成敏広, 當摩哲也, 吉田郵司

1 はじめに …………………… 252
2 有機薄膜太陽電池研究の歴史 ………… 253
3 有機半導体材料 …………… 254
4 高分子塗布系有機薄膜太陽電池 ……… 254
5 低コスト作製技術の検討 ………… 255
6 セルの経時劣化のメカニズム ……… 258
7 おわりに …………………… 260

[有機 EL]

第6章　フラーレン層挿入によるナノ界面制御

加藤景三

1 はじめに …………………… 262
2 フラーレン（C_{60}）層挿入による OLED の特性 ………………… 263
3 まとめ ……………………… 269

第7章　ヘテロ接合界面制御による有機 EL 素子の特性向上

松島敏則, 村田英幸

1 はじめに …………………… 270
2 ITO 電極／正孔輸送層界面の制御が有機 EL 特性に及ぼす影響 ………… 271
3 正孔輸送層／発光層界面の制御が有機 EL 特性に及ぼす影響 ………… 274
4 まとめ ……………………… 276

第Ⅰ編

界面現象の観察と界面構造

〔電子デバイス界面〕

第1章　有機デバイス関連界面の電子構造の決定

金井　要*

1　はじめに

　有機半導体薄膜を用いた電子デバイスの機能を発現する重要な物理現象の多くは界面において起こっている。有機デバイスに関連した界面としては，有機／金属，有機／有機，有機／絶縁体，有機／（無機）半導体界面がある。有機／金属界面は，言うまでもなく，有機薄膜と電極の界面のモデルであり，電荷注入現象に直接関係するために，これまでに多くの電子構造に関する研究が行われてきた。一方で，有機／有機界面は，有機電界発光素子や，有機太陽電池に内在する異種の有機薄膜が接する界面であり，素子の機能発現にとって重要な物理現象の舞台となる。しかし，その電子構造の系統的な研究は，実験的な難しさもあり，まだ始まったばかりである。本章では，特に，有機／金属界面の電子構造に関するこれまでの研究について概観する。

2　電子構造の決定方法

　マクロな物理現象である輸送現象は，様々な要因によって決定される。そのため，輸送現象に現れる変化は，有機薄膜や界面の様々な情報を含むが，それを腑分けし，変化の要因を決定する事は一般的に非常に難しい。電子構造を決定する事は，それをミクロな視点から理解する第一歩となる。
　ここでは，電子構造を決定する有力な方法である，光電子分光と逆光電子分光について，その原理について説明する。

2.1　紫外光電子分光（UPS）と逆光電子分光（IPES）

　有機分子に単色の紫外線を照射すると，様々な運動量を持った電子（光電子）が放出される。照射する紫外線のエネルギーや偏光，照射方向は実験者がコントロールできるので，分子から放出される光電子の運動量（運動エネルギー）の情報を知る事ができれば，電子が光電子として放出する前の情報を知る事ができる。この様子を図1(a)に示した。この図は有機分子の光電子分光

＊　Kaname Kanai　岡山大学　異分野融合先端研究コア　助教

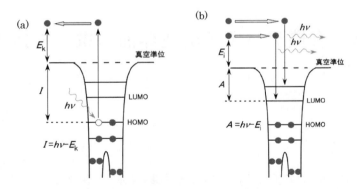

図1 (a)光電子放出（UPS）過程の模式図と(b)逆光電子放出（IPES）過程の模式図
(a)光のエネルギー（$h\nu$）が分子のイオン化エネルギー（I）より大きければ，光電子が放出される．光電子の放出強度の運動エネルギー（E_k）に対する分布は，近似的に占有電子状態の一電子状態密度を与える。(b)分子の真空準位以上のエネルギー（E_k）を持つ電子が，分子の非占有準位へ落ち込む時にエネルギー（$h\nu$）の光を放出する。このとき，エネルギー（$h\nu$）の光の放出強度の E_k に対する分布は近似的に非占有電子状態の一電子状態密度を与える。

の過程について示したエネルギーダイアグラムである。有機分子は，最高被占有分子軌道（HOMO）まで電子が詰まっている。この分子に紫外線を照射し，もしそのエネルギー（$h\nu$）がHOMOなどの占有軌道の束縛エネルギーよりも大きければ，電子は束縛を振り切り真空中へ飛び出してくる事になる。これが光電子である。当然，$h\nu$ より大きな束縛エネルギーを持った電子は真空中には飛び出せないため，$h\nu$ までの束縛エネルギーの被占有電子が光電子となる。図で，HOMOからの光電子放出を考えると，HOMOから放出された光電子のエネルギーを E_k^{HOMO}，イオン化エネルギーを I（真空準位を基準としたHOMOの束縛エネルギー）とすると，エネルギー保存則：$I = h\nu - E_k^{HOMO}$ が成り立つ。$h\nu$ は既知，E_k^{HOMO} は観測値なので，I を知る事ができる。より深い準位に対しても同様に，光電子スペクトルを測定する事で，束縛エネルギーを知る事ができる。より形式的には，i 番目の準位の真空準位を基準とした束縛エネルギーを ε_i，光電子のエネルギーを E_k とすると，光電子スペクトルは，(1)式のように表す事ができる。和は光電子の運動量に対して取る。$h\nu - E_k$ を ω と書き換えれば，式(2)となる。この式は，一電子状態密度そのものである。つまり，もし電子相関の影響を考えなければ，光電子スペクトルは近似的に占有一電子状態密度を与える。

$$\rho(\varepsilon) = \sum \delta(\varepsilon_i - h\nu + E_k) \tag{1}$$

$$\rho(\varepsilon) = \sum \delta(\varepsilon_i - \omega) \tag{2}$$

第1章　有機デバイス関連界面の電子構造の決定

図1(b)には，逆光電子分光の過程を示した．光電子放出過程とは逆に，有機分子に電子を照射すると，真空準位以上にエネルギーE_iを持った電子が入り込む事になる．この電子は，直ちに，より低エネルギーの安定な非占有準位へ遷移する．その際に，電子が失った余剰なエネルギーを他の占有準位を占める電子に渡して電子が放出される，無放射遷移を起こす場合と，余剰なエネルギーが光として放出される放射遷移とが起こる．LUMOへの放射遷移に着目すると，放出される光子のエネルギーを$h\nu$，その時の電子のエネルギーをE_i^{LUMO}，電子親和力をA（真空準位を基準としたLUMOのエネルギー）とすると，エネルギー保存則：$A = h\nu - E_i^{\mathrm{LUMO}}$が成り立つ．$h\nu$は実験者が決定できる既知の量で，$E_i^{\mathrm{LUMO}}$は観測値なので，$A$を知る事ができる．より高い準位に対しても同様に，逆光電子スペクトルを測定する事で，そのエネルギーを知る事ができる．より形式的には，逆光電子スペクトルは，式(3)で表す事ができる．和は電子の運動量に対して取る．$h\nu - E_i$をωと書き換えれば，式(2)と同様の表式となる．つまり，もし電子相関の影響を考えなければ，逆光電子スペクトルは近似的に非占有一電子状態密度を与える．

$$\rho(\varepsilon) = \sum \delta(\varepsilon_i + E_i - h\nu) \qquad (3)$$

一般的に逆光電子放出過程の起こりやすさ（物質内に入り込んだ電子が放射遷移を起こす確率）は，10eVの入射電子を仮定すると，同じエネルギーの光電子放出過程の起こりやすさに比べて10万分の1程度ときわめて小さい．このため，物質から放射される光がきわめて微弱であり，実験的に信頼性の高いIPESスペクトルを得る事が難しい．検出するべき光が微弱であるために，より光を効率的に検出するためには，照射する電子の量を増やせば良さそうだが，電子照射量が増えれば，試料の損傷を招きかねない．有機物が試料の場合は損傷が深刻で，特に実験が難しい．

図3にアントラセン薄膜のUPSとIPESスペクトルを示す．-4eV付近の点線は真空準位を表す．まず，観測されたUPSとIPESスペクトルは，横軸付近に示した密度汎関数法（DFT）による分子軌道計算の結果を用いたシ

図2　アントラセンの分子構造

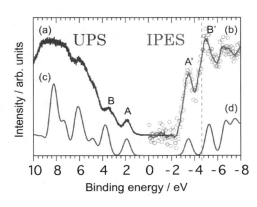

図3　アントラセン薄膜の光電子分光，逆光電子分光スペクトル
横軸は，基板のフェルミ準位を基準とした束縛エネルギー．スペクトルの下に示したのは，DFT計算による分子軌道計算の結果を用いたシミュレーション．

ミュレーションで非常に良く説明される事が分かる。UPSスペクトル中のピークAは，HOMO，IPESスペクトル中のピークA'はLUMOに対応する。この事は，前述したように，UPS，IPESスペクトルは，非常に良い近似で，一電子状態密度のレプリカとなる事が分かる。次に，この結果から求められる物理量について述べる。アントラセンは，古くから光伝導性について，多くの研究報告があり，その伝導ギャップは3.9eVである事が知られている。図3の結果から求められるHOMO-LUMOギャップは，約3.8eVであり，伝導ギャップと良く一致する。この事は，UPSスペクトル中でHOMOを与える光学過程は，分子の陽イオンを，IPESスペクトル中でLUMOを与える光学過程は，分子の陰イオンを作り出す過程であり，そのエネルギー差は薄膜中で無限に離れた電子－正孔対を生成するエネルギーを与える。この状態は，薄膜中で電荷分離した電子－正孔対の状態そのものに対応するためにHOMO-LUMOギャップが伝導ギャップに対応すると考えられる。ここで，UPSとIPESスペクトルからHOMOとLUMOのエネルギーの見積もり方は，経験的にHOMOピーク(A)とLUMOピーク(B)の立ち上がりの位置を取る事が慣例となっている。ピーク位置でなく，立ち上がりである理由は固体薄膜内のそれぞれの分子の置かれた環境によって，電子準位に正規分布が生じるため，ピークの裾にも，実際に状態が存在するためと理解されている。アントラセンの可視紫外吸収スペクトルから求められるエネルギーギャップは，励起子の束縛エネルギーの影響があり，3.1eVと，UPS-IPESから求められるHOMO-LUMOギャップよりかなり小さくなる。次に，UPSやIPESを用いて，真空準位のエネルギーが測定する事ができるため，前述したHOMO，LUMOのエネルギーとの比較から，電子親和力$A=2.1$eV，イオン化エネルギー$I=5.82$eVと見積もる事ができる。図3の横軸は基板（Au）のフェルミ準位を基準としているため，基板を電極と見なせば，HOMO，LUMOのエネルギーとの比較から，正孔注入障壁は，1.20eV，電子注入障壁は2.4eVと見積もる事ができ，正孔注入の方がしやすい事が分かる。

　以上のように，UPSとIPESを組み合わせる事によって，有機薄膜の占有，非占有電子構造を直接観測する事が可能である事が分かった。次に，このUPSとIPESを用いた界面電子構造の研究について述べる。

3　有機デバイス関連界面の電子構造の決定

　仮に，有機分子が異種物質（電極や，他の有機分子）と接触しても，互いに相互作用しなければ，わざわざ界面電子構造を決定する必要はない。例えば，有機薄膜と電極の界面（有機／金属界面）の電子構造を知りたければ，UPSやIPESを用いて，電極金属のフェルミ準位や，仕事関数，有機薄膜のHOMOやLUMOのエネルギーなどを個別に調べておいて，両者を比較すれば，

第1章 有機デバイス関連界面の電子構造の決定

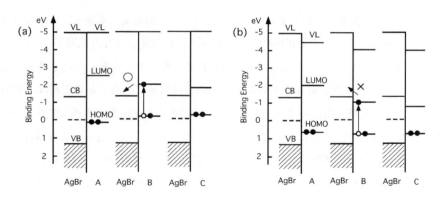

図4 AgBr基板と，3種類のメロシアニン色素（A，B，C）との界面電子構造
(a)は真空準位（VL）を揃えて描いたもの，(b)は関，谷らによって実測された結果[1]。

電子注入障壁や正孔注入障壁を知る事ができる。しかし，これまでの研究によって，一般的に，このような単純な仮定は成り立たず，実際の界面電子構造には有機分子と金属表面との相互作用が大きく影響する。

3.1 有機／金属界面における界面電気二重層の形成

図4(a)，(b)はAgBr基板上と，その上に吸着した種類の異なるメロシアニン色素（A，B，C）との界面のエネルギーダイアグラムを示したものである。メロシアニン色素は，銀塩写真においてハロゲン化銀の増感現象を起こす事が知られている。すなわち，AgBrの吸収が起きない波長の光を色素が吸収すると，色素のHOMOからLUMOへ電子が励起される。色素のLUMOがAgBrの伝導帯（CB）の底よりも高い位置にあれば，色素のLUMOからAgBrへ電子が移動する事で，潜像を形成する事ができる（この様子を図中で色素Bの場合に図示した）。ここで，色素が増感を引き起こすためには，色素のLUMOがAgBrのCBの底よりも高い位置にあれば良い事になる。図4(a)は，AgBr基板と，そこに吸着した色素の間の相互作用を考慮せずに，両者の真空準位（VL）を揃えて描いた界面のエネルギーダイアグラムである。このダイアグラムからは，色素A，B，CすべてLUMOはCBの底より高い位置にあり，増感を起こす事が予想される。しかし，実際には，増感が起こるのは色素Aのみであり，B，Cは増感現象が観測されない。図4(b)は，関，谷らがUPSを用いて調べた実際の界面のエネルギーダイアグラムである[1]。(a)との違いは，AgBrと色素の界面で，VLが揃わないと言う点である。どの場合にも，0.5～1eV，色素側のVLが下がる。このVLのシフトによって色素のHOMOやLUMOはAgBrのCBやVBに対して，相対的に引き下げられる。その結果，色素Aのみが，LUMOがCBの底より高くなり，B，Cでは増感現象が起こらない事が理解できる。真空準位のシフトは，色素の

薄膜側が正に，AgBr側が負に帯電する事によって生じ，界面電気二重層と呼ばれる（界面電気二重層の大きさをΔと表し，その正の符号は，真空準位が上昇する方向を示す）。この例のように，典型的なΔは，時には1eVを超える事もあるため，我々が扱う多くの電子機能性有機分子のHOMO-LUMOギャップが可視光から近紫外線の波長領域にある事を考えれば，界面で起こる物理現象を正しく理解するためには，界面電気二重層の存在を無視する事はできない。

有機薄膜と金属基板の間に生じる界面電気二重層については，関，谷らによる報告の後，多くの有機分子と金属について系統的な研究が，石井，関らによって行われ，ほとんどの有機分子の場合には図4(b)のように，有機分子側が正に帯電し，VLが金属基板のものより引き下げられる事が報告された[2]。その後，世界中の多くの研究グループによって，界面電気二重層の成因に関する研究が行われてきているが，今までのところ，その成因が完全に解明されたとは言いにくい状況であり，多く有機分子の場合に界面電気二重層の大きさを予測する事は不可能である。

3.2 界面電気二重層の成因

石井らは，文献2）の中で，界面電気二重層の成因について，六つの可能性について言及している。詳細は文献を参照されたいが，当然，界面電気二重層の成因は金属基板に吸着した分子と，金属表面電子系との相互作用の種類によって大きく異なる。ここでは，有機分子と基板金属との相互作用の大きさをパラメーターに取って系を分類し，上記の幾つかの可能性について述べる。

図5に，主にUPSを用いて，様々な有機／金属界面の電子構造を調べた研究例から，(1)分子と基板の間で電荷移動が生じる系（Charge Transfer），(2)分子と基板金属との間で錯体が形成される系（Complex），(3)分子と基板の間で，両者の軌道混成等によって界面特有な"界面準位"が生じる系（Interface States），(4)分子と基板の間の相互作用は弱く，"界面準位"は形成されず，物理吸着と考えられる系（Physisorption）に分類した図を示す。横軸と縦軸は，それぞれ分子の電子親和力（E_A）と基板金属の仕事関数（ϕ_m）である。つまり，ここでの有機分子と基板金属との相互作用の大きさを測るパラメーターとしたのは，"分子のLUMOがどれほど金属のフェルミ準位に近いか"と言う度合いである。はじめに，図の右側に多く分子の例が示してあるE_A＝2～6eV領域を見てみる。点線で示したのは，LUMOが金属のフェルミ準位と一致している線（$\phi_m = E_A$）であり，それより右側はE_Aがϕ_mより大きい領域，左側がE_Aがϕ_mより小さい領域となる。右側の領域には(1)や(2)の系が見られる。また，左上の領域では(4)の系が見られる。一方で，点線の付近は，界面準位が生じる系が多い事が分かる。この図からはそれぞれの系での界面におけるそれぞれの電子準位の関係は分からないが，概して言えば，分子のLUMOのエネルギーが金属のフェルミ準位より十分に高ければ物理吸着，分子のLUMOのエネルギーが金属のフェルミ準位より低ければ，分子が金属から電子を受け取り，陰イオンになったり，錯体を形成

第1章 有機デバイス関連界面の電子構造の決定

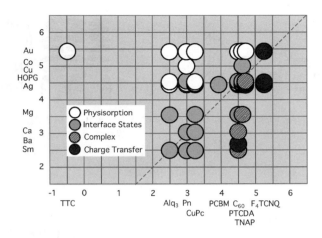

図5 様々な有機分子を様々な金属基板上に製膜した時の界面電子状態をまとめた図 実験データは,様々なグループによって報告された,主に UPS によるデータを元にしている。TNAP：K. Kanai *et al.*, (2004), CuPc：Y. Tanaka *et al.*, (2008), H. Peisert *et al.*, (2002), Alq$_3$：Y. Q. Li *et al.*, (2003), I. G. Hill *et al.*, (2000), F$_4$TCNQ：L. Romaner *et al.*, (2007), N. Koch *et al.*, (2005), Pentacene：N. J. Watkins *et al.*, (2002), N. Koch *et al.*, (2002, 2006), C$_{60}$：G. K. Wertheim *et al.*, (1994), Th. Schedel-Niedrig *et al.*, (1997), PCBM：K. Akaike *et al.*, (2008), PTCDA：E. Kawabe *et al.*, (2008), R. Tamirov *et al.*, (2006)。縦軸は ϕ_m,横軸は E_A を示す。

したりする。一方で,これらは,点線の右と左で急に切り替わる訳ではなく,LUMO がフェルミ準位と近い系では,分子と金属の間で混成が起こり,界面準位が形成される領域が存在する。この4つの領域の中で,界面電気二重層の成因が分かりやすいのは,(1)や(2)の系である。この領域を,ここでは「相互作用の強い系」と呼ぶ。まず,この系における界面電気二重層の形成について見てみる。

3.2.1 相互作用の強い系

ここでは,(1),(2)の系の例として,図6に示した TCNQ 誘導体であり,電子親和力 E_A = 4.70eV を持つアクセプター分子 TNAP[3)](図6) を取り上げる。図7に Ag 基板上の TNAP 薄膜の UPS スペクトルの膜厚依存性を示す。TNAP の膜厚が厚い場合（例えば,3.8 nm）のスペクトルには,a', b', c' の3つの構造が見られる。この構造は,図中中程に示した DFT 計算による中性の TNAP^0 の分子軌道計算結果と良く一致している事が分かる。一方で,薄膜の場合（例えば,0.38nm）は,同様に3つの構造,a, b, c があるが,そのエネルギーは異なり,界面での TNAP の電子構造はバルクのものとは異なる事を示している。これらの a, b, c の構造は,中性の TNAP の計算では説明する事ができない。これらの構造は,図中下部に示した TNAP$^-$ の計算結果で良く説明される事から,TNAP は界面で TNAP$^-$ となっている事が分かる（図8）。

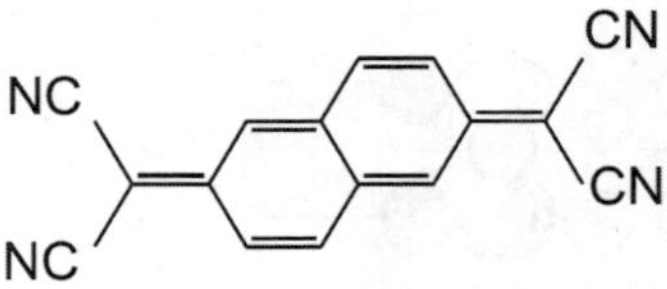

図6 TNAPの分子構造

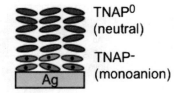

図8 TNAP/Ag界面の概念図
界面では，TNAP⁻の層が形成されている。

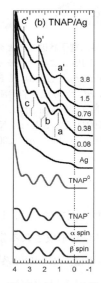

図7 TNAP/AgのUPSスペクトルの膜厚依存性
比較のため，DFT計算による分子軌道計算より求めたシミュレーション結果も示す[4]。

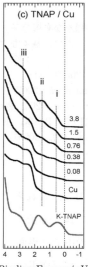

図9 TNAP/CuのUPSスペクトルの膜厚依存性
比較のため，DFT計算によるK-TNAP錯体の分子軌道計算より求めたシミュレーション結果も示す[4]。

このTNAP/Ag界面では，$\Delta = 0.9eV$ と大きな正の界面電気二重層が生じる事が分かっている[4]。これは，界面でTNAP薄膜側が負に帯電している事を示しており，UPS結果と一致する。よって，この系における界面電気二重層の成因は明らかで，界面における電荷移動によって界面に陰イオンTNAP⁻の層が生じるためである。

次に，図9にCu基板上のTNAP薄膜のUPSの結果を示した。Cu基板上のスペクトルは，図7に示したTNAPのスペクトルとは異なる事が分かる。この場合にも，$\Delta \sim 0.7eV$ と大きな

正の界面電気二重層が形成されるため，TNAP薄膜側が負に帯電している事が分かるが，図9のスペクトルはTNAP⁻のものとも異なる事から，単純な電荷移動によるものでは無い事が分かる。このスペクトルは，図中下部に示したTNAPのK錯体に対する計算結果で比較的良く説明される事が分かる。Cu基板上のTNAPの膜では，基板のCuが膜中に拡散する事によって，Cu-TNAP錯体ができている。また，スペクトルの形状に膜厚依存性が無い事から，錯体は，TNAP膜全体にわたっ

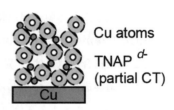

図10 TNAP/Cu界面の概念図
薄膜全体にわたって，Cu-TNAP錯体が形成されている。

て形成している事が分かる（図10）。赤外吸収分光から，この錯体における電界移動量は1以下の分数である事が分かっている[4]。

図5の表で，ComplexやCharge Transferの系が存在する右側の領域は，電荷移動や錯体形成によって，有機分子膜側が負に帯電し，Δ>0となる事が分かる。このように，強い相互作用が面電気二重層の成因である場合は，それを意図的に利用して，つまり，強いアクセプター分子の層を陽極界面に挿入して正孔注入障壁を減少させる事ができる。図11に，ITO/ZnPc（亜鉛フタロシアニン）薄膜/Alのデバイスの電流-電圧特性を示した。ZnPcとAl電極の間にTNAPの薄い層を挿入する事によって，特性は印加電圧に対して対称的になり，Al電極からの正孔注入効率に劇的な改善が見られる。これは，Al電極とTNAP薄膜の界面に真空準位を押し上げるようにΔが形成された結果，Alのフェルミ準位とZnPcのHOMOの位置が近づき，正孔注入障壁が低減されたためと考えられる（図4のメロシアニンの場合と逆の方向のシフト）。

3.2.2 弱い化学吸着系

次に，もう少し分子と基板の間の相互作用が小さいと考えられる系について述べる。この系は，図5で$\phi_m = E_A$の線付近に位置する"界面準位"が生じる系である。

これまでの実験的研究によって，多くの有機／金属界面において，分子と金属の間に何らかの弱い化学的相互作用が起こっている事が分かってきている。単純に考えれば，吸着した分子の軌道（図5の場合はLUMO）と，

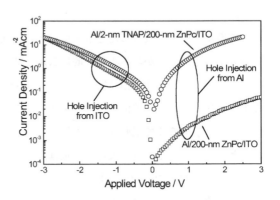

図11 ITO/ZnPc薄膜/Alのデバイスの電流-電圧特性
正の電圧の領域は，Al電極からZnPc薄膜への正孔注入による電流が観測されるが，Al電極のフェルミ準位とZnPc薄膜のHOMO準位はエネルギー的に離れているために，正孔注入をしにくい。一方で，この状況は，Al電極界面にTNAP層を挿入すると劇的に改善する。

有機デバイスのための界面評価と制御技術

金属表面電子系との軌道混成によって新たに生じる軌道が部分的に占有される場合は，エネルギー的な利得が生じるので，占有された軌道は結合性軌道となり，分子は化学吸着する事になる。占有された結合性軌道は，"界面順位"として観測される。このような場合は，金属のフェルミ準位が軌道混成によって生じる軌道と同等のエネルギーを持たなければならないため，LUMO（E_A）と金属のフェルミ準位（ϕ_m）が近い値の領域で，このような系が生じる事が理解できる。代表的な系としては，ペリレン誘導体であるPTCDAをAg基板上に吸着された系が良く知られており，ドイツのIlmenau工科大のTautzやWürzburg大のUmbachらによって詳しく調べられている。図12に，PTCA薄膜とAg基板の界面をUPSによって調べた結果を示す。Au（111）基板上のスペクトルは，中性のPTCDAのものであり，1.5eV付近に，HOMOのピークが現れている（PTCDA/Auは図5で，弱い相互作用の系に分類される）。一方で，Ag基板上のスペクトルはAu基板のものとは大きく異なり，図中，縦線で示した界面準位が形成される。界面準位の形成は，面に依存し，Ag（111）基板の場合にはスペクトルはフェルミ準位に強度を持ち，金属的な界面準位が形成されている。これらの界面準位の成因については，PTCDAのπ軌道とAgの5s, 4dバンドの軌道混成によるものと解釈されている[5]。

この弱い化学吸着系の研究では，電気二重層の形成要因に関して，幾つかの理論的な取り扱いが行われてきた。プリンストン大学のKahnとマドリード自治大学のVazquezらは，無機半導体における電荷中性点（CNL）の考え方を有機半導体薄膜にも持ち込み，幾つかの金属基板とPTCDAをはじめとする有機半導体の組み合わせにおいて生じるΔの定量的な解析を行った[7,8]。また，その後，他グループからも同様のΔを扱うモデルが提出された[9~11]。Kahnらは，弱い化学吸着系において，吸着した分子と金属との相互作用によって生じる自己エネルギーを計算し，吸着分子の分子軌道がエネルギー的に広がる結果，界面に電子を収容する事のできる界面特有の状態（IDIS）がHOMO-LUMOギャップ中に形成されるとした。そして，吸着した薄膜のCNLと金属基板のフェルミ準位との差異を埋めるように電荷のやり取りが行われた結果，界面において，分子と基板の間で電荷分布の再編が起こり，電荷の偏りが生じる結果，界面二重層が形成されるとしている（その後，彼らの主張は少し変わり，界面2重層が形成の要因をこのモデルで直接説明しなくなった）。彼らは，このようなIDISが形成される系を"弱い化学吸着系"と呼んでいる。その後，彼らはこの考え方を有機／有機界面にも適応し，実験結果を良く説明できる事を示した。界面二重層Δの成因を単純なモデルで統一的に理解できるとした。しかし，実際は彼らのモデルでは説明できない系も多い。彼らのモデルでは，分子と相互作用する金属の軌道をs軌道のみとするなどの単純化を行っているが，現実の系では吸着分子の変形や，吸着分子と遷移金属や，貴金属基板の間でd軌道を含む軌道混成などが起こる事が，すでに実験的に示されている[5,12]。彼らのモデルは，このような系の詳細を考慮せず，問題を単純化し過ぎている感があ

第1章 有機デバイス関連界面の電子構造の決定

る。彼らが取り扱ったPTCDAを例にとっても，図12に示したように，金属界面では，単純な分子軌道の準位の広がりでは説明できない界面準位が形成されており，これらの界面準位とIDISの果たす役割が同じか，否かについても，不明なままである。今後，更なる実験的な検証とモデルの改良が必要である。

KahnらのCNLモデルの提案の後，スウェーデンのSalaneck, Fahlmanのグループが，整数価電荷移動（ICT）モデルの提案を行った[13,14]。彼らのモデルは，当初は不活性な基板上の導電性高分子薄膜との界面を扱い，基板のフェルミ準位と高分子の"電荷移動準位（ポーラロン，バイポーラロン準位）"とが接近したときに，基板から高分子へ電子移動が起こるため，界面における電荷分布の再編が起こるとした。"電荷移動準位"は，十分な電荷の収容力があり，高分子への電荷移動は両者のフェルミ準位が揃うまで起こり，移動した電荷移動量

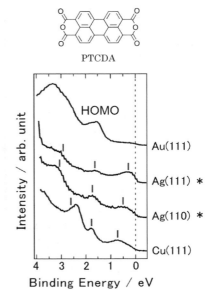

図12 PTCDA/Au, PTCDA/Ag 界面のUPSスペクトル
＊のデータ：6) より

に応じて，界面電気二重層が形成される。その後，彼らは，ICTモデルを一般の小分子の薄膜にも応用し，界面電子構造の解釈を行っている。その後，他グループによっても，同様の報告もなされた[15,16]。

以上のように，界面電気二重層の成因解明のために，比較的単純なモデルに基づく理論的な努力も行われてきたが，一方で，界面電気二重層の成因の微視的な理解にはまだ遠く，今後，様々な系における観測を行い，系統的に界面電子構造の詳細を検討する必要がある。

先のPTCDA薄膜と，Au, Ag, Cu基板との界面に生じる電気二重層は，それぞれ，$\Delta = -0.52, 0.27, 0.29$ eVと報告されている[12]。Au基板の場合とAg, Cu基板の場合は，符号が逆となっている。図12で見たように，Ag, Cuの場合には，界面準位が形成され，界面において複雑な電荷分布の再編が起きている。一方で，Auの場合には，そのような界面準位は形成されない。ここで，PTCDAの分子軌道と金属基板のd軌道との相互作用を考慮して，吸着エネルギーを比較すると，AgとCuの場合は，Auに比べてdバンドのエネルギーがPTCDAのLUMOと近く，混成相互作用の引力的な寄与が大きい。一方で，Auの場合は，Auの5d波動関数との直交性による斥力的な寄与が比較的大きくなる。つまり，Au基板の場合には，吸着しにくく，Ag, Cuの場合には吸着しやすい事になる。この事は，X線定在波法によって求められたPTCDAの吸着距離（基板表面と吸着したPTCDA分子面の距離）が基板金属に強く依存す

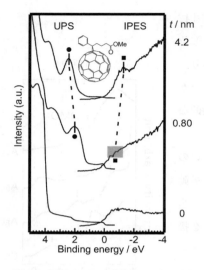

図13　PCBM/Ag界面のUPS-IPESスペクトル
横軸は，フェルミ準位を基準とした束縛エネルギー，右軸の数字（t）は，PCBMの膜厚を示す[19]。

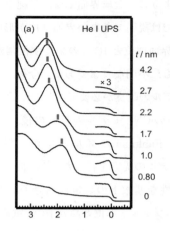

図14　PCBM/Ag界面のUPSスペクトルの膜厚依存性[19]

る事実を説明する（Auの場合は，0.327nm，AgとCuの場合には，それぞれ，0.286，0.266nm[17]）。よって，PTCDA分子は，AgやCu基板に化学吸着を起こしやすく，界面準位を形成するが，Auの場合は，物理吸着を起こし，"押し戻し効果"（詳細は後で述べる）によって，負のΔが生じると解釈できる。このように，同じ貴金属基板を考えても，もしsp軌道との相互作用のみを考えただけでは，基板金属依存性は小さいはずだが，実際は，上述のように大きな金属依存性が観測されている。今後は，d軌道との相互作用も考慮したモデルの理論計算によって，個別の系における界面電気二重層の成因に対する寄与を腑分けして理解する必要がある。

　この項の最後に，界面準位の形成が，実際の電子注入障壁に影響を与える例を示す。図13に，有機太陽電池で用いられるアクセプター分子であるPCBM薄膜と陰極材料であるAg基板との界面の電子構造をUPS-IPESによって調べた例を示す。界面（$t=0.80$nm）では，フェルミ準位近傍に界面準位が形成され，バルク（$t=4.2$nm）とは異なる電子構造を形成されている事が分かる[19]。図14にUPSのPCBMの膜厚依存性を示した。おおよそ，PCBMの一分子層の厚さに対応する膜厚（$t=1.0$nm）でフェルミ準位直下に界面準位が強く観測される事が分かる。図15に，UPS-IPESによって求められたPCBM/Ag界面のエネルギーダイアグラムを示した。比較のために一緒に示したC_{60}/Ag界面でも，PCBMと同様に，界面準位が形成される事が分かっている。また，界面電気二重層は正であり，C_{60}膜側が負に帯電している。一方で，PCBMの場合には，

第1章　有機デバイス関連界面の電子構造の決定

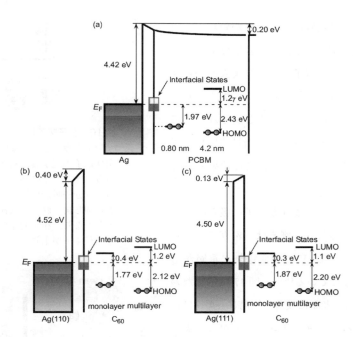

図15　(a) PCBM/Ag，(b) C_{60}/Ag(110)，(c) C_{60}/Ag(111) 界面の
エネルギーダイアグラム[19]
C_{60}/Ag 界面のデータは，文献21，23) から引用した。

負の界面電気二重層が形成され，C_{60} の場合に比べて，HOMO のエネルギーがフェルミ準位から離れており，正孔注入障壁が大きい事が分かる。X 線光電子分光（XPS）による同様の膜厚依存性の実験からは，界面において PCBM 分子の側鎖の酸素が Ag から部分的に電子を渡している事が分かった。つまり，この界面電気二重層の符号の違いは，次のように解釈される。界面準位（結合性軌道）の形成に伴い，PCBM の C_{60} 骨格は，C_{60} と同様に Ag 基板から部分的に電子を受け取るが，側鎖がそれ以上の電子を Ag 基板に渡す事によって PCBM 側が正に帯電して，正の界面電気二重層を形成している。

　このように，当然，分子構造や，金属表面の構造（面方位など）によって形成される界面準位の性質は大きく異なるため，今後，個別の系に対して系統的に界面電子構造を調べていく必要がある。PTCDA や PCBM 以外にも，ペンタセン/Cu 界面などの系においても界面準位の形成が観測されており[20]，現在，UPS による精密な観測に基づく表面科学的な議論が始まった段階にある。

3.2.3　相互作用の弱い系

　本章では，図12 の PTCDA/Au 界面のように，電荷移動も，界面準位の形成も観測されない系を，"相互作用の弱い系"として分類する。このような系は，図5 の左上に位置しており，一

般に負の界面電気二重層が生じる事が分かっている。この要因の一つは，図16に示したように，吸着する閉殻の分子の電子雲と，金属表面から真空中に染みだしている電子雲とのパウリ反発によって，金属の電子がバルクへ押し戻される事によって，分子側の電子が減少し，相対的に分子側が正に帯電する事による，"押し戻し効果"によるものと解釈されている。

押し戻し効果は，どのような分子の吸着の場合にも起こると考えられる。例えば，希ガスの吸着系においても $\Delta = -0.3\mathrm{eV}$ の界面電気二重層が形成される事が知られている[24,25]。図17に示したのは，XeがAu(111)表面に吸着した時に，Au(111)の表面準位である，ショックレー準位がどのように変化するかを示した実験結果である。これは，押し戻し効果の実態を理解するのに良い例である。実験は，角度分解光電子分光（ARUPS）によって行われた。ARUPSスペクトルは，式(1)の運動量に関する和を取らない，個別の運動量の値 k に対する光電子スペクトルで，遍歴的な電子系に関してはエネルギーバンド構造を知る事ができる。

ショックレー準位は，Au(111) の表面近くに閉じ込められた2次元電子ガスとして考える事ができる。この2次元電子ガスは，表面への分子吸着によって，非常に敏感にその状態が変化する事が知られている[24,26〜30]。物理吸着の場合にも影響は大きく，金属表面における電荷分布に大きな再構成が生じる。図17では，Xeの吸着の前後のどちらの場合にも，Γ点 ($k_{\parallel}=0$Å^{-1}) のごく近傍に，2次元自由電子系に特有なラシュバ効果によりスピン-軌道分裂した2つの放物線を見る事ができる。図17(a)に示したAu(111) では，Γ点での束縛エネルギーは481meVであるが，図17(b)の単分子層のXeが吸着したAu(111) では，340meVと減少している。一方で，放物線の曲率

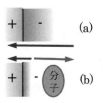

図16 分子吸着による，押し戻し効果[2]
(a)分子が吸着していない金属表面では，金属電子の電子雲が真空中に染みだしており，金属表面で双極子を形成している。(b)分子吸着に伴い，染みだした電子雲が押し戻されて，双極子モーメントは小さくなり，相対的な変化として，逆向きの双極子が生じる。

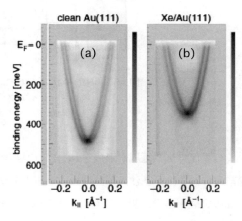

図17 (a)清浄なAu(111) の角度分解光電子分光（ARUPS）スペクトル（50Kにおける測定）[28]と(b)単層のXeが吸着したAu(111) のARUPSスペクトル
縦軸はフェルミ準位を基準とした電子の束縛エネルギー，横軸は波数$k_{\parallel}$を表す。それぞれラシュバ効果によるスピン-軌道相互作用により分裂した2本のバンドからなり，Γ点で重なっている。

第1章　有機デバイス関連界面の電子構造の決定

はほとんど変化しない事から，Xe 吸着によってショックレー準位の電子の有効質量は変化せず，電子系のフェルミ面の大きさに対応するフェルミ波数 k_F が減少した事になる。また，スピン－軌道分裂の大きさは 35% 程度増大している。これは，表面に吸着した Xe と，ショックレー準位にある表面電子系とのパウリ反発によって表面電子がバルク側へ押し戻される事によって，電子系が不安定化した結果，束縛エネルギーが減少したと考えられる。フェルミ面の体積の減少量は，押し戻された表面電子の量を表す。最近になり，PTCDA やペンタセンなど，より大きな有機分子の場合にも同様のショックレー準位の変化が観測されている[32〜35]。

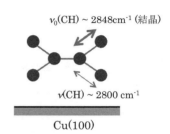

図18　TTC/Cu(100) 界面における反射吸収赤外分光による C-H 伸縮振動のソフト化の概念図
基板側の ν(CH) はバルクの値より 48cm^{-1} ほど小さい[31]。

最後に，分子と基板の相互作用のきわめて弱い系を取り上げる。図5の非常に左端にある，TTC（テトラテトラコンタン）は，炭素数 44 のポリエチレンのモデル分子である。TTC は，エネルギーギャップが 9eV におよび，LUMO が真空準位以上に位置する負性電子親和力（NEA）の分子である。TTC の HOMO や LUMO は基板金属のフェルミ準位から遠く離れており，電荷移動や，化学吸着の可能性はほとんどなく，有機分子の吸着系における理想的な物理吸着系と考えられる。しかし，このような系においても，TTC/Au(111) 界面において $\Delta = -0.7$ eV，TTC/Cu(100) 界面については，$\Delta = -0.3$ eV の界面電気二重層が形成される事が報告されており，Au(111) 基板のショックレー準位が影響を受ける事も分かっている[34]。また，これらの系では，赤外吸収分光によって，C-H 伸縮振動数がソフト化する事が分かっている。図18に，TTC 吸着の概念図を示した。基板側に伸びている C-H の伸縮振動がソフト化するが，これは，基板側の C-H 結合の反結合軌道が部分的に占有されている事を示している。森川，関らは，この TTC 吸着系を理論的に取り扱い，このソフト化は，分子の非占有軌道と基板の d-バンド状態との混成相互作用によるものと解釈している[36]。同様の非占有軌道の部分的な占有は Xe 吸着系の場合にも生じていると考えられている[37]。

今後，押し戻し効果の微視的な完全な理解や，定量的な予測のためには，非占有電子構造の観測を含めた，金属単結晶上への分子吸着系の電子構造を系統的に調べる必要がある。実験データの解釈には理論的な解釈が必要不可欠であるため，分子の吸着距離や吸着サイトなど，モデル化するために，分子の吸着構造を規定する必要もある。

4 まとめ

本章では，有機／金属界面の電子構造，特に，界面電気二重層の成因に関するこれまでの研究を概観した。この問題は，ここ10年程度の間に，急速に研究が進み，現在では，表面科学的なアプローチによる，より緻密な実験から得られる知見を元に，微視的な理解を試みる段階にある。

一方で，近年，有機太陽電池の研究が進む事によって，有機／有機界面（ドナー／アクセプター界面）の電子構造に関心が集まっている。系統的な研究は，始まったばかりであり，基本的な問題として，ドナー／アクセプター界面の電子構造が無機半導体のpn接合とどのように異なるかなど，非常に基本的な問題が未解決のままある。

有機太陽電池のアクセプター材料であるPCBM薄膜とドナー材料であるCuPc薄膜の界面のエネルギーダイアグラムを図19に示す。実験は，UPS-IPESによって行った[38]。PCBMとCuPcどちらのHOMOも，界面付近で，そのエネルギーがシフトする事が分かる。X線光電子分光（XPS）によって観測した内殻準位でも同様のシフトが観察された。これは，ドナー（p型）・アクセプター（n型）の有機半導体の界面であるにも関わらず，無機半導体におけるpn接合とは全く異なる電子準位接続を示す事を表している。つまり，有機半導体のドナー／アクセプター界面では，電荷の拡散によって形成される空乏層が電子準位シフトの原因ではないと考えられる。また，界面から離れるにつれてCuPcのHOMOが安定化するため，励起子の電荷分離で形成された正孔はバルク領域に輸送されにくいと推測され，有機太陽電池における励起子の電荷分離効率が低い原因の1つであると考えられる。また，PCBM/CuPc界面近傍（図19領域A）では，真空準位があまり変化せずHOMOピークがシフトするので，分極エネルギーの相違によりイオン化エネルギーが界面で変化していると考えられる。一方で，界面から離れると（図19領域B），真空準位と共にHOMOおよび内殻準位もシフトしている。強いアクセプターであるF$_{16}$CuPcとCuPcの界面で同様の結果が報告されており[39]，さらに，これまでに著者らによって，PCBMと亜鉛フタロシアニン（ZnPc）の界面でも同様の傾向が観測されているため，一般的にドナー／アクセプター界面の電子構造は無機半導体との単純なアナロジーでは理解できない可能性がある。

ドナー／アクセプター界面の電子構造の決定は，有機太陽電池におけるキャリア生成機構や，励起子の拡散機構，解放端電圧の決定要因の解明など，有機太陽電池の動作原理の解

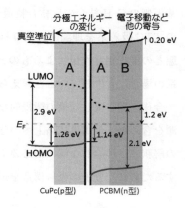

図19 UPSによって調べられたPCBM/CuPc界面のエネルギーダイアグラム[38]

第1章　有機デバイス関連界面の電子構造の決定

明にとって本質的に重要であるため，今後，早急な研究が望まれる。

謝辞

　本稿に掲載した，幾つかの研究は科学研究費補助金　基盤（S）（No. 19105005），科学技術振興調整費の助成の下に行われた。本稿を故関一彦教授に捧げる。

文　　　献

1) K. Seki, H. Yanagi, Y. Kobayashi, T. Ohta, and T. Tani, *Phys. Rev. B*, **49**, 2760 (1994)
2) H. Ishii, K. Sugiyama, E. Ito, K. Seki, *Adv. Mater.*, **11**, 605 (1999)
3) K. Kanai, K. Akaike, K. Koyasu, K. Sakai, T. Nishi, Y. Kamizuru, T. Nishi, Y. Ouchi, K. Seki, *Appl. Phys. A*, **95**, 309 (2009)
4) K. Kanai, T. Ikame, Y. Ouchi, K. Seki, *J. Appl. Phys.*, **105**, 023703 (2009)
5) R. Temirov, S. Soubatch, A. Luican, and F. S. Tautz, *Nature*, **444**, 350 (2006)
6) Y. Zou, L. Kilian, A. Schöll, Th. Schmidt, R. Fink, and E. Umbach, *Surf. Sci.*, **600**, 1240 (2006)
7) H. Vázquez, R. Oszwaldowski, P. Pou, J. Ortega, R. Pérez, F. Flores, A. Kahn, *Europhys. Lett.*, **65**, 802 (2004)
8) H. Vázquez, W. Gao, F. Flores, A. Kahn, *Phys. Rev. B*, **71**, 041306 (2005)
9) J. X. Tang, C. S. Lee, S. T. Lee, *Appl. Phys. Lett.*, **87**, 252110 (2005)
10) Y. C. Zhou, J. X. Tang, Z. T. Liu, C. S. Lee, S. T. Lee, *Appl. Phys. Lett.*, **93**, 093502 (2008)
11) W. Mönch, *Appl. Phys. Lett.*, **88**, 112116 (2006)
12) E. Kawabe, H. Yamane, R. Sumii, K. Koizumi, Y. Ouchi, K. Seki, and K. Kanai, *Organic Electronics*, **9**, 783 (2008)
13) C. Tengstedt, W. Osikowicz, W. R. Salaneck, I. D. Parker, C.-H. Hsu, and M. Fahlman, *Appl. Phys. Lett.*, **88**, 053502 (2006)
14) M. Fahlman, A. Crispin, X. Crispin, S. K. M. Henze, M. P. de Jong, W. Osikowicz, C. Tengstedt, and W. R. Salaneck, *J. Phys.: Condens. Matter*, **19**, 183202 (2007)
15) H. Fukagawa, S. Kera, T. Kataoka, S. Hosoumi, Y. Watanabe, K. Kudo, and N. Ueno, *Adv. Mater.*, **19**, 665 (2007)
16) N. Koch, and A. Vollmer, *Appl. Phys. Lett.*, **89**, 162107 (2006)
17) S. K. M. Henze, O. Bauer, T.-L. Lee, M. Sokolowski, and F. S. Tautz, *Surf. Sci.*, **601**, 1566 (2007)
18) A. Gerlach, S. Sellner, F. Schreiber, N. Koch, and J. Zegenhagen, *Phys. Rev. B*, **75**, 045401 (2007)
19) K. Akaike, K. Kanai, Y. Ouchi, and K. Seki, *Appl. Phys. Lett.*, **94**, 043309 (2009)

20) H. Yamane, D. Yoshimura, E. Kawabe, R. Sumii, K. Kanai, Y. Ouchi, N. Ueno, K. Seki, *Phys. Rev. B*, **76**, 165436-1-10 (2008)
21) D. Purdie, H. Bernhoff, and B. Reihl, *Surf. Sci.*, **364**, 279 (1996)
22) R. Hesper, L. H. Tjeng, and G. A. Sawatzky, *Europhys. Lett.*, **40**, 177 (1997)
23) H.-N. Li, X.-X. Wang, S.-L. He, K. Ibrahim, H.-J. Qian, R. Su, M. I. Abbas, and C.-H. Hong, *Surf. Sci.*, **586**, 65 (2005)
24) T. Andreev, I. Barke, H. Hövel, *Phys. Rev. B*, **70**, 205426 (2004)
25) P. S. Bagus, V. Staemmler, and Christof Wöll, *Phys. Rev. Lett.*, **89**, 096104 (2002)
26) F. Forster, G. Nicolay, F. Reinnert, D. Ehm, S. Schmidt, S. Hüfner, *Surf. Sci.*, **532-535**, 160 (2003)
27) F. Forster, S. Hüfner, F. Reinnert, *J. Phys. Chem. B*, **108**, 14692 (2003)
28) F. Forster, A. Bendounan, J. Ziroff, F. Reinert, *Surf. Sci.*, **600**, 3870 (2006)
29) F. Reinnert, *J. Phys. : Condens. Matter*, **15**, S693 (2003)
30) A. Bendounan, F. Forster, J. Ziroff, F. Schmitt, F. Reinert, *Surf. Sci.*, **600**, 3865 (2006)
31) Y. Hosoi, Y. Sakurai, M. Yamamoto, H. Ishii, Y. Ouchi, and K. Seki, *Surf. Sci.*, **515**, 157 (2002)
32) A. Scheybal, K. Müller, R. Bertschinger, M. Wahl, A. Bendounan, P. Aebi, T. A. Jung, *Phys. Rev. B*, **79**, 115406 (2009)
33) C. H. Schwalb, S. Sachs, M. Marks, A. Schöll, F. Reinert, E. Umbach, U. Höfer, *Phys. Rev. Lett.*, **101**, 146801 (2008)
34) J. Ziroff, P. Gold, A. Bendounan, F. Forster, F. Reinert, *Surf. Sci.*, **603**, 354 (2009)
35) K. Kanai, Y. Ouchi, K. Seki, *Thin Solid Films*, **517**, 3276 (2009)
36) Y. Morikawa, H. Ishii, and K. Seki, *Phys. Rev. B*, **69**, 041403 (2004)
37) J. L. F. Da Silva, C. Stampfl, and M. Scheffler, *Phys. Rev. B*, **72**, 075424 (2005)
38) K. Akaike, K. Kanai, Y. Ohuchi, and K. Seki, unpublished
39) K. M. Lau, J. X. Tang, H. Y. Sun, C. S. Lee, and S. T. Lee, *Appl. Phys. Lett.*, **88**, 173513 (2006)

第2章 電子スピン共鳴法（ESR）を用いた有機トランジスタ界面のミクロ特性評価法

丸本一弘*

1 はじめに

　有機分子のエレクトロニクスへの応用を目指した有機エレクトロニクスの研究が近年盛んになり，電界発光（EL）素子，電界効果トランジスタ（FET），太陽電池などの有機デバイスの開発研究が進められている[1～11]。有機ELは液晶にかわるディスプレイとして既に一部実用化され，また，有機FETもアモルファスシリコンFETを凌駕する特性を示し，大変注目され，現在盛んに研究が行われている。有機FET中の電荷キャリアは，FET構造中の有機層と絶縁層との界面における活性有機層に蓄積され，その活性有機層の厚みは分子1層から数層であると考えられている[1～11]。したがって，有機FET特性のさらなる向上のためには，FET界面における電荷キャリア状態の理解と本質的な電荷輸送機構の解明が必要不可欠である。しかしながら，そのような本質的な性質は，FET構造における有機分子の結晶粒界などに起因した非本質的な効果により隠され，FET界面における電荷キャリア状態の理解や本質的な電荷輸送機構の解明は進んでいなかった。

　以上の問題に取り組むため，我々は，分子レベルで材料評価を行える高感度な手法である電子スピン共鳴法（ESR）を，有機FETなどの有機デバイスに適用し，結晶粒内やデバイス界面などにおける有機分子集合体のミクロ特性評価を行う手法を開発した[12～21]。それにより，デバイス中の分子集合体構造や，その中に電界注入された電荷キャリアの電子状態を明らかにした[12～21]。新しいESR研究法により，特に，電荷キャリアの空間広がり，いわゆる波動関数の広がりを決定できる。また，FET界面の電荷が注入される活性有機層のみの分子配向評価も可能となる。これらはFET特性と大きな相関をもつ重要な性質である。この手法とFET特性評価を併用することにより，FET界面における電荷キャリアの本質的な電荷輸送機構を解明することに成功している。

　本章で紹介する有機材料は，低分子有機半導体ペンタセン（図1(a)）であり，高い電界効果移動度を示す代表的な有機トランジスタ材料として知られている。初めに，この研究の基となった

＊　Kazuhiro Marumoto　筑波大学　大学院数理物質科学研究科　准教授

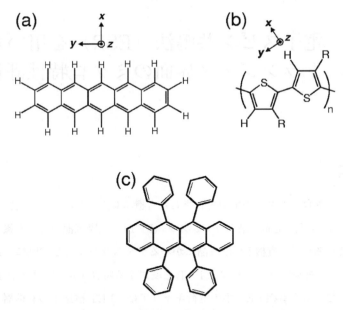

図1 (a)ペンタセンの化学構造式，(b)立体規則性ポリアルキルチオ
フェン（RR-P3AT）の化学構造式，(c)ルブレンの化学構造式
(b) R はアルキル基を表す（R = C_mH_{2m+1}，m は正数）。(a)と(b)には π
電子の水素核超微細結合の主軸も示す。

導電性高分子の電界効果デバイス界面の ESR 研究について簡単にふれ[12~15]，次にペンタセン FET 界面の ESR 研究について概要を述べる[16,17]。これらの研究は薄膜を用いたものである。さらに，最近得られた有機単結晶半導体ルブレンを用いた単結晶 FET 界面の研究例も簡単に紹介する[21]。以下，2節では導電性高分子[12~15]，3節ではペンタセン[16,17]，4節ではルブレン[21]の研究例を述べ，最後に，まとめと今後の展望を述べる。

2 導電性高分子デバイス界面の ESR 研究

導電性高分子は溶液法で容易に薄膜が作製できるという特長を持つ。我々は導電性高分子の中で最も高い移動度を示す立体規則性ポリアルキルチオフェン（図1(b)）を用いて，ESR による有機デバイスの研究を初めて行った[12~15]。ここで ESR の原理と特徴を簡単に説明すると，ESR は，スピンを持つ電子が静磁場中にある場合に，スピンの反転により生じる電磁波の共鳴吸収現象で，物質中の不対電子を高感度に検出でき，物質のミクロな情報をもたらす極めて有力な方法である。ESR 研究で用いたデバイス構造は，金属・絶縁体・半導体（MIS）ダイオード構造で，これは，後に図2(a)に示す FET 構造とほぼ同じ構造を持ち，違いはソース電極とドレイン電極

第2章　電子スピン共鳴法（ESR）を用いた有機トランジスタ界面のミクロ特性評価法

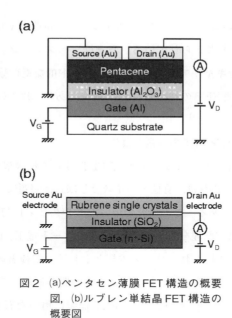

図2　(a)ペンタセン薄膜FET構造の概要図，(b)ルブレン単結晶FET構造の概要図

が分かれていない点である。誌面の制約のため詳細は文献にゆだねるが[12〜15]，その成果の要点を以下に示す。(1)電界注入されたポーラロンのESR観測に成功した。ここでポーラロンは，高分子における電荷キャリアとして注目される非線形素励起で，本研究では正電荷（$+e$）とスピン1/2を持つ[22,23]。(2)そのポーラロンの波動関数の空間広がりが約10チオフェン環であることを，高分子材料のESRおよび電子核二重共鳴の結果[24〜26]と比較し，確認した。(3)有機デバイス界面における分子配向観測に成功した。(4)電界制御により，高電界下では，ポーラロンからバイポーラロンへの転移の可能性を指摘した。ここでバイポーラロンは，ポーラロンと同様に高分子中で電荷キャリアとなる非線形素励起であるが，ポーラロンと異なり電荷が2倍（$+2e$）でスピンを持たず，したがって，スピンが無いためESRでは検出できない[22,23]。以上の結果は，以下に述べるペンタセンFET研究の基礎となっている。

3　ペンタセンFET界面のESR研究

3.1　ペンタセン

　ペンタセンは，有機物中で最も高い移動度を示す材料の一つで，アモルファスシリコンの移動度よりも高い値が報告され，最も有望な有機材料の一つである[1〜5,11]。これまで，その電荷輸送機構は熱活性型ホッピングと考えられてきたが[1,2]，高品質な薄膜や単結晶では，バンド的な電荷輸送機構も議論されている[3,5,11]。ホッピングモデルでは，電荷キャリアの空間広がりは1分

子に局在すると考えられている。一方，バンドモデルでは，電荷キャリアは少なくとも数分子以上に空間的に広がっていると考えられている。我々は，ペンタセンFET界面のESR研究を行い，FET中の微視的な電荷キャリア状態を解明し，バンド的な電荷輸送機構をミクロな立場で立証した[16,17]。これは，有機FETの初めてのESR研究であり，以下にその概要を述べる。

3.2 ESR研究用のペンタセンFETの作製と動作

我々の実験では，電界効果デバイスの電気容量，FETおよびESR特性のゲート電圧依存性を，同一素子を用いて測定した。これは，有機デバイスでしばしば問題になる素子の再現性に起因した不確定性を排除するためである。この研究で用いたペンタセンFET構造の概要図を図2(a)に示す。ここで有機FETの動作原理を簡単に説明すると，ゲート電圧（V_G）による電界効果によって有機層に電荷キャリアが誘起され，ソース電極とドレイン電極との間にドレイン電圧（V_D）を印加することにより，ソース電極とドレイン電極との間の通路（チャネル）にドレイン電流（I_D）が流れ，それがV_Gにより変調を受ける。FET作製に用いた石英ガラス基板は3×30mmの大きさで，内径3.5mmのESR試料管に挿入される。石英とアルミナ絶縁膜はESR信号を出さず，ESR研究に最適である[12~18]。アルミゲート電極と金電極，およびペンタセン薄膜は真空蒸着法により作製された。アルミナ絶縁膜はrfスパッタ法により膜厚約300nmで作製された。ペンタセン膜の結晶粒サイズは約0.5μmであることが原子間力顕微鏡により確認されている。

次に，作製されたデバイスの標準的なFET動作を確認する。図3は電気容量のV_G依存性を示す。ソース電極とドレイン電極は短絡・接地され，MISダイオード構造が形成されている。電気容量の活性面積は約0.43cm^{2}である。ゲート電極に負電圧を印加すると，電気容量は増加し飽和する。これは，p型半導体ペンタセンと絶縁体との界面に正キャリア（ホール）が蓄積するためである。一方，正電圧領域では，正キャリアの空乏のため，電気容量が減少し一定値となる。これらの特性は，他のグループで報告されている有機MISダイオードの特性と同様である[27~29]。

図3の挿入図は，同じデバイスのFET特性を示す。負のゲート電圧に対しドレイン電流が増加し，そして高いドレイン電圧で明瞭なドレイン電流の飽和が見られ，標準的なp型半導体のFET特性が確認される。このデバイスでは，ソース電極とドレイン電極のチャネル長は100μm，チャネル幅は2.17cm，ゲート電極の幅は2mmであり，飽和移動度が1.1×10^{-2}cm^{2}V^{-1}s^{-1}，閾値電圧が6×10^{-5}V，電流のオンオフ比が10^2以上（ドレイン電圧-5Vに対し）と見積もられた。この研究で得られた値はこれまで報告されている最高値より低いが[1~4]，これは，この研究では標準的なFET動作を確認し，電界注入キャリアのESR研究を行うのが目的であるので，デバイス構造の最適化による特性向上を行っていないためである[17]。

第2章 電子スピン共鳴法（ESR）を用いた有機トランジスタ界面のミクロ特性評価法

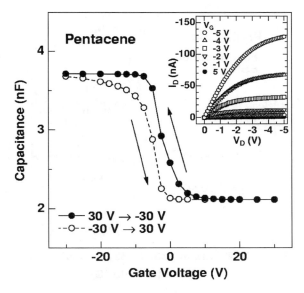

図3 ペンタセンFETの電気容量のゲート電圧依存性
測定は変調周波数120Hz，温度290Kで行われた。挿入図：異なるゲート電圧（V_G）におけるFETのドレイン電流（I_D）のドレイン電圧（V_D）依存性，測定温度は290K。

3.3 ペンタセンFETのESR観測

次に，ペンタセンのゲート電圧誘起ESR信号について述べる。ここでは，ソース電極とドレイン電極を短絡・接地し，MISダイオード構造を形成して測定している。よって，これらの電極間に横方向の電界はない。ゲート電圧誘起ESR信号は，正キャリア蓄積のため，負のゲート電圧印加時の信号から，$V_G = 0V$の信号を差し引くことにより得られる。図4は，V_Gが $-30V$で，外部磁場が基板に平行な場合のデータを示す。g値は2.0024，ピーク間線幅ΔH_{pp}は1.9Gである。$V_G = 0V$では，ペンタセンに起因したESR信号は観測されず，これは，未ドープのペンタセンがESR信号を示さない報告と一致している[30]。V_Gを印加した時のESR強度の過渡応答特性は，速い応答成分のみとなり，ESR信号が電界注入キャリアに起因していることを示す。ESR信号の線形はほとんどガウス型である。これは，後の図5(b)に示す様に，外部磁場が基板に垂直な場合によりはっきりと確認される。そして，ピーク間線幅は150Kから300Kの温度範囲でほとんど温度依存性を示さなかった。これらの線形の結果と温度に依存しない線幅の結果から，電荷キャリアはほとんど静的な状態にあり，線幅が運動による尖鋭化を示していないことが分かる。また，線幅はゲート電圧（キャリア濃度）に依存せず，これは，隣り合った電荷キャリアのスピン交換による線幅の尖鋭化がないことを証明している。これらの線幅が尖鋭化していない実験結果は，以下で議論する線幅の解析に不可欠な条件である。

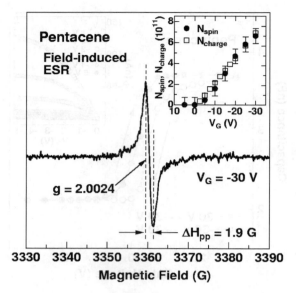

図4 ペンタセンFETのゲート電圧誘起ESR信号
測定は,外部磁場が基板に平行,温度290Kで行われた。
挿入図:ゲート電圧誘起されたスピン数のゲート電圧依存性(実丸)とゲート電圧誘起された電荷数のゲート電圧依存性(空四角),測定温度は290K。

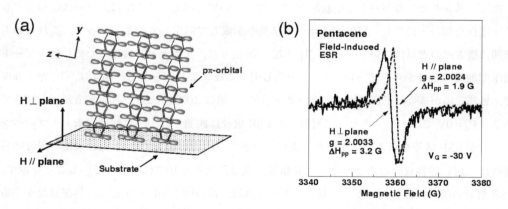

図5 (a)ペンタセンFET中のペンタセンの分子配向の模式図,(b)外部磁場が基板に平行と垂直の場合の,ゲート電圧誘起ESR信号のg値と線幅の異方性
(a) z軸は$p\pi$軌道に平行であり,y軸は$p\pi$軌道とC-H結合に垂直である(図1(a)参照),(b)測定温度は290K。

第 2 章　電子スピン共鳴法（ESR）を用いた有機トランジスタ界面のミクロ特性評価法

　測定された ESR 信号を用いてゲート電圧誘起されたスピン数を直接的に決定できる。図 4 の挿入図の実丸はスピン数の V_G 依存性を示す。V_G の絶対値の増加と共に，スピン数は単調に増加している。一方，ゲート電圧誘起された電荷数は電気容量から計算される。電荷数の V_G 依存性を図 4 の挿入図の空四角で示す。V_G の絶対値の増加と共に，電荷数も単調に増加している。ゲート電圧誘起されたスピン数と電荷数は互いに非常に良く一致し，これは，全ての電界注入キャリアがスピン 1/2 の磁性を持つことを直接的に証明している。注意すべき点として，この MIS-ESR により観測されている静的な電荷キャリアは，FET チャネル中で動きうる電荷キャリアと同じ物である点である。いまの MIS ダイオードは，ソースとドレイン間の電極短絡をなくせば，FET 動作を示す（図 3 参照）。

　なお，測定した V_G の範囲では，導電性高分子で可能性が指摘されたポーラロン・バイポーラロン転移は観測されていない。その理由として，化学ドーピングの研究によると，溶液中の低分子ではバイポーラロンは形成されるとしても高いドーピング濃度（1 分子単位で 100% 以上）が必要なことが報告されており[31]，一方，本研究の電界効果ドーピングでは，最大でもドーピング濃度は 1 分子単位で約 0.2% 以下と見積もられ，バイポーラロンが形成されないためと考えられる。

3.4　ペンタセン FET 界面の分子配向評価

　次に，ESR を用いた FET 界面の分子配向評価について述べる。ここではペンタセンの分子配向が反映される ESR 信号の異方性を確認し，そして ESR 信号の線幅の起源を説明する。図 5(a) に，絶縁層の基板上に真空蒸着されたペンタセン薄膜の平均的な分子配向を模式的に示す。これは X 線回折研究で報告されている薄膜全体の平均的な配向であり[2,32]，我々の FET の X 線回折測定でもこの配向を確認している。ここで分子の長軸はほとんど基板に対し垂直であり，分子の座標を図 5(a) および図 1(a) で定義する。電子は炭素の $p\pi$ 軌道にあり，その軌道の異方性から，g 値は z 軸成分で最小になる[12~25]。線幅 ΔH の起源は，炭素の $p\pi$ 軌道上の電子スピン密度 ρ と，炭素に結合している水素の核スピンとの，磁気的な超微細相互作用である[12~25]。その強度はスピン密度 ρ に比例，つまり $\Delta H \propto \rho$ が成立し，y 軸成分で最大になる。図 5(b) に外部磁場が基板に並行と垂直の場合のゲート電圧誘起 ESR 信号を示す。明瞭な異方性が観測されている。これらの異方性は，上述の g 値と超微細相互作用の異方性により，非常に良く説明される。つまり，外部磁場が基板に平行な場合，磁場が $p\pi$ 軌道の z 軸にほぼ平行になり，最も小さい g 値が観測され，また，外部磁場が基板に垂直な場合，磁場が最大の超微細相互作用を持つ y 軸にほぼ平行になり，超微細相互作用に起因した線幅が最大になる。したがって，電荷キャリアが電界注入される有機デバイス界面で，図 5(a) に示すペンタセンの分子配向観測に成功している。この分子配

向は，定性的にはX線回折測定の結果と同様であるが，特筆すべき点としては，X線回折では FET 界面も含めた有機薄膜全体の平均的な分子配向が分かるのに対し，本手法では，X線回折などの従来の手法では不可能な，電荷キャリアが存在する FET 界面のみの分子配向が分かることである。この分子配向は，FET 特性と大きな相関を持つ重要な性質である。

3.5 ペンタセン FET 界面の電荷輸送機構

最後に，ペンタセン FET 中の電荷キャリアの空間広がり，いわゆる波動関数の広がりについて，ESR 線幅の解析から得られる情報を紹介し，ペンタセン FET 界面の電荷輸送機構について議論する。この空間広がりは電荷キャリアの移動度を決め，広がりが大きいほど電荷移動度が高くなる。

一般に，有機固体中の π 電子のスピンは，水素の核スピンと磁気的な相互作用である超微細相互作用を持ち，核スピンの上向き，下向きに対応して，ESR 信号が分裂する。この分裂は超微細構造と呼ばれている。1 個の核スピンの場合，超微細結合定数 A_1 がその分裂幅を与える。多数の水素の核スピンと超微細相互作用をする場合，ESR 信号が統計的な分布を持つ多数の信号に分裂する。最も簡単な例として，電子スピンが n 個の等価な核スピン上に広がった場合，ESR 信号の包絡線の半値線幅 ΔH は $\sqrt{n} A_n$ に比例する。ここで A_n は n 個の核スピンの場合の超微細結合定数であり，$A_n = A_1/n$ が成立している。$\sqrt{n}$ の因子はランダムウォークで考えられている統計的な効果である。したがって A_1 を用いた場合，ΔH は核スピン数 n の平方根に逆比例，つまり $\Delta H \propto A_1/\sqrt{n}$ となる[33]。実際の系では，電荷キャリアの電子スピン密度分布があり，不等価な ESR 信号の分裂がある。しかし，水素核の数が多い場合，ESR 信号の線幅は π 電子と相互作用する核スピン数の平方根に逆比例する[22]。結果として，ESR 線幅が電荷キャリアの空間広がりを持つ分子数 N の平方根に逆比例する[16,17]。つまり $\Delta H \propto \langle \rho(1,i) \rangle_{av} / \sqrt{N}$ が成立する。ここで $\langle \rho(1,i) \rangle_{av}$ は 1 分子の炭素上の電子スピン密度の平均値である。

したがって，ペンタセン FET 中の電荷キャリアの空間広がりを決定するためには，ペンタセン 1 分子の ESR 信号の線幅と比較すればよい。ペンタセン 1 分子の ESR 信号の包絡線の半値全幅は，10 ± 1 G と報告されている[34]。ペンタセン FET の ESR 信号は異方性を持つが，分子配向を考慮して平均値を求めると，線幅は 2.4 G となる。上記の線幅の値と，$\Delta H \propto 1/\sqrt{N}$ の関係式を用いると，$N \approx 17$，つまりペンタセン FET 中の電荷キャリアの空間広がりは 10 分子以上に広がっている事が証明される。ホッピング電荷輸送機構では電荷キャリアの空間広がりは 1 分子に局在すると考えられており，一方，バンド的な電荷輸送機構では電荷キャリアは最低でも数分子以上に広がっていると考えられているので，以上の結果は，電荷輸送機構がバンド的であることを微視的な観点から支持している。この電荷キャリアの空間広がり（波動関数の広がり）の程度

第2章 電子スピン共鳴法（ESR）を用いた有機トランジスタ界面のミクロ特性評価法

は，バンド幅をきめる分子間のトランスファー積分の大きさと，電子格子相互作用の大きさによると考えられ（いわゆるポーラロン効果），今後，理論的にも実験的にも興味深い研究テーマであると思われる。

4 ルブレン単結晶FET界面のESR研究

4.1 ルブレン単結晶FET

有機単結晶を用いたFETは高い電荷キャリア移動度を示し，その電荷キャリア状態を解明することは，有機材料の理解やデバイス特性の向上に有用である。その中で，ルブレン（図1(c)）を用いた単結晶FETは，有機FET中で最も高い電荷キャリア移動度（～40cm^2/Vs）を示し，アモルファスシリコンの移動度を凌駕するため，最も有望な有機材料の一つである[6,7,9,10]。これまで有機単結晶FETの研究は盛んに行われているが，電荷キャリアのミクロ特性評価，特にスピン状態の研究は行われていない。最近，我々は，ルブレン単結晶FETにESR法を適用し，同一素子を用いて電界注入キャリアのESR観測に成功した[21]。以下にその概要を簡単に紹介する。

4.2 ESR研究用のルブレン単結晶FETの作製と動作

物理気相輸送法により得られたルブレン単結晶を，金電極が作製されたシリコン絶縁膜基板上に貼り付け，ボトムコンタクト型FET構造（図2(b)）を作製し[9,10]，FET特性，電気容量特性および電場誘起ESRの測定を行った。FET特性を図6に示す。標準的なFET動作が確認された。電気容量特性を図6の挿入図に示す。ゲート電極に負電圧を印加すると，電気容量は増加し飽和し，一方，正電圧領域では，減少し一定値となり，p型半導体ルブレンと絶縁体との界面での正キャリア（ホール）の蓄積および空乏が確認された。

4.3 ルブレン単結晶FETのESR観測

電荷蓄積状態で電界注入キャリアのESR測定を行い，シリコン基板に起因したバックグランドESR信号を差し引くことにより，明瞭なゲート電圧誘起ESR信号を得ることに成功した（図7）。観測されたg値はルブレンのπ電子に起因し，電荷キャリアがスピンを持つことを示している。また，キャリアの高移動度を反映し，信号の線幅に，運動による尖鋭化（motional narrowing）が生じている。

測定されたESR信号を用いて，ゲート電圧誘起されたスピン数を直接的に決定できる。V_Gの絶対値の増加と共に，スピン数は単調に増加している。一方，電気容量から求められるゲート電

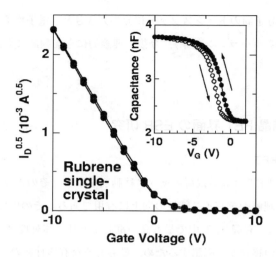

図6 ルブレン単結晶 FET のドレイン電流（I_D）の
ゲート電圧（V_G）依存性
挿入図：ルブレン単結晶 FET の電気容量の V_G 依存性，測定温度は 290K。

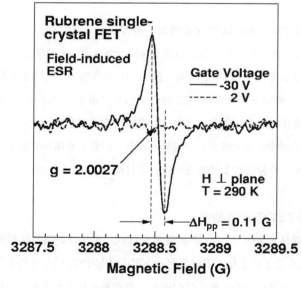

図7 ルブレン単結晶 FET のゲート電圧誘起 ESR 信号
実線はゲート電圧が -30V，点線はゲート電圧が 2V の信号を示す。測定は，外部磁場が基板に垂直，温度 290K で行われた。

第2章　電子スピン共鳴法（ESR）を用いた有機トランジスタ界面のミクロ特性評価法

圧誘起された電荷数も，V_Gの絶対値の増加と共に，単調に増加している。ゲート電圧誘起されたスピン数と電荷数は互いに良く一致し，これは，全ての電界注入キャリアがスピン1/2の磁性を持つことを証明している。

4.4　ルブレン単結晶FETのESRにおける界面修飾効果

ペンタセンFETを自己組織化単分子膜（SAMs）により界面修飾すると，界面未処理の場合と比較して，電界効果移動度が向上することが報告されている[35]。そこで，ルブレン単結晶FETのESRにおける界面修飾効果を調べるため，SAMsとして，F-SAMs（perfluorotriethoxysilaneのSAMs）とCH$_3$-SAMs（decyltriethoxysilaneのSAMs）により界面修飾したルブレン単結晶FET構造を作製し，同一素子を用いて，FETおよびESR特性を評価した。また，比較のため，導電性高分子polymethylmethacrylate（PMMA）により界面修飾したルブレン単結晶FET構造を作製し，同様な評価を行った。

FET特性評価により，飽和移動度として，界面未処理およびPMMA界面修飾の場合は，約1cm^2/Vs程度の値が得られるが，CH$_3$-SAMsによる界面修飾では3.52cm^2/Vs，F-SAMsによる界面修飾では7.68cm^2/Vsの値まで飽和移動度が向上することが示された。この移動度向上の傾向はペンタセンFETの界面修飾の結果と一致している[35]。また，F-SAMsによる界面修飾で得られた飽和移動度の値（7.68cm^2/Vs）は，ESR測定可能なFET素子としては世界最高値である。

ESR特性評価により，ピーク間ESR線幅ΔH_{pp}は，界面未処理およびPMMA界面修飾の場合は約0.11Gであるが，CH$_3$-SAMs界面修飾では0.08G，F-SAMs界面修飾では0.07Gの値となることが示された。つまり，SAMs界面修飾により，ESR線幅が3〜4割減少することが明らかとなった。この結果は，SAMs界面修飾の場合に，ESR線幅の運動による尖鋭化（motional narrowing）が増強していることを示し，局所的な移動度の向上を意味している。また，この局所的な移動度向上の結果は，SAMs界面修飾の場合のFET移動度向上の結果とも良く対応している。

4.5　ペンタセンFET界面の分子配向評価

図8に共鳴磁場を与えるg値の外部磁場方向に対する角度依存性を示す。ルブレン分子のπ電子軌道の異方性を反映した，明瞭なg値の異方性が観測されている。この異方性を解析した結果，FET界面の分子配向がバルク結晶の分子配向と異なり，局所的に変調を受けていることが明らかになった（図8参照）。さらに，この特異的な分子配向変調は，F-SAMsやCH$_3$-SAMs，PMMAによる界面修飾に依存しない，本質的な振舞いであることも明らかとなった（図8参照）。この結果は，ルブレン単結晶FET界面で表面分子再構成が生じていることを示している。

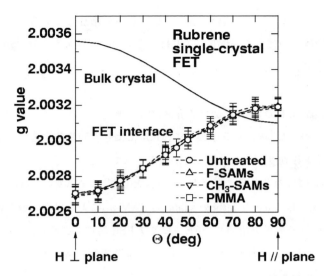

図8 ルブレン単結晶 FET のゲート電圧誘起 ESR 信号の g 値の角度依存性
空丸（○）は界面未処理 FET の結果を示す。上三角（△），下三角（▽），空四角（□）のデータは，それぞれ F-SAMs，CH_3-SAMs，PMMA による界面修飾 FET の結果を示す。Θ は外部磁場と基板のなす角度を示す。測定温度は 290K。実線はバルク結晶で予想される g 値の角度依存性。

このような界面分子配向下での，ルブレン単結晶 FET 中の電荷キャリアの波動関数や電荷輸送機構のミクロな観点からの解析は今後の興味深い課題である。

5 まとめと今後の展望

有機デバイスを研究するための，電子スピン共鳴法（ESR）を用いた新しい特性評価法を開発し，デバイス中の電荷キャリアの微視的な性質を研究した。有機材料としては，高移動度を示す p 型材料として知られる立体規則性ポリアルキルチオフェン（RR-P3AT），ペンタセン，ルブレン単結晶を対象とした。デバイス構造としては，金属・絶縁体・半導体（MIS）ダイオード構造と，トップコンタクト型およびボトムコンタクト型の電界効果トランジスタ（FET）構造を用いた。それらの研究により，デバイス中に電界注入された電荷キャリアのスピン状態や，電荷キャリアの波動関数の空間広がりを解明し，特に，ペンタセン FET 界面におけるバンド的な電荷輸送機構を明らかにすることに成功した。また，X 線回折測定などでは不可能な，キャリアが電界注入されるデバイス界面での分子配向評価にも成功した。

以上の我々の結果は，アルミナ絶縁膜およびシリコン絶縁膜を用いた有機デバイスで得られて

第 2 章　電子スピン共鳴法（ESR）を用いた有機トランジスタ界面のミクロ特性評価法

いる。最近，㈱産業技術総合研究所の長谷川達生博士らのグループは，有機材料であるパリレン絶縁膜を用いたペンタセン薄膜 FET の電場誘起 ESR 研究に成功し[36]，この手法の普遍性を示している。したがって，他の絶縁膜を用いたデバイス構造にも ESR 法を適用することは，有機材料の研究範囲を広げる上で有用であると考えられる。さらに，様々な導電性や電界発光性を示す低分子や高分子の有機デバイスを用いて系統的な ESR 研究を行うことは，有機材料の理解を深め，有機デバイスの特性向上を進める上で興味深い課題である。例えば，電荷キャリアの空間広がりの大きい有機材料を見出せば，より高い移動度を発現する FET を作製できる。また，我々の新しい手法は，ここで紹介した有機材料以外に，シリコンなどの従来の無機材料や，バイオ分子などの新しい材料を用いた FET 界面研究にも適用可能である。さらに，高感度にスピン検出ができるこの手法は，スピン自由度を用いたスピントロニクスの研究にも適用できる可能性がある。今後，これらの研究を進めることも有意義であると考えられる。

　本研究の遂行にあたり有意義な議論および技術的支援をして頂いた，名古屋大学の黒田新一教授，東北大学の岩佐義宏教授および竹延大志准教授，大阪大学の竹谷純一准教授に深く感謝の意を表する。

文　　献

1) M. Pope and C. E. Swenberg, "Electronic Processes in Organic Crystals and Polymers", Oxford Univ. Press, Oxford (1999)
2) C. D. Dimitrakopoulos and P. R. L. Malenfant, *Adv. Mater.*, **14**, 99 (2002)
3) S. F. Nelson et al., *Appl. Phys. Lett.*, **72**, 1854 (1998)
4) M. Kiguchi, M. Nakayama, K. Fujiwara, K. Ueno, T. Shimada and K. Saiki, *Jpn. J. Appl. Phys.*, **42**, L1408 (2003)
5) O. D. Jurchescu, J. Baas and T. T. M. Palstra, *Appl. Phys. Lett.*, **84**, 3061 (2004)
6) V. Podzorov et al., *Phys. Rev. Lett.*, **93**, 086602 (2004)
7) V. Podzorov et al., *Phys. Rev. Lett.*, **95**, 226601 (2005)
8) H. Sirringhaus, *Adv. Mater.*, **17**, 2411 (2005)
9) J. Takeya, M. Yamagishi, Y. Tominari, R. Hirahara, Y. Nakazawa, T. Nishikawa, T. Kawase, T. Shimoda and S. Ogawa, *Appl. Phys. Lett.*, **90**, 102120 (2007)
10) J. Takeya, J. Kato, K. Hara, M. Yamagishi, R. Hirahara, K. Yamada, Y. Nakazawa, S. Ikehata, K. Tsukagoshi, Y. Aoyagi, T. Takenobu and Y. Iwasa, *Phys. Rev. Lett.*, **98**, 196804 (2007)
11) O. D. Jurchescu et al., *Adv. Mater.*, **19**, 688 (2007)

12) K. Marumoto et al., *J. Phys. Soc. Jpn.*, **73**, 1673 (2004)
13) K. Marumoto et al., *J. Phys. Soc. Jpn.*, **74**, 3066 (2005)
14) 丸本一弘, 黒田新一, 電子スピンサイエンス, **3**, 25 (2005)
15) K. Marumoto et al., *Colloids and Surfaces A: Physicochem. Eng. Aspects*, **284-285**, 617 (2006)
16) K. Marumoto, S. Kuroda, T. Takenobu and Y. Iwasa, *Phys. Rev. Lett.*, **97**, 256603 (2006)
17) 丸本一弘, 黒田新一, 日本物理学会誌, **62**, 851 (2007)
18) 丸本一弘, 電子スピンサイエンス, **6**, 24 (2008)
19) S. Watanabe, K. Ito, H. Tanaka, H. Ito, K. Marumoto and S. Kuroda, *Jpn. J. Appl. Phys.*, **46**, L792 (2007)
20) K. Marumoto et al., *Jpn. J. Appl. Phys.*, **46**, L1191 (2007)
21) 丸本一弘, 新井徳道, 後藤博正, 富成征弘, 竹谷純一, 田中久暁, 黒田新一, 嘉治寿彦, 西川尚男, 竹延大志, 岩佐義宏, 日本物理学会講演概要集, **64**, 857 (2009)
22) S. Kuroda, *Int. J. Mod. Phys. B*, **9**, 221 (1995)
23) 黒田新一, 日本物理学会誌, **51**, 273 (1996)
24) K. Marumoto, N. Takeuchi, T. Ozaki and S. Kuroda, *Synth. Met.*, **129**, 239 (2002)
25) K. Marumoto, N. Takeuchi and S. Kuroda, *Chem. Phys. Lett.*, **382**, 541 (2003)
26) K. Marumoto, Y. Muramatsu and S. Kuroda, *Appl. Phys. Lett.*, **84**, 1317 (2004)
27) P. J. Brown et al., *Phys. Rev. B*, **63**, 125204 (2001)
28) S. Scheinert and W. Schliefke, *Synth. Met.*, **139**, 501 (2003)
29) Y. Furukawa, J. Yamamoto, D. -C. Cho and T. Mori, *Macromol. Symp.*, **205**, 9 (2004)
30) T. Mori and S. Ikehata, *Mater. Sci. Eng. B*, **49**, 251 (1997)
31) D. Fichou, G. Horowitz, B. Xu and F. Garnier, *Synth. Met.*, **39**, 243 (1990)
32) T. Minakata, I. Nagoya and M. Ozaki, *J. Appl. Phys.*, **69**, 7354 (1991)
33) S. Geschwind, "Electron Paramagnetic Resonance", Plenum, New York (1972)
34) J. R. Bolton, *J. Chem. Phys.*, **46**, 408 (1967)
35) S. Kobayashi, T. Nishikawa, T. Takenobu, S. Mori, T. Shimoda, T. Mitani, H. Shimotani, N. Yoshimoto, S. Ogawa and Y. Iwasa, *Nat. Mater.*, **3**, 317 (2004)
36) H. Matsui, T. Hasegawa, Y. Tokura, M. Hiraoka and T. Yamada, *Phys. Rev. Lett.*, **100**, 126601 (2008)

第3章 薄膜トランジスタにおける界面キャリア輸送の原子間力顕微鏡ポテンショメトリによる評価

中村雅一*

1 はじめに

　走査型プローブ顕微鏡（SPM）ファミリーは，表面を原子・分子スケールで形態観察できるだけでなく，原子〜数十 nm の空間分解能で局所的な物性評価ができるツールとして広く用いられている。ただし，一般にそこで測られる諸物性は試料最表面とせいぜいその直下数 nm の情報である。したがって，表面の物性評価のために使われることは多いが，試料断面を観察する場合を除いて「界面評価」に使われることは稀である。その稀なケースのひとつが，近年有機デバイスの主要な柱の一つとして盛んに研究されている薄膜トランジスタ（TFT）の評価である。

　有機薄膜トランジスタ（OTFT）においては，デバイスの電流 - 電圧特性が，専ら有機半導体による活性層と誘電体によるゲート絶縁層との界面にゲート電界によって形成される電荷蓄積層（チャネル）で決まる。特に OTFT では「ボトムゲート型」と呼ばれる，薄い活性層がゲート絶縁層の上に積層された構造が多く用いられ[1]，さらに通常，電流の膜厚方向成分はないことから，特性を決めているチャネル部の電位がほぼそのまま活性層表面に現れる（図1参照）。したがって，保護膜なしのボトムゲート型 OTFT に特定の動作電圧を印加した状態で表面の電位分布を観察することで，まさに聴診器を当てるようにトランジスタのどこが悪いかが分かるのである。

　ここでは，まず，そのような OTFT の動作時電位分布評価のために開発された原子間力顕微鏡ポテンショメトリ（AFMP）の動作原理と装置構成を，類似目的に使われるケルビン力顕微鏡（KPFM あるいは KFM とも略される）と比較しながら説明する。さらに，AFMP によって実際に OTFT を評価した例を紹介する。

2 原子間力顕微鏡ポテンショメトリの原理と装置構成

　半導体デバイスの動作時電位分布の評価には，1990年代からしばしば KPFM[2] が用いられてきた。まず，KPFM の動作原理を概説する。KPFM は，古くから固体表面の仕事関数を調べる

＊　Masakazu Nakamura　千葉大学　大学院工学研究科　人工システム科学専攻　准教授

有機デバイスのための界面評価と制御技術

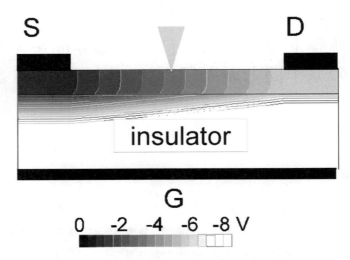

図1　ボトムゲート型 OTFT 動作時の断面電位分布
半導体デバイスシミュレーションの結果を，膜厚方向を拡大した上でグラディエーション表示してある。

目的で用いられてきたケルビンプローブを SPM 化したものである。基板にサブモノレイヤーの分子層が吸着したような系における，2次元的な仕事関数分布（あるいは真空準位シフトの分布）を知りたい場合などに有力なツールである。これを用いて，ITO を含む金属／有機界面の電荷移動や界面ダイポールを調べた例も多く報告されており[3~7]，基板ごと劈開した金属／有機／金属のサンドイッチ構造の断面を KPFM で調べたユニークな例も報告されている[8]。

図2に KPFM の基本構成を表したブロックダイアグラムを示す。典型的な KPFM では，導電性カンチレバーによって形状を測定するとともに，試料（探針側の場合もある）に DC 電圧とAC 電圧が印加された状態でその周波数に対応したカンチレバーの振動をロックイン検出し，振幅が0になるように DC 電圧をフィードバック制御する。このフィードバックがうまく働けば，探針–試料系のバンドダイアグラムは図3のように探針と試料の真空準位がそろった状態となる（より詳しくは第Ⅰ編第5章を参照されたい）。一般的に探針先端の仕事関数を規定することは困難であるが，KPFM によって仕事関数が既知の金属表面に分子や分子クラスターがまばらに吸着している状態を測定すれば，フィードバック制御した DC 電圧をマッピングした接触電位差（CPD）像から局所的な仕事関数を求めることができる。

KPFM は広く普及した市販装置をほぼ無改造で利用できることから，仕事関数分布だけでなく，OTFT などの半導体デバイスにおける動作時電位分布の可視化目的に多く使用されている[9~11]。しかし，半導体デバイスの動作時電位分布を求める方法としては，KPFM には課題が多いことも確かである。図4に，主な注意すべき点を模式的に表した。まず，局所的な仕事関数

第3章　薄膜トランジスタにおける界面キャリア輸送の原子間力顕微鏡ポテンショメトリによる評価

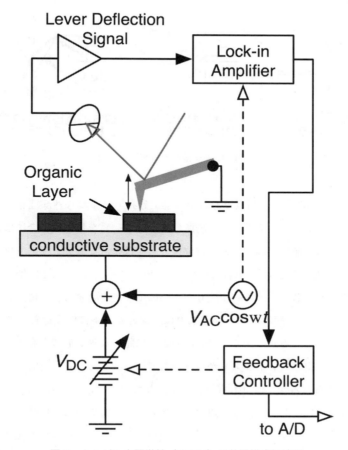

図2　ケルビン力顕微鏡（KPFM）の装置構成概略図

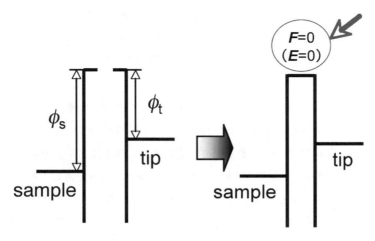

図3　KPFM測定時における試料－探針系のバンドダイアグラム

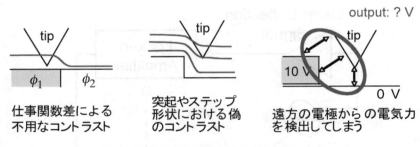

図4　KPFMによる電位分布測定時の要注意点

差を求められることはKPFMの利点であるが，電位分布（すなわち外部電界による静電ポテンシャルが重畳した「動的フェルミ準位」の場所によるちがい）を見たい場合には真空準位の概念が含まれる仕事関数は不確定要因を含み，電位像としては余計なコントラストを生じることになる。KPFMで電位分布を評価する場合は，あらかじめ零バイアス時のCPD像を求めて，それを差し引くことになるが，若干のエラーが残りやすいので注意を要する。次に，試料表面形状の影響である。KPFMにおいて探針に働く静電気力は，探針の上下に伴う探針-試料間の静電容量の変化分に比例する。ところが，図4中央の図のように急峻な表面形状を有する部分ではこれが複雑に変化するため，偽のコントラストが現れがちである。もちろん局所的仕事関数自体が変化していることも考えられるが，これも電位分布を知りたい場合には不用なコントラストとなる。最後に，最も大きな問題として，探針周辺のバイアスされた電極の影響を受けやすい点が挙げられる。KPFMでは探針-試料間に働く静電気力を検出して電位分布を求めるが，静電気力はトンネル電流やvan der Waals力などと比較して距離依存性が弱い長距離力であるため，探針直下だけでなく周辺部の電位の影響を受けやすい。そのため，KPFMで電位像を測定する際に探針を試料のどちら側から近づけるかによって得られる電位分布が異なったり，電極の周囲では本来の電位分布よりも電極電位の影響を強く受けてしまうことが少なからずある。KPFMをトランジスタなどの動作時電位分布評価に用いる場合には，以上の点が精密電位分布測定の阻害要因となる。

　そこで，より直接的な電位分布を計測するために，導電性探針を試料に接触させ，純粋な電気計測によって電位分布を測定するAFMPが開発された[12〜15]。図5にAFMP装置の概略図を示す。この図は，まさにOTFTの測定を想定したもので，電流を流すことで電位勾配をもたせた試料表面を，タッピングモードで周期接触する導電性カンチレバーで走査することにより，表面形状と電位分布を同時に画像化する。電位はカンチレバーに接続されたプリアンプ部で計測され，A/Dボードによって電位像として記録される。電位が計測された状態とは，図6に示されるように探針接触部を通じた電荷移動によって，探針と試料のフェルミ準位が一致することによ

第3章　薄膜トランジスタにおける界面キャリア輸送の原子間力顕微鏡ポテンショメトリによる評価

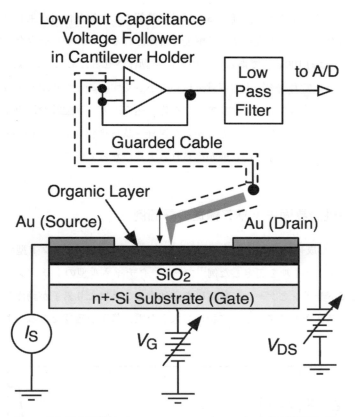

図5　原子間力顕微鏡ポテンショメトリ（AFMP）の装置構成概略図

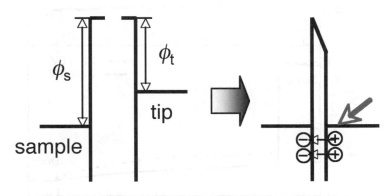

図6　AFMP測定時における試料－探針系のバンドダイアグラム

り平衡状態が得られていることを意味する。探針接触部でしか相互作用が生じないため，電極近傍においても正確な電位分布が高い空間分解能で計測される。条件が良い場合の空間分解能は約10nm，電位分解能は約100μVである。この装置を動作させるためには，探針～プリアンプ入力段の入力抵抗を極めて大きく，入力容量を極めて小さくすることが必須である。これを実現するために，カンチレバーホルダーにプリアンプを作り込み，ガード配線や電極などの配置を最適化した。これにより，極めて高抵抗になりがちな探針－試料接触（$10^{11} \sim 10^{15}\Omega$）[16]を経由して，極小の電荷移動で図6のような平衡状態が得られるようになっている。

3 電極／活性層界面キャリア輸送の評価例

図7は，Au電極形成後に有機膜を蒸着した，いわゆるボトムコンタクト型の銅フタロシアニンTFTの電位プロファイルを測定した例[17]である。Pチャネル型のトランジスタであり，ソースをコモンとしてドレインとゲートに負電圧を印加することにより素子が動作している。電位プロファイルのソース側キャリア注入部に極めて大きな電位降下が確認できる。ドレイン側では電

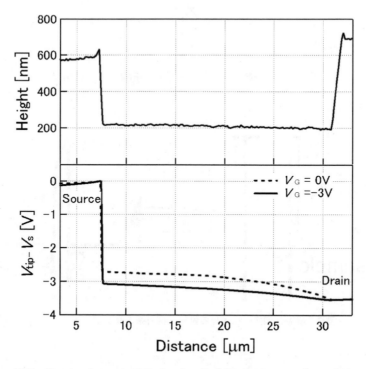

図7　銅フタロシアニンTFTチャネル部（ボトムコンタクト）の（上）形状プロファイルと（下）動作時電位プロファイル

位降下が見られないことから，この場合はキャリア注入部に大きな注入障壁が存在していることを示している。一方，ゲート電圧を変化させることで，チャネル部の電位勾配分布が変化していることも確認できる。ゲート電圧が－3Vのとき電位のプロファイルは直線的であり，一般的な線形領域のモデルの結果と同じである。一方，ゲート電圧が0Vのときはドレイン電極側から緩やかなピンチオフが生じはじめている。図8に，ペンタセンTFTの動作時電位プロファイルを測定した例を示す[14]。ソースおよびドレイン電極としてペンタセン上にAuを蒸着したいわゆるトップコンタクト型のPチャネル型TFTにおいて，ソースからドレインに至る電位プロファイルを計測したものである。ソースおよびドレイン電極の近傍約400nmにわたって，電位勾配の急な高抵抗領域が広がっている。これは，ソース／ドレイン電極をマスク蒸着によって形成する際に，チャネル部にごく微量の金原子が入射したことによる電気的なダメージであることが確認されている。探針の往復によって得られた2本のプロファイルが表示してあるが，これは図6のような平衡状態が得られているかどうかの確認のためである。もし，探針－試料間の接触抵抗が十分低くならず，計測系の平衡が追いついていない場合は，電位の高い側から低い側に探針が移動する場合とその逆とで計測される値に大きな違いが生じる。このプロファイルにおいては，主に走査のためのピエゾスキャナーの非線形性に起因する差のみが見えており，プロファイルはほぼ一致していると言える。この確認方法は，KPFMで電位分布を測定する場合にも使うことができる。KPFMの場合は，探針と試料の真空準位を一致させるために試料電位のフィードバック制御を行うが，そのレスポンスが電位変化に追従しきれていない場合に大きな往復不一致が生じる。

これら2種の結果は，作成法に大きく依存する外的な特性制限要因[17]を露わにした典型例であ

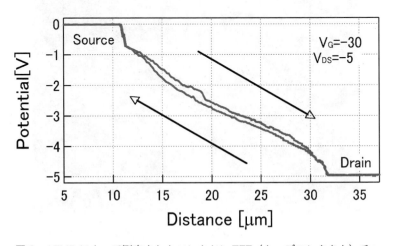

図8　AFMPによって測定されたペンタセンTFT（トップコンタクト）チャネル部の動作時電位プロファイル

る。ボトムコンタクト型 OTFT では，電極端部で結晶性が悪くなりやすいことに加え，金属に有機半導体をソフトに接触させるとあからさまにショットキ接触となりやすく，図7のように大きなキャリア注入障壁が生じる傾向がある。一方，比較的良い特性が得られやすいトップコンタクト型においても，図8に示されたように，電極形成に伴うみかけの移動度低下が起こっている。ソース・ドレイン電極として金をマスク蒸着する際に，数十 nm 〜 1 μm 程度の範囲でサブモノレイヤーレベルの金原子がチャネル部にも入射する。この範囲でペンタセンが低移動度化するのである。これは主に粒界部が高抵抗化することによって起こり，低移動度領域では移動度が本来の 1/10 程度になってしまう[14]。これらの外的制限要因が，同じ素子構成であるにもかかわらず装置や作成者によってみかけの移動度が大きくばらつく要因である。

4　活性層／ゲート絶縁膜界面キャリア輸送の評価例

　次に，OTFT にとってより本質的な内的制限要因について評価した事例を紹介する。図9は，AFM ポテンショメトリによって観察したペンタセン多結晶 TFT チャネル部の表面形状像に，

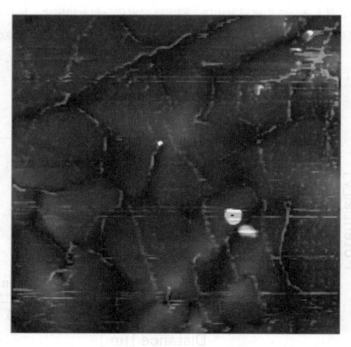

図9　ペンタセン TFT チャネル部の表面形状（なめらかなコントラスト）に電位勾配像（編み目状に明るいところ）を重ねたもの（10μm 角）

第 3 章　薄膜トランジスタにおける界面キャリア輸送の原子間力顕微鏡ポテンショメトリによる評価

同時観察された電位像を微分した「電位勾配像」を重ね合わせたものである。乱れたやや明るい線が網目状になっているところが電位勾配の大きいところ，すなわち，大きなキャリア（Pチャネル動作であるから，キャリアはホールである）輸送障壁が存在する場所である。ペンタセン多結晶膜では，この像にみられるような四つ葉あるいはピラミッド状の結晶粒が成長するが，その粒内のかならずしも形態的に明瞭な境界のないところにもキャリア輸送障壁が存在していることがわかる。ペンタセンの結晶粒は，成長の過程を見ると四つ葉のクローバーの四枚の葉が融合して菱形（条件によっては樹状になることもある）のグレインが形成されることが知られており，形態的になめらかに融合しているように見えたとしても，ここには結晶のドメイン境界が存在するものと思われる。統計的に見ると表面形状から判別される結晶粒をおよそ四等分するように障壁が存在しており，ペンタセンの多結晶膜における結晶ドメインのサイズは形態的な結晶粒径の半分と考えればよい。なお，このように決められた平均ドメインサイズと電界効果キャリア移動度の関係，ならびに，その温度依存性から，ここで可視化されているキャリア輸送障壁は主に最高占有軌道（HOMO）バンドが下に凸になったエネルギー障壁であり，その高さは約 150meV 程度であることがわかっている[18]。

それでは，このようなドメイン境界のエネルギー障壁を無くすことができれば，薄膜においても単結晶と同等のキャリア移動度が得られるのであろうか？　これに対する答えは NO である。ペンタセン TFT における結晶ドメイン内の動作時電位分布を AFMP によってさらに詳しく解析したところ，結晶ドメイン内にもほぼ例外なく電位ゆらぎが存在していることが見いだされている[19]。この電位ゆらぎのうち膜表面形状の影響を受けていないと思われる箇所の結果について，HOMO バンド上端のゆらぎに換算したものを図 10 に示す。ピーク to バレイで約 30meV のバンド端ゆらぎが存在している。表面化学修飾を行ったものも含む多数の SiO_2 上ペンタセンについてさらに精密にバンド端ゆらぎを評価したところ，ほとんどの場合において，ゆらぎの実効振幅は $10meV_{rms}$ 程度であった。この値は，アモルファスシリコンにおいて存在するバンド端ゆらぎより小さく，ペンタセンの結晶ドメイン境界におけるバリアと比べてもはるかに小さい。しかし，このようなゆらぎによってホールの輸送がパーコレーション的になるか，あるいは捕獲－脱捕獲プロセスを経ることによって，単結晶中よりも移動度は小さくなるものと考えられる。なお，このゆらぎの構造的起源はまだ明らかになっていないが，単結晶であるかと思われた結晶ドメインが，実はさらに小さな結晶子のモザイク結晶となっているためである可能性が考えられている[20]。

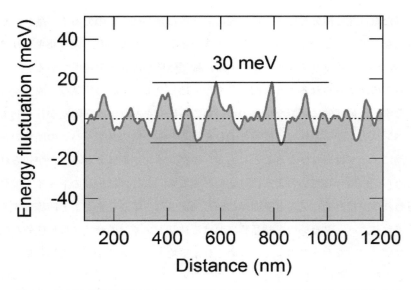

図10　AFMPにより測定されたOTFT動作時チャネル電位分布から算出したペンタセンHOMOバンド端ゆらぎ

5　おわりに

　ここでは，有機半導体活性層とゲート絶縁層界面の電気物性が特性を決めるOTFTについて，動作時電位分布を精密に評価することができるAFMPによる評価例を紹介した。百聞は一見にしかずの言葉通り，このような評価を行うことで様々な局所的制限要因を定量的に評価することができ，さらに原因構造を特定することもできる。半導体デバイスにおいて，素子構造内の動作時電位分布は素子が設計どおり動作しているか否かを判断できるバイタルサインとも言え，半導体デバイスシミュレーションを併用することで様々な「隠れた物性」を明らかにすることもできる。有機半導体材料は，導電性SPM探針によってオーミック的接触がとりやすい材料であることから，このようなSPMファミリーを活用することでさらに多様な局所電気物性が明らかになっていくものと期待している。

文　　　献

1)　薄膜材料デバイス研究会編，薄膜トランジスタ，p.126, コロナ社（2008）

第 3 章　薄膜トランジスタにおける界面キャリア輸送の原子間力顕微鏡ポテンショメトリによる評価

2) M. Nonnenmacher, M. P. O'Boyle and H. K. Wichramasinge, *Appl. Phys. Lett.*, **58**, 2921 (1991)
3) S. R. Day, R. A. Hatton, M. A. Chesters, M. R. Willis, *Thin Solid Films*, **410**, 159 (2002)
4) H. Yamada, T. Fukuma, K. Ueda, K. Kobayashi, K. Matsushige, *Appl. Surf. Sci.*, **188**, 391 (2002)
5) H. Sugimura, K. Hayashi, N. Naito, N. Nakagiri, O. Takai, *Appl. Surf. Sci.*, **188**, 403 (2002)
6) J. Lü, L. Eng, R. Bennewitz, E. Meyer, H. -J. Güntherodt, E. Delamarch, L. Scandella, *Surf. Int. Analysis*, **27**, 368 (1999)
7) T. Miyazaki, K. Kobayashi, K. Ishida, S. Hotta, T. Horiuchi, H. Yamada, K. Matsushige, *Jpn. J. Appl. Phys.*, **42**, 4852 (2003)
8) O. Tal, W. Gao, C. K. Chan, A. Khan, Y. Rosenwaks, *Appl. Phys. Lett.*, **85**, 4148 (2004)
9) L. Burgi, H. Sirringhaus, R. H. Friend, *Appl. Phys. Lett.*, **80**, 2913 (2002)
10) J. A. Nichols, D. J. Gundlach, T. N. Jackson, *Appl. Phys. Lett.*, **83**, 2366 (2003)
11) K. P. Puntambekar, P. V. Pesavent, C. D. Frisbie, *Appl. Phys. Lett.*, **83**, 5539 (2003)
12) M. Nakamura, M. Fukuyo, E. Wakata, M. Iizuka, K. Kudo, K. Tanaka, *Synthetic Metals*, **137**, 887 (2003)
13) 後藤直行，中村雅一，飯塚正明，工藤一浩，電気学会電子材料研究会資料，**EFM-03-32**, 21-26 (2003)
14) M. Nakamura, N. Goto, N. Ohashi, M. Sakai, K. Kudo, *Appl. Phys. Lett.*, **86**, 122112 (2005)
15) M. Nakamura, H. Ohguri, H. Yanagisawa, N. Goto, N. Ohashi, K. Kudo, Proc. Int. Symp. Super-Functionality Organic Devices, IPAP Conference Series, **6** (2005)
16) 坂井祐貴，中村雅一，酒井正俊，工藤一浩，中山泰生，石井久夫，鈴木貴仁，種村眞幸，電子情報通信学会技術報告，**108** (112)，OME2008-39, pp.43-48 (2008)
17) M. Nakamura, H. Ohguri, N. Goto, H. Tomii, M. -S. Xu, T. Miyamoto, R. Matsubara, N. Ohashi, M. Sakai, and K. Kudo, *Appl. Phys. A*, **95**, 73-80 (2009)
18) R. Matsubara, N. Ohashi, M. Sakai, K. Kudo, and M. Nakamura, *Appl. Phys. Lett.*, **92**, 242108 (2008)
19) N. Ohashi, H. Tomii, R. Matsubara, M. Sakai, K. Kudo, and M. Nakamura, *Appl. Phys. Lett.*, **91**, 162105 (2007)
20) 松原亮介，酒井正俊，工藤一浩，熊谷敦文，吉本則之，中村雅一，薄膜材料デバイス研究会第 5 回研究集会（奈良，2008 年 11 月 1 日）アブストラクト集 pp.79-82

第4章　微小角入射X線回折法によるポリチオフェン摩擦転写超薄膜の界面構造評価

永松秀一*

1　はじめに

　π共役系高分子は，その優れた電気的・光学的特性や化学的な安定性，容易な加工性から有機電界効果トランジスタ（OFET），有機薄膜太陽電池（OPV）や有機電界発光ダイオード（OLED）等の様々な電子デバイスへの応用展開が期待されている[1~3]。π共役系が一次元鎖状に連なったポリチオフェンなどのπ共役系高分子は，高分子主鎖方向に非局在化したπ電子に由来した光・電気特性を示し，主鎖の配列を制御することによって異方的な電気特性や発光特性を示す。これはπ共役系一次元高分子の特徴であり，有機デバイスへの機能付加及び高性能化には高分子主鎖の配向制御が極めて重要である。

　本章では，OFETやOPV材料として使用されるポリチオフェン（PT）について，その分子配向制御技術である摩擦転写法（friction-transfer technique），および微小角入射X線回折法（grazing incidence X-ray diffraction）による分子配向・界面構造評価とポリチオフェン摩擦転写超薄膜を用いたOFETによる電荷移動度評価により，界面構造と電荷移動度の関係について紹介する。

2　摩擦転写法

　高分子主鎖の配向制御法として，Langmuir-Blodgett（LB）法，延伸法およびラビング法等が一般的に利用されている。我々は高分子を配向薄膜化する技術として『摩擦転写法』に注力してきた。摩擦転写法は，図1に示すような高分子固体を滑らかな基板上に擦り付けるという簡単な手法であり，液相を経ずに直接固相から固相膜を作製する薄膜形成法である[4,5]。ポリテトラフルオロエチレン（PTFE）等の高分子固体を摩擦転写法により基板に成膜したとき，その形成薄膜内において高分子主鎖が摩擦転写掃引方向に極めて高度に配向していることが電子線回折やX線回折により観察され，高分子の一軸配向膜作製法としても注目されるようになった。

　＊　Shuichi Nagamatsu　九州工業大学　大学院情報工学研究院　電子情報工学研究系　助教

第4章　微小角入射X線回折法によるポリチオフェン摩擦転写超薄膜の界面構造評価

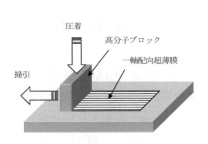

図1　摩擦転写法の概略図

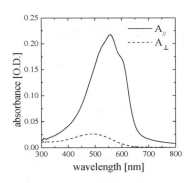

図2　P3BT摩擦転写超薄膜の偏光吸収スペクトル

我々は，これまでにポリフェニレンビニレン（PPV）やポリチオフェン（PT）等の優れた電子・光機能を示す種々のπ共役系高分子に摩擦転写法を適用し，そのπ共役主鎖が高度に一軸配向した配向薄膜が得られることを見出し，これら分子配向制御された共役系高分子薄膜を用いた有機デバイスの研究開発を行ってきた[6～16]。

OFETやOPV材料として用いられているregioregular poly(3-butylthiophene)(P3BT) とregioregular poly(3-hexylthiophene)(P3HT) について，それぞれの最適化された条件で摩擦転写を行い，摩擦転写薄膜を得た。図2にP3BT摩擦転写超薄膜の偏光光吸収スペクトルを示す。光吸収は，分子振動や電子遷移の遷移モーメントと光の電場ベクトルとの相互作用によるものである。π共役系高分子の光吸収において最も強い吸収はπ-π*遷移の励起子による吸収であると帰属されている。このπ-π*遷移モーメントは高分子主鎖と平行な方向にあるので，偏光光吸収スペクトル測定はπ共役系高分子の主鎖配向評価に非常に有用である。

図2から明らかなように，P3BT摩擦転写超薄膜の光吸収には入射光の偏光方向により吸光度およびスペクトル形状に大きな差異があることが分かる。入射光の偏光方向が摩擦転写掃引方向に対して平行方向（$A_{//}$）のとき，チオフェン骨格のπ-π*遷移モーメントに起因した吸収ピークが確認できるが，垂直方向（$A_{\perp}$）では，この吸収ピークは消失しており，P3BTはチオフェン主鎖が摩擦転写掃引方向に対して平行に極めて高度に一軸配向していることを示している。また長波長側の610nm付近の吸収における光吸収の二色比（$D=A_{//}/A_{\perp}$）は約30，算出される配向度（$F=(D-1)/(D+2)$）は0.9であり，摩擦転写法により高分子主鎖がほぼ完全に一軸配向した超薄膜を得られた。また，P3HT摩擦転写超薄膜についても同様の結果を得た。

擦り付けるという非常に簡便な手法である摩擦転写法により，π共役系高分子の一軸配向超薄膜の作製が可能である。

3 微小角入射 X 線回折法

X 線を全反射臨界角以下の視斜角で物質表面に入射したとき，X 線は内部へ伝播せず，表面で全反射される。このとき，表面や界面において相互作用が増大し，X 線の反射・屈折が顕著に表れ，界面に対して敏感な測定が可能となる。微小角入射 X 線回折法（GIXD）は薄膜試料に X 線を臨界角近傍で入射し，照射面積を増大させ，薄膜／基板界面においての X 線全反射現象を利用して高 SN 比で薄膜回折パターンを測定する手法である。表面に照射された X 線は入射角に応じて，反射される成分と屈折して内部へ伝播する成分に分かれる。図 3 に示すように，GIXD では検出器を法線方向および面内方向にスキャンすることにより，それぞれ薄膜表面に平行な格子面からの面外回折および垂直な格子面からの面内回折を測定することが可能である。GIXD では，通常の X 線回折法では測定困難な面内回折を測定することが可能であり，薄膜内部における分子配向・界面構造の詳細を評価できる。

摩擦転写膜のような面内一軸配向薄膜の面内回折測定において，X 線の散乱ベクトル（Q）の方向と一軸配向薄膜の方位関係は非常に重要である。図 4 に示すように基板の法線方向の場合（面外回折）を Q_z，基板面内において摩擦掃引方向と平行な場合を Q_x，および垂直な場合を Q_y と定義する。摩擦転写超薄膜の詳細な分子配向は，大型放射光施設 SPring-8 の BL46XU ビームラインにおいて ATX-GSOR（Rigaku 社製）を用い放射光を線源とし，入射角度 0.14°の GIXD 測定により調査した。

P3BT 摩擦転写超薄膜についての GIXD プロファイルを図 5 に示す。Q_x，Q_y，Q_z のそれぞれの散乱ベクトルの方向により，その GIXD プロファイルには大きな差異が認められる。面外（Q_z）方向には a 軸方向（アルキル側鎖による主鎖の間隔）に起因する一連の $h00$（$h=1, 2, 3$）回折のみを示している。また面内垂直（Q_y）方向には，Q_z 方向に見られた回折はまったく観測されず，b 軸方向（πスタッキングによる主鎖の間隔）に起因する 020 回折のみを示した。面内平行（Q_x）方向には，偏光光吸収スペクトル測定の結果より c 軸方向（高分子主鎖の繰返し周期）の $00l$ 回

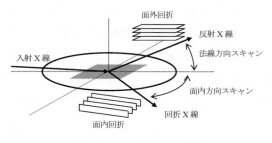

図 3　GIXD の幾何学的配置

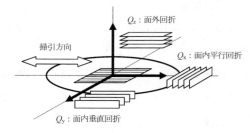

図 4　摩擦転写掃引方向と散乱ベクトル Q の関係

第4章　微小角入射X線回折法によるポリチオフェン摩擦転写超薄膜の界面構造評価

折が観測されると予測されたが，まったく回折は観測されなかった。それぞれの結晶軸に関する回折がある一定方向でのみ観測されたことは，薄膜内において高分子が3次元的に整列配置していることを示している。

またX線回折では特定の回折格子面のロッキングカーブ測定をすることで，その回折格子面の配向分布を評価することができる。したがってGIXDでは摩擦転写超薄膜のQ_y方向における回折格子面のロッキングカーブ測定により高分子主鎖の配向分布を直接評価することができる。図6にQ_y方向における020回折のロッキングカーブプロファイルを示す。回折強度はピークから±15°で減衰しており，その半値幅は10°であった。これはP3BT摩擦転写超薄膜内部のほぼ全てのP3BT主鎖が掃引方向に対して分布幅10°で，極めて高度に一軸配向していることを示している。

これらの結果から，P3BTは摩擦転写

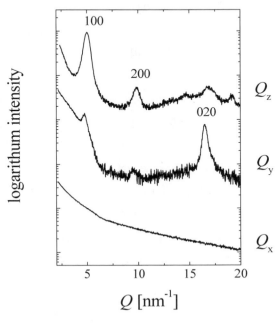

図5　P3BT摩擦転写超薄膜のGIXDプロファイル

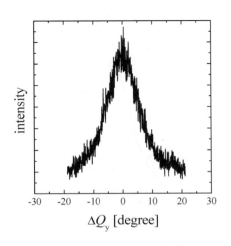

図6　020回折のロッキングカーブプロファイル

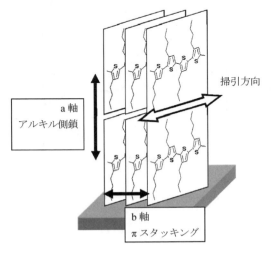

図7　P3BT摩擦転写超薄膜の分子配置

膜内において図7に示すような，アルキル側鎖を基板に対して立てている edge-on 配向状態でチオフェン主鎖を掃引方向に一軸配向している分子配向をとっていることが明らかとなった。

次に図8に P3HT 摩擦転写超薄膜についての GIXD プロファイルを示す。P3BT の場合と同様に，各散乱ベクトルの方向に対し特定の結晶軸に関する回折のみを示しているが，その結晶軸の方向に大きな差異が認められる。

Q_z 方向には，π スタッキングによる b 軸に起因する 020 回折のみを示し，Q_y 方向には，アルキル側鎖による a 軸に起因する一連の $h00(h=1,2,3)$ 回折のみを示している。また，Q_x 方向には偏光光吸収スペクトル測定より予測されたチオフェンユニットの繰返し周期である c 軸に起因する 002 回折のみを示している。また，Q_y 方向の 100 回折のロッキングカーブプロファイルは，P3BT 摩擦転写超薄膜と同様に ±15° でピークが減衰しており，その半値幅は 13° であった（図9）。P3HT も P3BT 同様に摩擦転写掃引方向に対して極めて高度に一軸配向していることが明らかとなった。

P3HT も摩擦転写膜内において 3 次元的に整列配置された分子配向をとっているが，P3BT とはその配向状態が違うことが明らかとなった。P3HT は図10に示すような，チオフェン環の分子面を基板に対して平行にしている face-on 配向状態でチオフェン主鎖を掃引方向に一軸配向している分子配向をとっていることが明らかとなった。

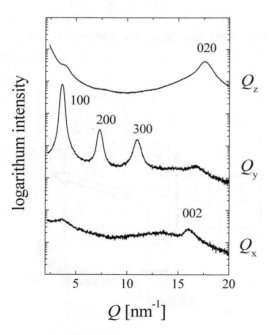

図8 P3HT 摩擦転写超薄膜の GIXD プロファイル

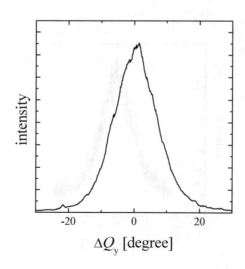

図9 100 回折のロッキングカーブプロファイル

第4章　微小角入射X線回折法によるポリチオフェン摩擦転写超薄膜の界面構造評価

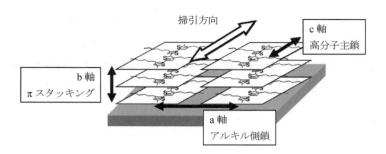

図10　P3HT摩擦転写超薄膜の分子配置

4　トランジスタ特性

P3BT，P3HT両摩擦転写超薄膜内における分子配向を明らかにしたが，これら2種類の分子配向状態を利用し，導電性高分子のOFETによる電荷移動度の分子配向依存性を調査することができる。ソース・ドレイン電極の配置により，P3BT摩擦転写超薄膜においては高分子主鎖方向（I_c）の電荷移動度（μ_c）とπスタッキング方向（I_b）の電荷移動度（μ_b），P3HT摩擦転写超薄膜

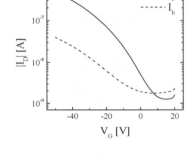

図11　P3BT摩擦転写超薄膜OFETの伝達特性

においてはμ_cとアルキル側鎖方向（I_a）の電荷移動度（μ_a）をそれぞれ導き出すことが可能である。

OFETはヘキサメチルジシラザン（HMDS）処理された酸化膜（300nm）付シリコンウエハ上に摩擦転写超薄膜を形成し，その上部にソース・ドレイン電極（$L=20\mu m$，$W=2mm$）として金を形成することで作製した。このときソース・ドレイン電極の方向を摩擦転写掃引方向に対して平行と垂直にすることでOFET特性の異方性を評価した。

P3BT，P3HT摩擦転写超薄膜を用いたOFETは，それぞれの素子ともに典型的なp型半導体動作を示し，また2桁程度のon/off比を示した。摩擦転写法という非常に簡便な成膜手法にて良好な高分子OFETを作製することが可能である。

図11にP3BT摩擦転写超薄膜を用いたOFETの，ドレイン電圧（V_D）が-50Vのときの伝達特性を示すが，平行方向と垂直方向において明確なドレイン電流の異方性が観測された。各方向における飽和領域のドレイン電流の式より算出される移動度は，μ_cがμ_bの20倍程度高い値であった。またP3HTにおいても，μ_cがμ_aの10倍程度高い値であった。今回用いたOFETのチャネル長は$20\mu m$であり，高分子の分子長に比べ100倍以上の値であるにもかかわらず，

非常に大きな電荷移動度の異方性を確認できたことは，やはり導電性高分子においては，ペンタセンなどの低分子材料とは違い，πスタッキングによる高分子鎖間よりも高分子主鎖内の電荷輸送能を効率よく利用することが高性能な高分子デバイスの開発に重要であることを示している。

5 おわりに

　以上，摩擦転写法によるポリチオフェン誘導体の一軸配向超薄膜の作製，微小角入射X線回折法による分子配向・界面構造の評価およびFETによる分子配向と電荷移動度の相関について具体的に述べてきた。摩擦転写法では，不融不溶な共役系高分子および液晶性など性質等持たない共役系高分子についても，容易に極めて高度に一軸配向した超薄膜が作製可能であること，また微小角入射X線回折法は，薄膜内部において共役系高分子などの有機半導体分子の分子配向・界面構造の詳細を評価する非常に有効なツールであることが理解されたと思う。また，形状異方性を持つ有機半導体分子について，その分子配向と電荷輸送には相関が有り，有機半導体を用いた電子素子の高性能化・高効率化および機能付加には有機半導体分子の配向制御が重要であることを示した。

文　献

1) A. Tsumura *et al.*, *Appl. Phys. Lett.*, **49**, 1210 (1986)
2) C. J. Brabec *et al.*, *Adv. Func. Mater.*, **11**, 15 (2001)
3) R. H. Friend *et al.*, *Nature*, **397**, 121 (1999)
4) K. R. Makinson *et al.*, *D. Proc. R. Soc. Lond.*, **A281**, 49 (1964)
5) J. C. Wittmann *et al.*, *Nature*, **352**, 414 (1991)
6) N. Tanigaki *et al.*, *Thin Solid Films*, **331**, 229 (1998)
7) Y. Yoshida *et al.*, *Adv. Mater.*, **12**, 1587 (2000)
8) S. Nagamatsu *et al.*, *Macromol.*, **36**, 5252 (2003)
9) S. Nagamatsu *et al.*, *Appl. Phys. Lett.*, **84**, 4608 (2004)
10) S. Nagamatsu *et al.*, *J. Phys. Chem. B*, **111**, 4349 (2007)
11) S. Nagamatsu *et al.*, *Polym. J.*, **39**, 1300 (2007)
12) S. Nagamatsu *et al.*, *J. Phys. Chem. B*, **113**, 5746 (2009)
13) M. Misaki *et al.*, *Macromol.*, **37**, 6926 (2004)
14) M. Misaki *et al.*, *Appl. Phys. Lett.*, **87**, 243503 (2005)
15) M. Misaki *et al.*, *Polym. J.*, **39**, 1306 (2007)
16) M. Misaki *et al.*, *Appl. Phys. Lett.*, **93**, 023304 (2008)

第5章 原子間力顕微鏡とケルビンプローブ表面力顕微鏡(KPFM)による発光素子の解析

佐藤宣夫[*1], 香取重尊[*2]

1 はじめに

有機半導体デバイス[1~3]には「有機／有機」や「有機／無機(例えば金属電極)」といった接合界面が存在し，デバイスの諸特性(発光効率，電荷移動度，および光電子変換など)は接合界面に大きく依存することが知られている[4]。したがって，高効率なデバイスの実現には積層された薄膜における，表面や界面の電位を理解することが大変重要である。

一方，原子間力顕微鏡(Atomic Force Microscopy：AFM)は，ナノスケール領域において，表面形状の凹凸をイメージングできる。AFMは絶縁体表面において，ナノスケール分解能を達成できる唯一ともいえるツールである。そのためAFMの特徴を活かす上でも，低い電気伝導率を有している有機材料表面の観察に用いることは有用である。

さらにAFMの応用の1つに，ケルビンプローブ表面力顕微鏡(Kelvin Probe Force Microscopy：KPFM)がある。有機分子，半導体，金属材料に至るまで，様々な試料に対して，表面電位をマッピングできる顕微鏡である。そしてAFMとKPFMを複合化した顕微鏡は，表面形状と表面電位を同時に，同じ領域において測定できる。

本章では，ナノスケールでの高分解能観察を可能とするAFMの測定原理，測定モード，ならびにダイナミックモード動作時の検出方式(AM方式，FM方式)について述べ，ナノスケールでの電気特性評価を可能とするKPFMの原理ならびに発光素子である有機発光ダイオード(Organic light-emitting diode：OLED)の解析への応用例を紹介する。

2 原子間力顕微鏡(AFM)

2.1 AFMの測定原理

1981年に開発されたSTM(Scanning Tunneling Microscopy)[5]が今日のSPM(Scanning Probe

---

[*1] Nobuo Satoh 京都大学 大学院工学研究科 助教
[*2] Shigetaka Katori 京都大学 大学院工学研究科 産官学連携研究員

Microscopy）の発端である[6]．また AFM は 1986 年に，Stanford 大学の Quate 博士のグループにより開発された[7]．彼らは，STM におけるトンネル電流を探針—試料間に働く力（原子間力）に置き換えても，同様の測定ができることを見出した．実際に原子間力を検出するために，非常に弱いバネ定数を持つカンチレバーの背面にトンネル探針を配して，バネの変位を STM で測定する系を構築し AFM を実現した．

その後，カンチレバーの変位検出には，先のトンネル電流検出法からレーザ光の干渉を利用して検出する方式（レーザ光干渉法）[8]，カンチレバーの背面を鏡面にし「光てこ」によって検出する方式（光てこ方式）[9,10]などが開発された．

一方，カンチレバー（探針）より検出される物理量としては原子間力だけではなく，摩擦[11,12]や電位・電荷[13〜16]，磁気[17,18]，光[19〜23]，熱[24]，イオン伝導度[25]，化学ポテンシャル[26]，誘電率[27]，散逸エネルギー[28]など多様である．さらに大気中といった一般的な測定環境から液中での測定[29,30]や低温あるいは高温下への応用[31,32]なども積極的に試みられている．

さて，AFM の測定原理を述べる前に，まずは歴史的な開発背景から STM の原理（図 1 参照）について述べる．STM において導電性探針と試料の間にバイアス電圧を印加し，探針—試料間距離を 1nm 程度まで近づけるとトンネル電流が流れる．このトンネル電流は探針—試料間距離に対して非常に敏感であり，指数関数的に変化する．この探針—試料間での特性を活かして，表面形状像を得るには，トンネル電流を一定に保ちながら，チューブスキャナ（tube scanner）を用いて探針を試料表面に沿って走査する．このときのチューブスキャナに加えたフィードバック制御のための電圧を記録して画像化すれば，高分解能な試料の表面像が取得できる[33]．

AFM の装置原理を図 2 に示す．AFM の動作原理は，端的に言えば STM におけるトンネル電流を原子間力に置き換えたものである．表面走査時に，探針と試料表面間の相互作用として働く原子間力をカンチレバーを使って検出し画像化する．

AFM 装置の模式図を図 3 に示す．カンチレバー先端と試料間に働く力（または力の傾き）が

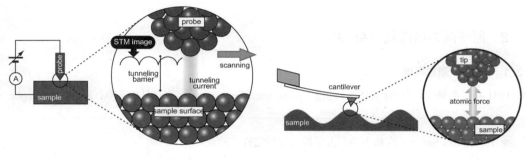

図 1　STM の原理　　　　　　　　図 2　AFM の原理

第5章 原子間力顕微鏡とケルビンプローブ表面力顕微鏡（KPFM）による発光素子の解析

一定になるようにチューブスキャナの z 軸（高さ）を制御し，同時に x-y 方向へ走査することにより，ナノスケールの3次元情報を得ることができる。

AFM の原理として重要となる，カンチレバーの変位を検出する方法としては，トンネル電流検出法，光を用いた検出法（レーザ光干渉方式および光てこ方式），自己検出法（ピエゾ抵抗（piezoresistive）検出および圧電検出など）がある。

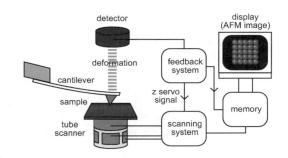

図3　AFM 装置模式図

本章では多くの市販の AFM 装置に採用されている「光てこ方式」のみをここでは紹介する。「光てこ方式」は，カンチレバー背面にレーザ光を照射し，その反射光を分割フォトダイオード（position sensitive photo diode；PSPD）によって検出する。2つのダイオードの出力が等しくなるように反射光の位置を調整し，その差を検出，増幅することによって変位の検出を行っている。

2.2　AFM の測定モード

カンチレバーの探針－試料間に働く力を Lennard-Jones 型のポテンシャルから考察する。またカンチレバーの駆動方式の static-mode および dynamic-mode について紹介し，さらに dynamic-mode で動作する AFM の2つの測定モードについて述べる。

2.2.1　探針－試料間に働く力

無極性の中性原子間の相互作用は，Lennard-Jones 型のポテンシャルで近似することができる。ポテンシャルエネルギー U_0 と原子間距離 r_0 の関係は

$$U_0(r_0) = 4\varepsilon_{LJ}\left\{\left(\frac{\sigma}{r_0}\right)^{12} - \left(\frac{\sigma}{r_0}\right)^6\right\} \tag{1}$$

と表すことができる。ここで ε_{LJ} は凝集エネルギー，σ は平衡原子間距離である。

式(1)から，探針（原子が凸形状に並んでいると仮定）と試料との間に働く力を考える。探針と試料表面の相互作用によって生じるポテンシャルエネルギー U_{ts} と探針－試料表面の距離 d の関係は，少し複雑になるため，ここでは R_0 は探針先端の曲率半径，探針先端を放物面 $z = -(1/2R_0)x^2 - d$ で近似すると，探針－試料間に働く力は

$$F_{ts}(d) = \frac{dU_{ts}(d)}{dd}$$

$$= \frac{2}{3}\pi^2 R_0 \varepsilon_{LJ} n_0^2 \sigma^4 \left\{ \frac{1}{30}\left(\frac{\sigma}{d}\right)^8 - \frac{1}{6}\left(\frac{\sigma}{d}\right)^2 \right\} \tag{2}$$

と表すことができる。また正（＋）符号は「斥力」，負符号（－）は「引力」であることに注意すると，式(2)では右辺第1項は斥力，第2項は引力を表していることになる。

次に式(2)において，カンチレバーの探針と試料がSiで形成されていると仮定しSiにおける物性値 $\varepsilon_{LJ}=0.01\mathrm{eV}$，$\sigma=0.25\mathrm{nm}$，$n_0=5.0\times10^{28}\mathrm{m}^{-3}$ を代入する[34]。また探針先端の曲率半径を $R_0=50\mathrm{nm}$ と比較的大きな値で計算を行い，縦軸に探針―試料間に働く力 F，横軸に探針―試料間距離 d でプロット（plot）したものを図4として示す。

図4に表されるように，探針―試料間は遠距離（$d>0.2\mathrm{nm}$）においては引力が働く。この引力は，分散力によるものである。分散力とは，瞬間双極子（無極性原子でも瞬間的には電荷の偏りがある）によって他方の原子にも双極子を生成し，これらの双極子の間に働く力である。大きい原子・分子ほど，電子を保持する力が弱いため瞬間双極子を生じやすく，結果として分散力が大きくなる。

また同様に，近距離（$d<0.2\mathrm{nm}$）においては斥力が働く。この斥力は，交換相互作用によるものである。交換相互作用とは2つの原子の電子雲が重なり合うと，原子核の正電荷を電子雲が静電的に遮蔽できず，双方の原子核の正電荷同士にクーロン（Coulomb）力が生じている結果である。

2.3 カンチレバーの駆動方式

カンチレバーの駆動方式は，static-mode と dynamic-mode の2つに分類できる。static-modeでは，カンチレバーと試料が常に接触している状態で測定を行う。dynamic-mode では，カンチレバーを機械的に励振させ，試料からある程度離れた状態で測定を行う。また dynamic-mode は，周期的に試料表面に接触を繰り返す間欠接触（intermittent-contact：IC）状態と非接触（non-contact：NC）状態で行われる2つのモードに分類できる。以下に，それぞれのモードについて述べる。

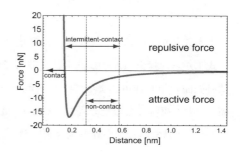

図4 Lennard-Jones 型で近似される探針―試料間に働く力

2.3.1 Static-mode（スタティックモード）

カンチレバーの探針を試料に常に接触させた状態で走査するので，コンタクトモード（contact mode）と呼ばれることも多い．図4で示したように，試料から受ける斥力によりカンチレバーはz方向に変位sを生じる．この変位sおよび探針—試料間距離dを一定にするようにフィードバック制御を行うことで表面形状像を得る．

また試料の表面形状を直接得るために分解能は高く，探針が受けている力が探針先端の原子と接触している試料表面の原子1個による力であるならば，分解能は原子スケールまで達する．さらに特徴としては，試料表面に付着した水による吸着を受けないこと，探針の横方向の撓みを検出する摩擦力測定，電圧印加しながら走査する電流測定，なども可能となる．しかし常に探針が試料に接触しているために，有機材料などの柔らかい試料では，探針による試料表面の損傷，反対に探針に観察試料が付着する，などの問題点がある．

2.3.2 Dynamic-mode（ダイナミックモード）

カンチレバーが試料から数 nm 程度離れたところで機械的に振動しており，図4の接触領域以外で動作しているモードである．またダイナミックモード動作型 AFM は，DFM（Dynamic Force Microscopy）と呼ばれることも多い．

ここで探針が試料に近づく過程を考える．物理的には，探針に働く力勾配（$-dF_{ts}/dz$）がカンチレバーのバネ定数kを超えた時点で試料に接触することになるが，カンチレバーを振動させることにより，$-(dF_{ts}/dz)>k$である位置でも試料に吸着することを防ぎながら走査することができる．これにより，探針—試料間距離が小さい領域でも正確に力を検出できる．

ダイナミックモードは間欠接触，あるいは非接触状態での AFM 観察が実現できる．以下，カンチレバーの探針と試料が間欠接触状態を維持することで観察するタッピングモード[注1]，非接触状態で観察する NC モードについて述べる．

タッピングモードは，接触と非接触を周期的に繰り返す間欠接触状態での AFM 観察モードである[38]．また NC モードに比べて検出する力が大きいため，表面吸着層の影響を受けにくく，安定して表面形状を追従できることから，広範囲で高速の走査が可能となる．さらに試料表面への接触時間が非常に短時間であるため，NC モードには劣るもののコンタクトモードに比べ，横方向の摩擦力を取り除くことができるので試料への損傷が低減される．加えて探針と試料が周期的に接触していることから，試料表面の粘弾性測定，試料への電圧印加，などが可能となるため，様々な分野への応用が期待されている．しかしながら，表面の水分層による吸着などの力を受け

注1) tapping mode：Veeco Instruments 社の商標であるが，一般的な名称として定着しており，本稿もそれに従う．

ながら動作するために，得られた像が必ずしも表面形状を反映していない場合がある。

NCモードAFM(NC-AFM)は，図4で示した引力領域で動作させる測定モードである[35]。NCモードは探針と試料が接触しないために，試料に対して全くダメージを与えずに観察できる。そのため有機半導体材料のような柔らかく弾性のある試料の観察に適している。また非常に高感度で力を検出できることから，原子・分子スケールでの高分解能観察が実現されている。しかしながら，非接触状態を維持するために試料への探針の衝突を回避する必要があり，数μm角以上の大きな走査範囲を高速に走査するには適さない。

2.4 ダイナミックモードAFMでの検出方式

ダイナミックモードで動作するAFMはカンチレバーを機械的に励振し，カンチレバーが受ける力F_{ts}のz方向の力勾配$-(dF_{ts}/dz)$によってカンチレバーの共振周波数f_rが変化するのを利用して探針―試料間距離dの制御を行っている。

アクチュエータ $(F_d(t)=kl_0\cos(\omega_d t))$ によって励振されるカンチレバーの挙動は，式(3)のような2次の運動方程式によって表すことができる[36]。

$$m\frac{d^2s(t)}{dt^2}+m\frac{\omega_r}{Q}\frac{ds(t)}{dt}+ks(t)=kl_0\cos\omega_d t+F_{ts} \tag{3}$$

ここで圧電素子の振動周波数f_dの角周波数ω_d，圧電素子の振動振幅l_0，カンチレバーの実効的な質量m，カンチレバーのバネ定数kである。また2次遅れ系での共振点の周波数f_rの角周波数ω_r，Qは共振特性のQ因子(Q-factor)である。式(3)に含まれているカンチレバーの変位 $s(t)(=A_d\cos(\omega_d t+\phi))$ で表されるとし，Lorentz関数で近似する[37]と

$$A_d=\frac{Ql_0}{\sqrt{Q^2(1-\omega_d^2/\omega_r^2)^2+\omega_d^2/\omega_r^2}} \tag{4}$$

$$\simeq\frac{Ql_0}{\sqrt{4Q^2(1-\omega_d/\omega_r)^2+1}} \tag{5}$$

となる。式(5)より，周波数f_dに対する振幅A_dの変化，すなわちカンチレバーの共振特性は図5のようになる。

この2次遅れ系はアクチュエータにより振動している調和振動子系のモデルから，カンチレバーの共振周波数f_rは

第5章　原子間力顕微鏡とケルビンプローブ表面力顕微鏡（KPFM）による発光素子の解析

$$f_r = \frac{\omega_r}{2\pi} = \frac{1}{2\pi}\sqrt{\frac{k}{m}} \quad (6)$$

となる。また調和振動子系に F_{ts} が加わった場合の共振周波数の変化は、バネ定数 $k'=(-dF_{ts}/dz)$ を持つ、もう一つのバネを接続したモデルによって考えることができ、共振周波数 f_r' は

$$f_r' = \frac{\omega'_r}{2\pi} = \frac{1}{2\pi}\sqrt{\frac{k-dF_{ts}/dz}{m}} \quad (7)$$

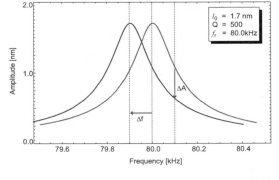

図5　Lorentz 関数で近似したカンチレバーの共振特性

と表すことができる。

ただし式(7)は、カンチレバーの振動振幅が一定と仮定している。また、必ずしも良い一致ではないが、周波数シフトが$-(dF_{ts}/dz)$が負である（引力が働く）場合はネガティブシフト（negative shift）し、$-(dF_{ts}/dz)$ が正である（斥力が働く）場合はポジティブシフト（positive shift）するといった定性的な傾向は議論できる。

ダイナミックモード動作における変位検出は、図5に示したように、振幅変化量（ΔA）を検出する「AM（Amplitude Modulation）検出」[38]と共振周波数シフト量（Δf）を直接検出する「FM（Frequency Modulation）検出」[39]の2種類に分類され、それぞれの特徴を以下に述べる。

2.4.1　AM検出

ダイナミックモード動作する AFM では、探針を試料表面に近づけると相互作用によって力を受け、式(7)で示したように共振周波数が変化する（図5参照）。AM検出（slope 検出）では、カンチレバーの振動振幅変化量（ΔA）を検出し、RMS-DC（Root Mean Squared value to Direct Current）回路などによって変換された信号を用いて、z 方向の位置を一定に保つように探針―試料間距離 d を制御する[38]。

AM検出は、簡単な測定回路で実現されることから広く利用されている。また検出感度を高めるには Q 値を大きくすれば良い。しかし真空圧力環境下などの Q 値が大きくなりすぎる場合、カンチレバーの振動振幅（あるいは位相）の変化を十分な感度で検出するためには検出系の帯域幅を狭くする必要があり、結果として走査速度を上げる（速く走査する）ことができない[39]。

さらに急激な構造変化に伴うカンチレバーの振動エネルギー変化を積極的に吸収する系が存在しないため応答性が良くない。つまり急峻な高さ変化を連続的に持つ試料を AFM 観察する際に、その変化を追従できず不安定となり、良好な表面形状像が観察できないと言える。

2.4.2 FM検出

ダイナミックモード動作するAFMでは，探針を試料表面に近づけると相互作用によって力を受け，式(7)で示したように共振周波数が変化する（図5参照）。FM検出では，カンチレバーの周波数シフト量（Δf）が変化するのを直接検出し，z方向の位置を一定に保つように探針—試料間距離 d を制御する[39]。

カンチレバーの変位信号から周波数シフト量（Δf）を検出するために，PLL回路（Phase Locked Loop）を用いている。しかし一般的なPLL回路は動作周波数領域が広いために周波数感度が低く，また，PLLを構成する電圧制御発振回路（Voltage Controlled Oscillator；VCO）によって熱ドリフトが大きくなるという問題がある[40]。そのため本研究では，動作範囲を狭くして感度を高め，温度による変化が少ない電圧制御水晶発振器VCXO(Voltage Controlled Crystal Oscillator) をPLL回路内に組み込んだ位相同期制御型のFM検出装置（KI-2000：Kyoto Instruments製）[41]を利用し，これらの問題を改善している。

FM検出はAM検出とは異なり，走査速度がカンチレバーの振動振幅の緩和時間に制限されないため，高速かつ高分解能な観察が可能となる。しかし，カンチレバー自身が自励発振系の共振器として用いられているため，大きな凹凸表面を走査する場合に，探針が試料表面に衝突して発振が不安定になる，あるいは停止してしまう問題がある。しかしながら，位相同期制御型のFM検出装置（KI-2000）を利用することで，入力信号の雑音が大きくなる，などによって同期を外れたときでも，元々の動作発振周波数にきわめて近いVCXO自走周波数をもつ信号が出力され，カンチレバー共振近傍の周波数で励振し続けることができる。結果として，発振停止の抑圧あるいは速やかな発振の自動復帰が可能であり，実用動作上たいへん有用である。

2.5 AFMの特長

これまで述べてきたAFMについて，その特長をまとめる。(1)大気中，液中，真空中など，様々な環境で測定できる。(2)原子分解能で3次元の形状情報が得られる。(3)近接する2つの物質間には必ず原子間力が発生するため，導体／半導体／絶縁体の区別なく，ほとんどの試料を観察できる。(4)測定力が $10^{-6} \sim 10^{-9}$N（大気中測定時）と極めて小さいため，ほとんど非破壊で測定される。これらの特長を持つAFMは，ナノスケールでの物性評価にも用いられることから半導体，有機物，生体，などへとその応用分野を広げている。

特に本章で取り扱うような有機半導体材料は，大気中の水分（主に酸素）によって変性しやすく，無機材料より柔らかい。そのため，このような材料では，真空圧力下において，ノンコンタクトモード動作による非破壊で観測できることは大変有用である。

第5章　原子間力顕微鏡とケルビンプローブ表面力顕微鏡（KPFM）による発光素子の解析

3　ケルビンプローブ表面力顕微鏡（KPFM）の原理

KPFM[注2]は静電相互作用（静電気力）を検出することで，試料表面の電位・電荷分布，接触電位差などを高分解能で画像化する。本節ではKPFMの原理となる静電気力の検出，分解能について考察し，一般的なKPFMの問題点について述べる。

3.1　ケルビン法の原理

従来より接触電位測定に用いられるケルビン法の原理（図6参照）を述べる。試料表面と，平行に置いた電極を外部回路で接続し，コンデンサを形成する。試料と電極の仕事関数Φ_S，Φ_Rが異なると，$\pm Q$の電荷が両極板に蓄積される。ここで$Q = C\Delta V$で与えられ，Cはコンデンサの容量，$\Delta V \equiv (\Phi_S - \Phi_R)/e$（$e$は電荷素量）は両極の仕事関数差に相当する接触電位差である。外部から電圧V_{EX}を加え，電極を振動させると，Cが周期的に変化するためQも増減し，交流電流$i_{AC} = dQ/dt = (dC/dt)(\Delta V - V_{EX})$が回路に流れる。$V_{EX}$を調節して$V_{EX} = \Delta V$とすると，

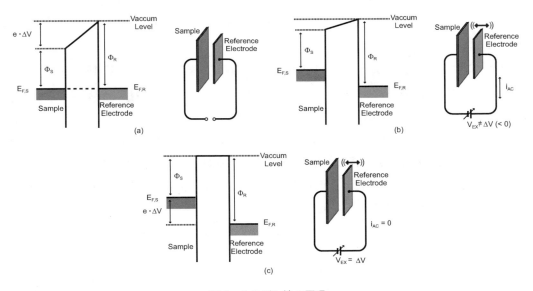

図6　ケルビン法の原理
(a)試料と参照電極を外部回路で接続，(b)参照電極を振動させることで交流電流（i_{AC}）が流れる，(c)外部印加電圧（V_{EX}）が接触電位差（ΔV）に一致すると$i_{AC} = 0$となる。

注2）　KPFM（Kelvin Probe Force Microscopy）は略語としてKFMも用いられ，走査表面電位顕微鏡（SSPM）は通常KPFMと同じである。本稿ではKPFMを「ケルビンプローブ表面力顕微鏡」と訳す。

Q も i_{AC} も0となり，この V_{EX} から ΔV が求められる。さらに Φ_S も $\Phi_R + e\Delta V$ として決定される。

3.2 静電気力検出と表面電位

巨視的な系の電位測定に用いられてきたケルビン法では，接触電位差の検出に容量結合している探針—試料間に流れる変位電流を用いている。しかしダイナミックモードAFMとを組み合わせて，局所的な表面電位分布が計測できるKPFMでは，探針—試料間の静電気力を利用する点が異なっている。つまり，AFMの探針を試料が接近すると，探針と試料とで静電容量 C_{ts} を持ったキャパシタが形成され（図7参照），この際に探針と試料の間に電位差があると，静電気力 F_{ES} が生じる。

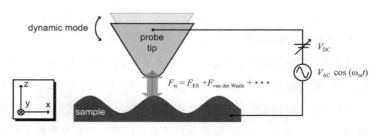

図7　KPFMの原理

また，この静電気力 F_{ES} は，カンチレバーによって観測されるが，探針—試料間の力（F_{ts}）には，静電気力（F_{ES}）以外にも，原子間力（$F_{\text{van der Waals}}$）なども含まれており，単純に探針—試料間に働く力を観測するだけでは，表面電位に関する情報は得られない。

そこでカンチレバーで試料形状と同時に静電相互作用を検出し，各々の信号を異なる周波数域の信号として捉える方法が一般的である。そのために探針—試料間に変調電圧 $V_m = V_{DC} + V_{AC} \cos(\omega_m t)$ を印加する。これにより生じる静電気力 F_{ES} は，静電ポテンシャル $U_{ES} = C_{ts}(V_m - V_s)^2/2$ を z で微分することで求められ，

$$F_{ES} = \frac{\partial U_{ES}}{\partial z}$$
$$= \frac{1}{2} \frac{\partial C_{ts}}{\partial z} (V_m - V_s)^2$$
$$= \frac{1}{2} \frac{\partial C_{ts}}{\partial z} \{(V_{DC} - V_s)^2 + 2(V_{DC} - V_s) V_{AC} \cos(\omega_m t) + V_{AC}^2 \cos^2(\omega_m t)\} \qquad (8)$$

となる。ここで C_{ts} と V_s は，探針—試料間の静電容量と試料の表面電位である。

また式(8)から，F_{ES} の ω_m 成分は

第5章　原子間力顕微鏡とケルビンプローブ表面力顕微鏡（KPFM）による発光素子の解析

$$(F_{ES})_m \propto \frac{\partial C_{ts}}{\partial z}(V_{DC} - V_s)\cos\omega_m t \tag{9}$$

となる。この力の変化により，カンチレバーの自由端上の（AuやPtなどの安定な金属が堆積された）探針は変調電圧と同じ周波数 $f_m(=\omega_m/2\pi)$ で振動する。このカンチレバーの振動の f_m 成分をロックイン（lock-in）検出し，それが零になるようにフィードバック回路によって，直流バイアス電圧 V_{DC} を変化させる。つまり探針に接触電位差を打ち消す直流電圧を加えると，探針―試料は同電位となり，表面電荷は誘起されない。そのため上述した角周波数 ω_m の探針振動は起こらない。

このように探針―試料間に変調電圧を印加した状態で，探針―試料間の静電気力の ω_m 振動応答を抑圧するように外部電圧を制御することで，表面電位あるいは接触電位差（CPD；Contact Potential Difference）を求めることが可能となる。結果として式(9)より，直流バイアス電圧は $V_{DC}=V_s$ となるため，V_{DC} の変化を画像化することで表面電位分布を画像化することができる。

また F_{ES} の z 方向の勾配は式(8)を z で微分して求められ，その ω_m 成分は

$$\left(\frac{\partial F_{ES}}{\partial z}\right)_m \propto \frac{\partial^2 C_{ts}}{\partial z^2}(V_{DC} - V_s)\cos(\omega_m t) \tag{10}$$

を満たしている。したがって，静電気力の力勾配も ω_m で変化し，共振周波数 f_r は $f_m(=\omega_m/2\pi)$ で変調されることになる。FM検出を用いる場合，周波数シフト検出器の出力の ω_m 成分をロックイン検出し，これが零（$V_{DC}=V_s$）になるようにフィードバック制御を行うことで，表面電位像を得ることができる。

最後に探針と試料の仕事関数を Φ_t，Φ_s とすると，探針―試料間の接触電位差 V_s は

$$V_s = \frac{\Phi_t - \Phi_s}{e} \tag{11}$$

と表される。ここで e は電荷素量である。式(11)および式(9)から，KPFMでは探針と試料の仕事関数の差を測定していることになる。ただし，これらの仕事関数には探針および試料表面の吸着物質による変化分も含んでいることに注意する。

3.3　KPFMの分解能

AFM/KPFMは，先鋭化された探針と対象とする試料の相互作用を検出し，原子・分子スケールで表面情報を捉えようとする装置である。ここで，KPFMの分解能について考える際に，そ

の空間分解能および電位分解能の2種類を議論する。

近年のFM検出型AFMの進展によって、すでに原子・分子分解能での非破壊観測が実現[35]されており、KPFMにおいてもシリコン（Si）表面に蒸着したアンチモン（Sb）単一原子の仕事関数の変化が計測されている[42]。これらのことから空間分解能においては、ともに原子・分子分解能を有していると言えるであろう。

また電位分解能として考えられる具体的な最小検出電位の数値は、探針—試料間の電気容量の勾配が $(\partial C/\partial z) = 2\pi\varepsilon_0 R/z$ となることを考慮する[36]と、$S/N=1$ より検出可能な最小電位は

$$V_{\min} = \frac{z}{\varepsilon_0 R V_{AC}} \sqrt{\frac{2kk_B TB}{\pi^2 \omega_0 Q}} \tag{12}$$

で与えられる[43]。ここで z は探針—試料間距離、ε_0 は真空誘電率、R は探針半径である。

式(12)は、S/N比および最小検出電位が変調周波数に依存しないことを示しており、共振による利得がないようにみえる。しかしFM-AFM/KPFMでは、変調周波数そのものは非共振周波数であっても、静電気力の大きさが共振周波数のFM変調成分として検出されることによる感度利得があるため、他の検出法（AM検出法など）と比べて電位分解能の点で有利となる[44]。

本項の最後に、現実の実験条件から電位分解能を見積もる。$z=10\mathrm{nm}$、$R=10\mathrm{nm}$、$V_{AC}=2\mathrm{V}$、$f_r=80\mathrm{kHz}$、$k=2\mathrm{N/m}$、$Q=10000$、$B=1\mathrm{kHz}$ とした場合での最小検出電位は、式(12)より約 $1\mathrm{mV}$ と算出される。

3.4 一般的なKPFMの問題点

静電気力によって生じるカンチレバーの振動振幅は非常に小さい。そのため静電気力を感度良く検出するためにはバネ定数が小さい、柔らかいカンチレバーを用いることが有効である。しかし一方で、ダイナミックモード動作で安定した観察を行うためには、試料表面への吸着を避けなければならず、また高真空中のNCモードと組み合わせることが多いためにバネ定数の大きい、比較的堅いカンチレバーが用いられることとなる。この問題については、我々はFM検出方式を採用することで打開している。FM検出は、カンチレバーを自励発振系の共振器として用いられることから応答性が良く、また周波数感度利得が得られる分だけ高感度となる[45]。

またKPFMは、その接触電位差あるいは表面電位を高感度に検出でき、原子・分子スケールでの表面電位コントラストが得られている。その起源としては、局在電荷や分子双極子による静電気的効果であると考えられている。さらに原子スケールのバイアス分光法の結果も報告[46]されている。これら分子の双極子モーメントや原子レベルの局在電荷が1つ1つ見えることは驚異的なことである。しかし静電的相互作用は近距離力ではないことから、純粋に静電気的相互作用に

第 5 章　原子間力顕微鏡とケルビンプローブ表面力顕微鏡（KPFM）による発光素子の解析

よって，原子・分子コントラストが得られているのかは現在も議論されている。

　さらに KPFM ではその測定原理からも明らかなように，試料内部の電荷（電位）分布を計測することができない。しかしながら，AFM ポテンショメトリ（potentiometry）を用いれば，半導体薄膜内の電位分布（フェルミレベル分布）を高い空間分解能（10nm 以下）で検出できることが報告されており[47]，今後の AFM/KPFM は，これらの手法との組み合わせも重要となるであろう。

　前項でも述べた空間分解能／電位分解能を議論する際には，「先鋭化された探針」が実は重要となる。何故なら，先鋭でかつ完全に規整された探針を得るのは大変困難であり，結果として AFM/KPFM は分解能の問題を常に抱えていることになってしまうのである。ただし KPFM は，零位法による電位測定を取り入れたため，定量的手法の側面もあり，今度の観測データの蓄積が急務である。

　加えて，KPFM を用いて半導体材料を観測する際に，考慮すべき点がある。それは KPFM における接触電位差を打ち消す測定法がインピーダンスが十分に低い，一様な2導体の測定を前提としていることである。したがって電位の異なる複数の電極や絶縁体が，測定対象として混在する場合は，この前提からは大きく外れており，得られた測定値は精査を要する。特に2つの物質の境界部など背景電場が大きく変化する領域では，探針自身の形状も問題となる[48]。

　本節の最後となるが，一般的な AFM での光を用いた微小変位検出の際，そのレーザ光によって，光学活性な試料の測定に影響を及ぼす場合がある[36]。光変位測定系の照射光は全てカンチレバー背面で反射されず，試料表面にも少なからず照射される。このため，光敏感な材料を測定するときには注意が必要となる。ただし近年，MEMS（Micro Electro-Mechanical System）技術の進展に伴い，変位センサーを内蔵する自己検出カンチレバーも実用化[49]されており，光を使用しない AFM/KPFM が可能となっている[45]。現状では，これら自己検出カンチレバーの変位感度は，光変位測定系に比べるとまだ低いため，AFM/KPFM への適用に当たっては分解能・力検出感度を必要とする。しかしながら，有機 EL 素子あるいは有機太陽電池素子のような光と電子が直接変換されるようなデバイス評価においては，非常に注目されている技術の一つである。

4　発光素子の KPFM 観察

4.1　有機 EL の現状

　現在まで，発光素子である有機 EL の構造は単層型から積層型まで多数提案されている。特に積層型構造は EL 発光効率向上の観点から重要な素子構成であることが明らかになっている。積層構造の有効な点は，p 形性と n 形性の有機層を積層させ，無機半導体と類似の pn 積層を形成

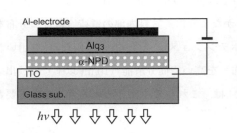
図8 有機EL素子構造模式図

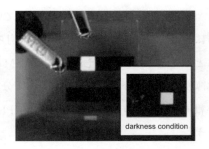
図9 発光の様子

することで，発光層への電子と正孔の電荷バランスを図れること，発光層へのキャリア励起子の閉じ込めを実現できることが挙げられる。

有機ELに有効な多くの有機半導体材料は低電界（$< 10^4$V/cm）の下では電気的には絶縁的な働きをしている。では，なぜ有機ELにおいては電流が流れるのか，その伝導機構として，キャリア注入現象と空間電荷制限電流（Space Charge Limited Current：SCLC）現象の理解が必要である。また有機薄膜の伝導機構は，構成材料の孤立分子の基底状態をHOMO(Highest Occupied

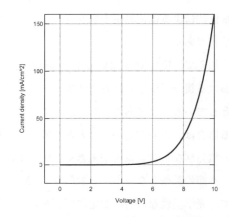
図10 作製したEL素子の電圧―電流密度特性

Molecular Orbital) 準位，励起状態をLUMO(Lowest Unoccupied Molecular Orbital) 準位，そのそれぞれを元にしており，膜を形成した際には各分子間のファン・デル・ワールス力により非常に狭い幅の伝導体と価電子帯が形成されると考えられているが，無機半導体のような統一的な理解には至っていないのが現状である。

有機EL（発光）素子の性能向上のためには，有機半導体内でのキャリア生成機構（微量な不純物や不規則な凝集状態によって形成される），さらには正孔と電子のキャリア密度，キャリア移動度などの伝導機構に起因する物性値の同定，そのほか正孔／電子それぞれの注入障壁の存在，電荷注入機構（ショットキー熱放射やトンネル注入機構）の解明など，まだ多くの検討課題がある[4]。そこで本研究では，FM検出型AFM/KPFMにおける表面形状および表面電位の同時・同一箇所マッピングにより，実用化されている積層型有機EL素子とほぼ同じ構造となる異種の有機半導体材料を積層薄膜試料を作製し，その際のキャリア伝導機構を解析する。実際に我々が作製した有機EL素子構造模式図を図8に，発光の様子を図9に，また図10として，電

第5章　原子間力顕微鏡とケルビンプローブ表面力顕微鏡（KPFM）による発光素子の解析

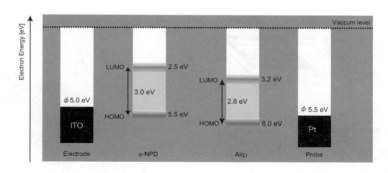

図11　有機半導体のエネルギーバンドダイアグラム（単体の場合）

圧－電流密度特性を示す。これらの結果からは明瞭な発光ならびに特性を有するEL素子であることが確認される。

本研究で用いた材料およびKPFM探針（Pt）の材料物性を示す。陽極にはITO（Indium Tin Oxide：酸化インジウム錫）透明電極を用い，その仕事関数は5.0eVとし，正孔輸送層はα-NPD（bis[N-(1-naphthyl)-N-phenyl]benzidine）のLUMO：2.5eV，HOMO：5.5eV，電子輸送層はAlq$_3$（tris(8-hydroxyquinolinato)aluminum）のLUMO：3.2eV，HOMO：6.0eVとして、文献4）を参考とした。またKPFM探針としてはPtコートが施されたカンチレバー（OMCL-AC240TM：OLYMPUS社製）を用いており，後に結果として示すITO電極の仕事関数値との比較から，その仕事関数を5.5eVと見積った（図11）。

4.2　実験方法

ステンレス製マスクをシャドウマスクとして使用し，その際，それらを交差させることで，有機EL素子（α-NPD/Alq$_3$パターンをITO/Glass基板上に堆積）を模した試料を作製した。AFM/KPFM測定は，FM検出方式による非接触動作モードを用いており，真空圧力環境下で行っている。DFMおよびKPFMの同時，同一領域観察により，表面形状像と表面電位像を得て，それぞれの設計膜厚の確認，材料や積層構造に依存する電荷挙動について考察する。

4.2.1　試料作製

図12に測定試料の作製過程を示し，また作製された試料の光学顕微鏡像を図13に示す。我々は，ガラス基板上にITOがスパッタ成膜された基板を用い，最初にアセトン溶媒による超音波洗浄，その後のUVオゾン洗浄により，基板表面上の付着物の除去を行った。有機半導体薄膜の堆積には真空蒸着装置を用いており，蒸着量は水晶振動子によってモニタリングしている。

まず最初に，シャドーマスク交差法に用いるメタルマスクのライン＆スペースのピッチは30μmである。有機EL素子を模した試料のため，まず$1×14^{-5}$Torrの真空圧力下で，蒸着るつ

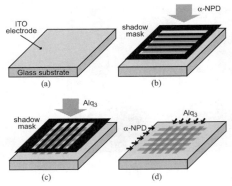
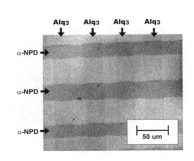

図12　交差マスクによる試料作製模式図　　図13　作製された観察用試料（光学顕微鏡像）

ぼを250℃程度に維持し，ステンレス製マスクによりα-NPDを堆積させる（図12(b)参照）。堆積レートは1nm/minを維持した。続いて，$1×10^{-6}$Torrの真空圧力下で，蒸着るつぼを280℃程度に維持し，Alq$_3$分子を堆積レート1nm/minを維持して堆積させた。ここで用いるステンレス製マスクは交差する形となるように，α-NPDの際とは90度回転させている（図12(c)）。このような過程を経て，α-NPDとAlq$_3$のラインパターンが交差した形でITO/glass基板上に堆積された（図12(d)）。

4.2.2　実験装置

図14に真空チャンバー内のAFM/KPFMによる実験模式図を示す。市販のAFM（SII Nanotechnology Inc.；SPA300HV）装置をベースに，FM検出方式とKPFMを導入している。また観測時においては室温にて，$1×10^{-4}$Pa以下の真空圧力環境中で行い，その結果としてカンチレバーのQ値は10000以上に達している。

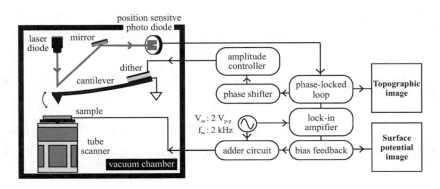

図14　DFM/KFM構成模式図

第5章　原子間力顕微鏡とケルビンプローブ表面力顕微鏡（KPFM）による発光素子の解析

　ここで，本研究例のように真空圧力環境中での観察を行う場合，カンチレバーのQ値が非常に大きくなる。そのため先述したように，AM検出方式はフィードバック制御の応答時間が非常に長くなるため，今回の観測には適さない。一方，FM検出方式では，カンチレバーは自励発振ループ内での共振器として用いられて，大きなカンチレバーQ値に依存せず，比較的短い応答時間が実現できる。そのため本研究例においては，探針—試料間距離の制御のためにFM検出方式を採用しており，カンチレバーは機械的な共振器として用いられ，自励発振回路により共振周波数で常に振動している。また周波数シフト量（Δf）が負である状態を維持することで，カンチレバー探針と試料間には引力が働いていることに相当し，結果として，非接触状態での観察を実現している[40]。

　KPFM測定においては，試料表面にバイアス（2kHz，$2V_{p-p}$）電圧を印加し，カンチレバーの共振周波数変位として誘起される信号をロックインアンプ（NF Corp.；LI5640）により位相検波し，それを電位フィードバック回路にて補償する[51]。このセットアップにより，我々は表面形状像と表面電位像を同一領域において，同時に観察することができる。

4.3　実験結果と考察

　図15(a)にノンコンタクト状態で観察したITO/Glass基板上のα-NPD薄膜およびAlq$_3$薄膜の表面形状像を示す。それぞれα-NPDの膜厚が39nm，Alq$_3$の膜厚が37nmであることが確認され，ほぼ設計値であることが確認できた。また図15(b)は，図15(a)と同時に観察された，同一領域

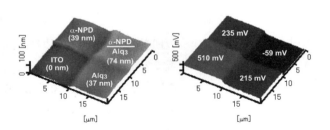

図15　α-NPD/Alq$_3$積層試料の観察結果
(a)表面形状像，(b)表面電位像

の表面電位像であり，ITO/Glass基板上のα-NPD薄膜およびAlq$_3$薄膜が交差した領域での電位が検出される。α-NPD薄膜およびAlq$_3$薄膜と，ITO電極では非常に明確な表面電位の相違が確認できる。

　有機／無機（金属）の電子状態を議論する場合，関らのグループによる一連の体系的研究結果を基盤とする必要がある。彼らは紫外光電子分光法（UPS）やケルビン法を用いて数多くのデータを蓄積しており，それらから界面における電子状態のモデルを提案している。このモデルはデータの量からも説得力を持っており，他の研究者もこのモデルを中心に議論を行っている。

　彼らの提唱するモデルのうち，真空準位シフト（例えば文献52，53））では，その特徴として，どのような有機／無機（電極）界面においても真空準位シフトが観測されており，電極の仕事関

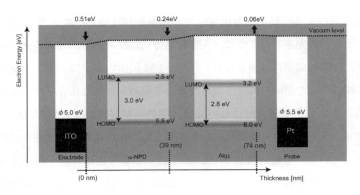

図16　有機半導体のエネルギーバンドダイアグラム（積層試料の場合）

数の増加に伴ってシフト量が増加すること，また，そのシフト量が1eVにも達する場合があることなどが述べられている。さらに最も重要なこととして，有機物と金属電極が接触することで界面電気二重層が形成される点が挙げられる。

以上のことから，本稿で紹介する研究例においても，有機／無機（金属），あるいは有機／有機の界面において，真空準位シフトが起こっていると仮定した。その仮定を元にエネルギーバンドダイアグラムを描くと図16のようになる。ここでp形性を示すα-NPDとn形性を示すAlq$_3$では，真空準位シフトの方向が，それぞれ反対方向になっており，またこれはα-NPD膜上にAlq$_3$を堆積した場合が顕著である。

バンドの曲がりにおいても，関らのグループでは電子準位のエネルギー位置が界面からの距離に応じて変化する現象（例えば文献54, 55））とし，「界面極近傍の単分子層から数分子層領域」と「数百nmに及ぶ厚膜領域」の2つに分けられ，特に界面極近傍では，主に界面電気二重層の影響が顕著である，と結論づけている。我々のAFM/KPFMでは，有機半導体材料の種類や膜厚を変化させた際の表面電位の増減を，ナノスケール領域で観測できることから，界面電気二重層の定性的／定量的な評価が今後のデータの蓄積に伴って可能になると考えている。

最後に，無機半導体のフェルミ準位（E_F）と金属のフェルミ準位（E_F）との一致から，同様に有機半導体のフェルミ準位（E_F）が一致するという議論は早急である。これは有機半導体膜のキャリアがどのように伝導しているのかが分からず，その存在も明らかではないためである。しかしながら，これまで無機半導体でのpn接合におけるKPFMの報告例（例えば文献56〜58）など）や研究動向も含めて参考にし，KPFMは有機半導体材料の何を観測しているのか，明らかにしていく。

第 5 章　原子間力顕微鏡とケルビンプローブ表面力顕微鏡（KPFM）による発光素子の解析

4.4　まとめと今後の課題

　表面科学の研究に広く用いられている AFM の原理，特徴のほか，局所表面電位を可視化できる KPFM の原理，その分解能や問題点を概説し，これらの手法による有機 EL 素子を模した積層試料の研究観測例を紹介した。特に実際に発光している有機 EL 素子と同じ積層構造をステンレス製マスクを交差させることで実現した。また真空圧力環境中で動作する高分解能な FM-DFM/KPFM を構築し，観察を行った。これにより，ノンコンタクトモードによる表面形状像からは，設計通りの膜厚が確認された。さらに電極と有機半導体材料の界面，異種の有機半導体材料の界面，それぞれにおける電荷移動が確認された。

　今後の課題を述べる。素子内に存在する界面電気二重層の起源を明らかにしていけば，有機／無機（電極）界面などのキャリア注入（あるいは放出）効率の向上が期待され，より高輝度な有機 EL 素子（あるいは高効率な太陽電池）が実現される。そのためには FM 検出型 AFM/KPFM での観測データの蓄積はもちろんのこと，他の手法との相補的な比較が重要である。

　また，有機半導体材料における有機分子の配向性，そのエネルギー準位への影響についての考慮には至っていない。電極金属に有機分子がどのような形（量，向き）で結合し，どのような影響が現れるのかについては，精力的な研究が続けられている[50,59]。ここで AFM/KPFM が，本質的に原子・分子分解能を有することを考えれば，将来的には，どの分子が，どのような方向で，結合しているのか，さらにドーピング効果やその影響までもが可視化できる可能性もあり，今後の進捗に期待して頂きたい。

文　　献

1) C. W. Tang and S. A. VanSlyke, *Appl. Phys. Lett.*, **51**, 913 (1987)
2) A. Tsumura, H. Koezuka, and T. Ando, *Appl. Phys. Lett.*, **49**, 1210 (1986)
3) L. Schmidt-Mende, A. Fechtenkotter, K. Mullen, E. Moons, R. H. Friend, J. D. MacKenzie, *Science*, **293**, 1119 (2001)
4) 時任静士，安達千波矢，村田英幸，有機 EL ディスプレイ，オーム社（2004）
5) G. Binnig, H. Rohrer, Ch. Gerber, E. Weibel, *Phys. Rev. Lett.*, **49**, 57 (1982)
6) 西川治，走査型プローブ顕微鏡，丸善（1998）
7) G. Binnig, C. F. Quate, Ch. Gerber, *Phys. Rev. Lett.*, **56**, 930 (1986)
8) Y. Martin, C. C. Williams, H. K. Wickramasinghe, *J. Appl. Phys.*, **61**, 4723 (1987)
9) G. Meyer, N. M. Amer, *Appl. Phys. Lett.*, **53**, 1045 (1988)
10) S. Alexander, L. Hellemans, O. Marti, J. Schneir, V. Elings, P. K. Hansma, *J. Appl. Phys.*,

65, 164 (1987)
11) C. M. Mate, G. M. McClelland, R. Erlandsson, S. Chiang, *Phys. Rev. Lett.*, **59**, 1942 (1987)
12) G. Meyer, N. M. Amer, *Appl. Phys. Lett.*, **57**, 2089 (1990)
13) Y. Martin, H. K. Wickramasinghe, *Appl. Phys. Lett.*, **50**, 1455 (1987)
14) M. Nonnenmacher, M. P. O'Boyle, H. K. Wickramashinge, *Appl. Phys. Lett.*, **58**, 2921 (1991)
15) P. Muralt, D. W. Pohl, *Appl. Phys. Lett.*, **48**, 514 (1986)
16) B. D. Terris, J. E. Stern, D. Rugar, H. J. Mamin, *J. Vac. Sci. & Technol., A* **8**, 374 (1990)
17) Y. Martin, D. W. Abraham, H. K. Wickramasinghe, *Appl. Phys. Lett.*, **52**, 1103 (1988)
18) R. Giles, J. P. Cleveland, S. Manne, P. K. Hansma, B. Drake, P. Maivald, C. Boles, J. Gurley, V. Elings, *Appl. Phys. Lett.*, **63**, 617 (1993)
19) E. Betzig, P. L. Finn, J. S. Weiner, *Appl. Phys. Lett.*, **60**, 2484 (1992)
20) D. W. Pohl, L. Novotny, *J. Vac. Sci. & Technol., B* **12**, 1441 (1994)
21) S. Jiang, N. Tomita, H. Ohsawa, M. Ohtsu, *Jpn. J. Appl. Phys.*, **30**, 2107 (1991)
22) T. Saiki, K. Matsuda, *Appl. Phys. Lett.*, **74**, 2773 (1999)
23) S. Hosaka, T. Shintani, A. Kikukawa, K. Itoh, *Appl. Surf. Sci.*, **140**, 388 (1999)
24) C. C. Williams, H. K. Wickramasinghe, *Appl. Phys. Lett.*, **49**, 1587 (1986)
25) P. K. Hansma, B. Drake, O. Marti, S. A. C. Could, C. B. Prater, *Science*, **243**, 641 (1989)
26) C. C. Williams, H. K. Wickramasinghe, *Nature*, **344**, 317 (1990)
27) Y. Cho, A. Kirihara, T. Saeki, *Rev. Sci. Instrum.*, **67**, 2297 (1996)
28) M. Gauthier, M. Tsukada, *Phys. Rev., B*, **60**, 11716 (1999)
29) L. M. Eng, Ch. Seuret, H. Looser, and P. Günter, *J. Vac. Sci. & Technol., B*, **14**, 1386 (1996)
30) 山田啓文，表面科学，**29**, 221 (2008)
31) N. Suehira, Y. Tomiyoshi, K. Sugiyama, S. Watanabe, T. Fujii, Y. Sugawara and S. Morita, *Appl. Surf. Sci.*, **157**, 343 (2000)
32) T. Uozumi, Y. Tomiyoshi, N. Suehira, Y. Sugawara, S. Morita, *Appl. Surf. Sci.*, **188**, 279 (2002)
33) 森田清三，はじめてのナノプローブ技術，工業調査会 (2001)
34) C. Kittel, 固体物理学入門，丸善 (1998)
35) F. J. Giessibl, *Science*, **267**, 68 (1995)
36) 森田清三，原子・分子のナノ力学，丸善 (2003)
37) 田中守也，電気・電子基礎数学，オーム社 (1993)
38) Q. Zhong, D. Inniss, K. Kjoller, V. B. Elings, *Surf. Sci. Lett.*, **290**, L688 (1993)
39) T. R. Albrecht, P. Grütter, D. Horne, and D. Rugar, *J. Appl. Phys.*, **69**, 668 (1991)
40) K. Kobayashi, H. Yamada, H. Itoh, T. Horiuchi and K. Matsushige, *Rev. Sci. Instrum.*, **72**, 4383 (2001)
41) [Website] http://www.kyotoinstruments.com/
42) K. Okamoto, K. Yoshimoto, Y. Sugawara, S. Morita, *Appl. Surf. Sci.*, **210**, 128 (2003)
43) M. Nonnenmacher, H. K. Wickramasighe, *Ultramicroscopy*, **42**, 351 (1991)
44) 山田啓文，表面科学，**28**, 253 (2007)

第 5 章　原子間力顕微鏡とケルビンプローブ表面力顕微鏡（KPFM）による発光素子の解析

45) K. Kobayashi, H. Yamada, K. Umeda, T. Horiuchi, S. Watanabe, T. Fujii, S. Hotta, K. Matsushige, *Appl. Phys. A*, **72**, 97 (2001)
46) T. Arai and M. Tomitotori, *Phys. Rev. Lett.*, **93**, 256101 (2004)
47) M. Nakamura, N. Goto, N. Ohashi, M. Sakai, and K. Kudo, *Appl. Phys. Lett.*, **86**, 122112 (2005)
48) Y. Miyato, K. Kobayashi, K. Matsushige, H. Yamada, *Jpn. J. Appl. Phys.*, **44**, 1633 (2005)
49) S. Watanabe, T. Fujiu, T. Fujii, *Appl. Phys. Lett.*, **66**, 1481 (1996)
50) S. Sadewasser, Th. Glatzel, M. Rusu, A. Jäger-Waldau, and M. Ch. Lux-Steiner, *Appl. Phys. Lett.*, **80**, 2979 (2002)
51) S. Kitamura and M. Iwatsuki, *Appl. Phys. Lett.*, **72**, 3154 (1998)
52) K. Sugiyama, D. Yoshimura, T. Miyamae, T. Miyazaki, H. Ishii, Y. Ouchi and K. Seki, *J. Appl. Phys.*, **83**, 4928 (1998)
53) H. Ishii, K. Sugiyama, E. Ito and K. Seki, *Adv. Mat.*, **11**, 605 (1999)
54) 林直樹，石井久夫，伊藤英輔，関一彦，応用物理，**71**, 1488 (2002)
55) E. Ito, Y. Washizu, N. Hayashi, H. Ishii, N. Matsuie, K. Tsuboi, Y. Ouchi, Y. Harima, K. Yamashita and K. Seki, *J. Appl. Phys.*, **92**, 7306 (2002)
56) A. Kikukawa, S. Hosaka, and R. Imura, *Appl. Phys. Lett.*, **66**, 3510 (1995)
57) N. Barreau, O. Douhéret, S. Sadewasser, Th. Glatzel, H. Steigert, K. Maknys, S. Anand, and M. Ch. Lux-Steiner, *AIP Conf. Proc.*, **696**, 669 (2003)
58) Th. Glatzel, D. Fuertes Marrón, Th. Schedel-Niedrig, S. Sadewasser, and M. Ch. Lux-Steiner, *Appl. Phys. Lett.*, **81**, 2017 (2002)
59) 解良聡，上野信雄，応用物理，**72**, 1260 (2003)

第6章 MDC-SHG法によるエネルギー構造と空間構造の評価

岩本光正[*]

1 はじめに

　界面は有機デバイス機能発現の重要な場である。このことを考えるためには，界面で特異的に引き起こされる電気現象を理解し，それを評価することが必要になる。界面では，極性分子の秩序配列や電荷の蓄積・移動などが引き起こされるが，これらは誘電分極現象・電気伝導現象との関わり合いが強く，それらの制御は有機デバイスの光・電子機能の基本技術となる。2つの物質を隔てる界面には様々なものがあるが，ここでは，有機デバイスに多用される絶縁膜と電極の界面など，比較的誘電的な性格の強い界面構造に注目する。表面電位法，マックスウェル変位電流（MDC）法や光第2次高調波（SHG）測定法などを用いると，界面で引き起こされる誘電分極現象を評価することが可能である。そこで，本章では，誘電的な界面のエネルギー構造や空間構造がMDCやSHG法によりどのように評価されるかについて述べる。

2 有機分子界面の構造と自発分極[1,2]

2.1 有機分子膜界面の構造

　有機膜の界面で発生する特異な誘電現象を理解するため，最も形状の簡単なロッド状分子を取り上げてみる。ここでは，分子長軸方向に沿う矢印の方向で分子の方向を定義する。図1(a)は分子がランダムに3次元空間に分布している様子，図1(b)は，液晶のように分子がある程度方向を揃えて配列している状態，図1(c)は界面分子の配列状態である。ロッド状分子の一つ一つの向く方向は，z-軸からの角度（方位角）θによって表される。したがって，分子が集合した状態は，角度θを関数とするパラメータを用いて記述される。具体的には，Legendre関数$P_n(\theta)$（$n=1, 2, \cdots$）を，ロッド状分子の配向の様子を表すための指標として用いることができる。つまり，分子集合体の配向の様子は，$S_n = \langle P_n(\theta) \rangle$（1, 2, 3, $\cdots$）で定義されるパラメータS_nを通して議論できる。ただし，$\langle\ \rangle$は集合体の統計的な平均値を表し，$S_1 = \langle \cos\theta \rangle$，$S_2 = \langle (3\cos^2\theta - 1)/2 \rangle$，

---

[*] Mitsumasa Iwamoto　東京工業大学　大学院理工学研究科　電子物理工学専攻　教授

第6章　MDC-SHG法によるエネルギー構造と空間構造の評価

$S_3 = \langle (5\cos 3\theta - 3\cos\theta)/2 \rangle$, ……である。したがって, 図1(a)のランダムな状態は, $S_1=0$, $S_2=0$, $S_3=0$, (b)の状態は, $S_1=0$, $S_2\neq 0$, $S_3=0$, さらに, (c)の界面分子膜の状態は $S_1\neq 0$, $S_2\neq 0$, $S_3\neq 0$ となる。言い換えると, 分子集合状態は S_1, S_2, S_3 の値に反映されると考えられ

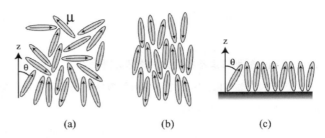

図1　有機分子の集合状態と物性
(a)ランダムな分子配列, (b)液晶に見られる配列, (c)界面の分子配列

る。そして界面の特徴は, $S_1\neq 0$, $S_3\neq 0$ であることに集約されると見てよい。

いま, 図1(c)のように, 分子がその長軸方向（矢印）に沿う方向に永久双極子能率 μ を持つとすると, 界面垂直方向には自発分極 P_z が誘起される。すなわち, 面法線ベクトルを $\boldsymbol{n}$, 分子集合体の平均の傾き方向（ダイレクタの方向）を $\boldsymbol{m}$ とすれば,

$$P_z = N\mu S_1 (\boldsymbol{n}\cdot\boldsymbol{m}) \tag{1}$$

の大きさの自発分極が誘起される。ただし, N は単位面積あたりの分子数である。よって, 自発分極の発生には $S_1\neq 0$ である状態を作り出すことが重要であり, 分子配列技術が確立することが欠かせないことが分かる。

有機デバイスでは, 電極からのキャリヤ注入などを制御する目的でこの自発分極が用いられることがある[3]。界面膜の誘電率を ε とすれば, P_z/ε の大きさのポテンシャル差が界面膜にもたらされ, 界面のエネルギー構造の様子は変化する。

一方, 有機デバイスでは機械的にフレキシブルであることがしばしばその特徴として取り上げられる。そこで, 平面と曲面の違いを考えてみる。平面は, 面の法線ベクトル $\boldsymbol{n}$ と3次元空間位置ベクトル $\boldsymbol{r}$ を用いると, $\boldsymbol{n}\cdot\boldsymbol{r}=$ 一定という幾何学的関係で記述できる。実際, 固体結晶の結晶面とは, $\boldsymbol{n}\cdot\boldsymbol{r}=$ 一定の面で記述される面であり, この面で表面エネルギーは一定である。一方, 曲面は, 平面が歪んでできた面である。こうした歪んだ面を作るためには, あらたな歪みエネルギーが必要になる。したがって, フレキシブルな物質を扱うエレクトロニクスでは, こうした歪みエネルギーを考慮し, そこに現れる電気・光物性を扱うことが必要になる。平面の平均曲率を H とすれば, 近似的に面の歪みエネルギーは

$$\frac{1}{2}kH^2 \quad (k:定数)$$

と記述される。機械的にフレキシブルな構造を有する有機デバイスの応用では, こうした界面で

もたらされる機械的な歪みやこの歪みによってもたらされる効果も考慮する必要がある。

2.2 双極子配列による界面分極構造の評価[1]

2.1 で述べたように，界面では双極子の分子配列により自発分極がもたらされ，そのエネルギー構造も変化すると見られる。このような自発分極の変化を観測することにより，界面での分子配列の様子を評価することができる。マクスウェル変位電流法（界面分子膜を空気層を挟んだ電気閉回路測定）を用いることにより，P_z を評価することができる。

一方，レーザ光などを照射したときに発生する非線形分極 P^N を測定することにより，分子膜の分極構造を評価することができる。$C_{\infty v}$ 構造対称性を持って，図1(c)のように分子が界面に並ぶ場合には，発生する非線形分極は[1]

$$P^N = (s_{33} - s_{31} - s_{15})(\boldsymbol{n}\cdot\boldsymbol{E})^2\boldsymbol{n} + s_{15}(\boldsymbol{n}\cdot\boldsymbol{E})\boldsymbol{E} + s_{31}(\boldsymbol{E}\cdot\boldsymbol{E})\boldsymbol{n} \tag{2}$$

となる。ただし，電界 E は，レーザ光の電気ベクトルである。また，s_{15}, s_{31}, s_{33} は分子膜の2次の非線形分極率で，S_1 と S_3 の関数である。つまり，非線型分極 P^N は界面分子膜に特徴的な現象で，SHG 光の発生は，この分極と深く関係している。

2.3 MDC-SHG 法による S_1 と S_3 の評価[1]

界面の分極は，前述の自発分極と非線形分極のみである場合，MDC 測定により自発分極が，そして SHG 測定により(2)式の非線形分極が評価できる。たとえば，水面上単分子膜に対する MDC 測定から，膜圧縮・拡張に対する短絡電流が評価され，(1)式の分極が見積もられ，S_1 や構成分子の双極子能率 μ が評価されている。一方，SHG は，角周波数 ω のレーザ光などを照射したとき，単分子膜内に発生する非線形分極 P^N により発生する角周波数 2ω の光であり，前述の記述から明らかなように，オーダパラメータ S_1 と S_3，あるいは膜構造の対称性を反映したものとなる[4]。

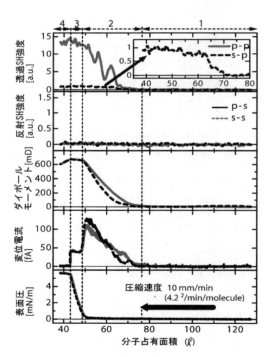

図2 液晶分子 8CB の水面上単分子膜における，圧縮過程で測定した MDC と SHG

分子占有面積が 70 Å² 付近から SH 信号が観測されはじめる。

第6章　MDC-SHG法によるエネルギー構造と空間構造の評価

　図2に，ロッド状の液晶分子であるシアノビフェニル系の8CB (4-alkkyloxy-4'-8-cyanobiphenyl) を膜構成分子とする水面上単分子膜について，圧縮過程で測定したMDCとSHG測定例を示す。圧縮に伴ってMDCの発生や，s-波出力に対してはSHGの発生はないが，p波出力に対してはSHG光が発生している。こうした結果は，水面で横たわっていた分子は，圧縮に伴って立ち上がるが，形成される界面の分子配列対称性は$C_{\infty v}$の構造対称性を持つものであることを示している。その他，$C_{\infty v}$からC_s構造への相転移，分子膜のキラリテイなども見出されている。以上，MDCとSHG測定から，界面の膜構造が誘電性との関係から評価できることがわかる。

3　界面に蓄積される電荷とMDC-SHG

3.1　界面電荷移動による帯電と表面電位

　理想的な電気絶縁性の膜であれば，電極に分子膜が接触したとき，電極と膜の間には電子移動が見られない。しかし，界面で電子移動が認められることが一般である。2節で述べた界面分極は，双極子を持つ分子の配列に伴う分極であり，電極から膜内に電荷が移動することにより生じたものではない。一方，電極からの電子電荷の移動によって発生する界面電位は，膜にとっては過剰な電荷が移動したことによるものであるので，移動する電荷量や移動距離に依存したものになる。これらの量は移動機構に関係し，電極の仕事関数や移動した電荷を受入れる位置のエネルギー準位の深さ，さらにその密度に依存する。

　分子膜に発生する表面電位Vsの大きさは，電極より膜内に移動した電子（あるいは正孔）と，逆の極性を持って電極に残った電荷とが互いに電気力線を結ぶことにより発生するので，

$$Vs = \int_0^L x\rho(x)dx / \varepsilon_s\varepsilon_0 = \frac{Q_t}{\varepsilon_s\varepsilon_0} \cdot \bar{x} \tag{3}$$

と表される。ただし，$\rho(x)$は電荷密度，ε_sは分子膜の比誘電率，ε_0は真空誘電率である。また，xは電極から見たときの過剰電荷が存在する位置，$\bar{x}$は平均の電子浸入距離，Q_tは浸入総電荷量である。したがって，Vsに対して評価することにより，膜内に形成される電荷の様子を知ることができる。さらに，温度依存性により，界面の電子準位密度が求められる。なお，Vsの変化量は，MDC測定における電荷量に相当するものである。ただし，MDC測定と表面電位測定では材料内の電界分布は大きくことなるので，この点に注意が必要である。

3.2　SHGによる電子移動の評価[5,6]

　前述のように，有機膜内に過剰な電荷が存在し，局所的な電場$E(0)$が発生していると，この

電場により実効的な誘起双極子が発生する。すなわち，角周波数ωのレーザ光を照射するとき，SHG 光を励起する 2 次の非線形分極 $P(2\omega)$ が発生する。

$$P(2\omega) = \chi^{(3)} E(0) E(\omega) E(\omega) \tag{4}$$

発生する SHG 光 $I(2\omega)$ は，$P(2\omega)$ の 2 乗に比例し，

$$I(2\omega) \propto |\chi^{(3)} E(0) E(\omega) E(\omega)|^2 \tag{5}$$

となるので，(5)式で記述される SHG 光に着目すれば，有機材料内に発生している電界 $E(0)$ が計測できることになる。つまり，発生する SHG 強度を有機 FET 内に形成される電界と結び，電極から注入する電荷と関連づけることが可能になる。電極上に形成されたフタロシアニンやペンタセンでは移動電荷により界面に 10^6 V/cm にも達する電界が形成され，この電界中に分子が晒されている。このような状況では，分子中の電子が外部電場によって歪められている。そのため，対称な分子であるにもかかわらず，SHG が発生する。

3.3　2 層誘電体の界面に蓄積される電荷による分極

　緩和時間 $\tau = \varepsilon/\sigma$ が異なる二つの異なる物質の界面を横切って定常電流が流れる場合，界面に電荷が蓄積される。定常電流がオームの法則

$$j = \sigma E \quad (\text{ただし，} j \text{は電流密度，} \sigma \text{は物質の伝導度，} E \text{は電界})$$

を満たすとして，ガウスの法則を表す電束密度

$$D = \varepsilon E \quad (\text{ただし，} \varepsilon \text{は物質の誘電率})$$

の発散の式に代入すると，

$$\nabla \cdot D = \nabla \cdot \frac{\varepsilon}{\sigma} j = q_s$$

となる。すなわち，$q_s \neq 0$ とならなければならないことがわかる。この法則に従って界面で電荷が蓄積される現象（界面分極現象）が，マックスウェル・ワグナー効果[7]である。Si と SiO$_2$ 界面はもとより，有機半導体層と絶縁体層の界面においてもこの法則は成立する。有機トランジスタ，有機 EL デバイスでは，電極界面からキャリヤが浸入し，2 層界面で過剰な電荷が蓄積する。そのため，このような電荷の作る電界によって分極が発生し，SHG に変化が認められる。この原理により，有機 EL デバイスや有機トランジスタ内のキャリヤの挙動が評価できる[8,9]。

第6章　MDC-SHG法によるエネルギー構造と空間構造の評価

4　まとめ

　有機デバイス機能の発現には界面に配列する分子のエネルギー構造や空間構造が強く関わっている。ここでは，誘電体物性に関連した界面構造に注目し，双極子性の分子配列や界面に蓄積される電荷によって引き起こされる誘電分極について触れた。そして。どのようにして界面の構造が評価されるかについてまとめた。

文　　献

1) 岩本光正，間中孝彰，渡嶋淳，"変位電流・光第2次高調波発生による有機単分子膜の評価"，応用物理，**71**（12），1502-1508（2002）
2) M. Iwamoto and C. X. Wu, The physical Properties of Organic Monolayers,（World Scientific, 2001）
3) W. R. Salaneck, K. Seki, A. Kahn, and J. J. Pireaux, "Conjugated Polymer and Molecular Interfaces",（Marcel Dekker, New York, 2002）p.293
4) 岩本光正監修，有機絶縁材料の最先端，第3編第2章，シーエムシー出版（2007）
5) 応用物理学会 有機分子バイオエレクトロニクス分科会 講習会資料―わかりやすい有機エレクトロニクス―，応用物理学会編（2006）
6) 岩本光正，応用物理学会 有機分子バイオエレクトロニクス分科会 講習会資料―わかりやすい有機エレクトロニクス―，応用物理学会編（2006）P.1
7) 岡小天，"固体誘電体論"，岩波書店（1960）
8) T. Manaka, E. Lim, R. Tamura, and M. Iwamoto, *NATURE Photon.*, **1**, 581（2007）
9) T. Manaka, E. Lim, R. Tamura, and M. Iwamoto, "Modulation in optical second harmonic generation signal from channel of pentacene field effect transistors during device operation", *Appl. Phys. Lett.*, **87**, 222107-22109（2005）

第7章　電子状態と電気伝導：界面電子準位接続と電荷移動度研究の課題と現状

上野信雄[*]

1　はじめに

一億種近く登録されている物質[1)]のほとんどは有機材料であり，多くは分子間の弱い相互作用によって固体を形成する。およそ60年前に開拓された有機半導体[2〜4)]はC. W. Tang[5)]等の研究を契機の一つとして20世紀末から実用化への渦中にあり，特に分子間の弱い相互作用が支配するコントローラブルな諸物性がその機能の基本になっている。有機半導体は古典的なバンドギャップ物質であるため，その電子機能の研究は莫大な種類の分子集合体の理解に大きな波及効果が期待される。しかし60年におよぶ有機半導体の歴史を振り返ってみると，その電気的性質の理解については無機半導体に比べると大きく遅れている。その結果，例えば以下の様な基本的に解明すべき現象や課題が存在する。

①ペンタセンはp型，C_{60} はn型など，ゲスト分子／不純物をドープされていない有機半導体の電荷輸送特性があたかも分子種で決定されている様にみえる現象

②有機薄膜のバンドギャップ中でのフェルミ準位の大きな位置変動が，ドーピングを行わなくても生じる現象（電子系の熱平衡問題・フェルミ準位問題）

③有機半導体薄膜中の電荷移動のメカニズムと移動度の解明

①，②は，「茫洋」としており研究のターゲットを絞り込むことが困難な課題でありミステリーと言われてきた。③は有力な実験手法がない課題である。いずれも手つかずの状態で放置されてきた。

本章では，これらの課題の中心的問題とその解明に向けた研究の現状について述べる。

1.1　プロローグ

有機デバイスに電流を流すためには有機薄膜に電極から電荷を供給してやることが不可欠である。電荷注入の効率は，電極のフェルミ準位と有機半導体の最高占有準位（HOMO：ホール注入の場合）あるいは最低被占有準位（LUMO：電子注入の場合）とのエネルギー差によって支

＊　Nobuo Ueno　千葉大学　大学院融合科学研究科　ナノサイエンス専攻　教授

第7章　電子状態と電気伝導：界面電子準位接続と電荷移動度研究の課題と現状

配されるので，ホール注入では紫外光電子分光（UPS）によってHOMOとフェルミ準位とのエネルギー差の測定が精力的に行われてきた（界面エネルギー準位接続問題）[6,7]。有機／金属界面の一般的なエネルギー準位接続問題は，金井による本編第1章を参照されたい。

電気伝導度（σ）は，電荷密度（濃度）をn，その電荷をq，移動度をμとすると，

$$\sigma = nq\mu \tag{1}$$

と記述される。この関係は現象論的であり，電気伝導の理解には，nとμに関する情報が必要である。上記の界面エネルギー準位接続の研究は，電極から有機薄膜に電荷を有効に注入するために電荷注入バリアーの高さを研究していることであり，界面を含む系においてより大きなσを得るためにnについて研究していることになる。しかし，おおむね理解されていると思われている有機／電極界面電子準位接続[6]においても，これまでの考え方と電子系の熱力学的平衡の原理が要求する概念との間には大きな矛盾（疑問）が存在しており，最も本質的な点において理解されているとは言えない。これが上記のミステリー①，②に関係していそうである。

一方，有機電界効果トランジスタ（OFET）のように高速動作が要求されるデバイスでは移動度μを大きくすることが不可欠であるが，μに関する実験的研究の多くは電気的特性から現象論的にμを求めるにとどまっており，その内部の素過程に踏み込んだ実験的研究は皆無に近い。移動度は電気伝導機構に依存し，伝導機構はコヒーレントなバンド伝導とホッピング伝導に大別される。多くの有機半導体薄膜の移動度は$\mu \ll 1\text{cm}^2/\text{Vs}$であり，膜が多結晶であることや，かつてはエネルギーバンドが観測されなかったことから結晶中でもホッピング伝導（ポーラロン効果を含む）によって支配されていると考えられてきた。最近ゲート絶縁層を有機材料で被覆したり高分子薄膜をゲート絶縁層にして，その上にペンタセン薄膜を成長させたペンタセン薄膜OFETにおいて$1\text{cm}^2/\text{Vs}$を超える移動度が実現されるようになった[8,9]。どのようにすれば有機薄膜に対して大きな移動度が実現できるのであろうか。また，例えばホッピング移動度の上限はどこにあるのであろうか。このためには移動度を支配する伝導機構の本質と関連する有機薄膜の構造と電子状態の関係を正しく解明する必要があった。

先に述べたように，これまでの有機半導体に関する多くのUPS実験は界面での電子準位接続に関するものであり，スペクトル構造のフェルミ準位基準の結合エネルギー（E_B）と界面に生じる電気二重層の研究のため真空準位（VL）の測定が行われてきた。すなわちスペクトル構造のエネルギー位置に関する情報を利用してきた。しかしUPSは本来ホール状態を観測しているため，ホール伝導に関係するエネルギーバンド分散構造，ホッピング伝導を支配する電子-格子結合の他，界面を通した電荷移動／注入速度などホールが関わる様々な動的挙動を反映しているはずである。これら伝導するホールに関する情報のすべてがUPSスペクトルのHOMOバンド

の幅，形状に反映されている。最近これらが詳細に調べられるようになり，UPS を用いて移動度の研究が開拓されつつある[10~15]。

以上の二点，有機薄膜のフェルミ準位問題と移動度問題は，冒頭に上げた3つの課題に関連し，千葉大学において20年以上にわたって取り組んできた問題である。ここでは，これらの二点に話題を絞って考えるべきポイントを整理し研究現状を紹介する。

2　界面電子準位接続の基本問題

固体物理学／熱・統計力学は，異物質の接触において電子系が熱平衡に達することを要求する。有機膜が厚い場合には，有機半導体の電気抵抗が一般に大きいために，全体としては短時間に熱平衡に達しないので，実験は熱平衡が実現される極薄膜に対して行う必要がある。界面電子準位接続を研究する一般的な UPS 実験は，膜厚の関数としてスペクトルを測定するので，膜厚が小さいときの有機電子準位は熱平衡後の準位と考えて良い[16]。一般的に使用されている界面での真空準位接続（Mott-Schottky limit）は，異なる二つの物質が全く相互作用していない「離れた」状態にある場合と同等であることを念頭におく必要がある。

はじめに問題点を明確にするために熱平衡にあるモデル界面を図1に示す。簡素化のために，金属と有機薄膜の相互作用は非常に弱く，仕事関数（ϕ）が等しいと仮定し，さらに最高占有軌道（HOMO）および最低非占有軌道（LUMO）の有効質量が等しく，不純物は無いと仮定している（図(a)）。この結果，熱平衡においても両物質の真空準位（VL）は一致しており，フェルミ準位（E_F）は HOMU-LUMO ギャップの中央にある。この界面に仮想的に電気双極子層を導入すると図(b)のような状態が実験誤差内で観測される[16]。すなわち，HOMO がフェルミ準位近傍に移動し，金属から有機層へのホール注入障壁が低くなる。より大きな双極子層を導入すると，有機薄膜を接触した瞬間には（熱平衡に至っていない状況：離れているときと同等）図(c)であり，時間が経過すると HOMO の電子が基板金属に移動して電子系が熱平衡に達し，図(c')のようにフェルミ準位は HOMO にピン留めされる。このとき，HOMO から金属側への電子移動のために，逆向きの双極子が形成され，界面での双極子ポテンシャル段差は小さくなる。重要な点は，熱平衡状態では金属から有機側への電子の流れと，逆向きの電子の流れが釣り合っていることにある。HOMO がエネルギー的広がりを持ち，バンドギャップ中へ電子状態がしみ出している場合を考えると，ギャップ中の状態から電子が金属に移行し，熱平衡では，ギャップ中の電子状態密度のエネルギー分布に依存して図(c")のようにフェルミ準位が HOMO に接近して存在する状況が予想される。ペンタセン／ClAl フタロシアニン（ClAlPc）単分子双極子層／グラファイトの系に対して，このような現象が，深川等によって初めて報告された[17]。すなわち，ギャップ中

第7章　電子状態と電気伝導：界面電子準位接続と電荷移動度研究の課題と現状

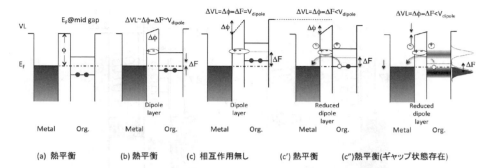

図1　電子系の熱平衡を考慮したときの弱い相互作用の金属／有機界面の
エネルギー準位接続における問題点（フェルミ準位問題）

(a)不純物準位が無く，金属，有機薄膜の仕事関数（$\Delta\phi$）が等しいと仮定した場合の準位接続。電子系は熱平衡にあり，フェルミ準位はHOMO-LUMOギャップの中央にある（電子およびホールの有効質量が等しいと仮定）。(b)金属／有機界面(a)に限りなく薄い双極子層を挿入したときの準位接続の観測結果（熱平衡に達している系）。真空準位変化（ΔVL）は仕事関数の差（$\Delta\phi$：ただしダイポール層を基板の一部と考える），ダイポールによるポテンシャル（V_{dipole}），フェルミ準位の移動量（ΔF）と一致しているように観測される。理想的な系では許されない現象。(c)(b)の場合より十分大きな双極子を持つ双極子層を挿入した「瞬間」のエネルギー準位の関係。熱平衡に達していない。このとき双極子ポテンシャルにより，HOMOは金属基板のフェルミ準位より上に位置している。すなわち有機薄膜が双極子層に接していないときと同等である。(c')，(c')が熱平衡に達した後の準位接続。HOMO電子の一部が金属側に移動し，フェルミ準位がHOMOの位置に存在する。移動した電子の数に依存して界面双極子の値が減少。(c")バンドギャップ中に電子準位が存在する場合の準位接続状況。

　金属と有機薄膜の仕事関数が異なっている系で，電子系が熱平衡に達している場合，いわゆる「真空準位の一致」はあり得ないので，一般的な理解には誤解があるように思える。

の状態の存在を正確に調べることが，界面電子準位接続でのミステリー（フェルミ準位の位置問題）を解き明かす出発点である。図2に，深川等の結果をまとめたものを示した。このとき，電子の移動量によってフェルミ準位とHOMOの相対位置が決まり，ギャップ準位はフェルミ準位まで到達しているはずである。

　最近になって図2の系で，フェルミ準位に到達するギャップ準位の状態密度分布の測定が，超高感度・低バックグラウンド光電子分光装置[18]を用いて実現された[19]。結果を図3に示す。試料はペンタセン（0.8分子層／ML）／ClAlPc（0.8ML）／グラファイトであり，ペンタセンからの光電子強度が対数で示されている。比較のために，3MLのペンタセンの場合の結果も示してある。図3中の直線的構造は，指数関数的電子分布を示し，放物線的構造は状態密度がガウス分布をしていることに対応する。この結果は，HOMO近傍のバンドギャップ中にガウス分布型の状態密度（HOMOのテイル）が存在し，フェルミ準位近傍には指数関数型の状態密度が存在することを示している。詳細は省くが，重要な点はペンタセンのバンドギャップ中にフェルミ準位まで到達する電子状態が存在することである。3MLのペンタセンではHOMOが高い結合エネルギー

有機デバイスのための界面評価と制御技術

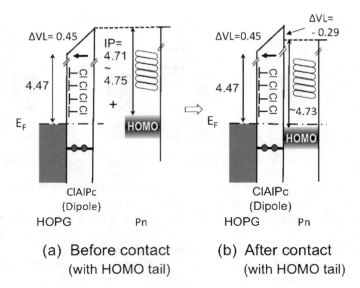

図2 ペンタセン（Pn）1分子層／ClAl フタロシアニン（ClAlPc）1分子層／グラファイト（HOPG）で観測された現象[17]
この試料の界面は図1(c)のモデルであるが実際には図1(c")が観測され，ギャップ中の本質的電子状態の存在が指摘された。熱平衡を保証するために単分子層領域の膜厚で実験された。ClAlPc は図のように配向しており擬二次元双極子層を形成する。各界面での電子間相互作用は極めて小さい。図中，エネルギーは eV で示されている。

(E_B) 側に位置しており，0.8ML では，フェルミ準位に近いところの電子が基板側に移動し，結果として HOMO が低 E_B 側にシフトしたと判断できる。これらの実験では同一のペンタセン試料を用い，また界面付近では HOMO の形状が不完全なペンタセン分子のパッキング構造による特徴を示しているので，見いだされたギャップ準位は界面近傍の分子パッキングの不完全性によるものと考えられる。このようなギャップ中の電子準位が先に上げたミステリー①②に共通する原因と考えられる。

3 移動度の内部を探る：ホール移動度の光電子分光

式(1)から分かるようにホールのホッピング移動度は，分子間相互作用（最高占有準位（HOMO）のトランスファー積分（t））と HOMO ホールとフォノンとの結合[14,15,20,21]とによって決定的な影響を受ける。前者は分子間の相互作用の強さを表し，後者はホールの分子間ホッピングの過程で分子振動や格子振動の影響を受ける事を意味している。このためホッピング移動度の理解には，これらの物理量の定量的研究が必要である。有機系では分子を構成する原子が軽元素である

第7章　電子状態と電気伝導：界面電子準位接続と電荷移動度研究の課題と現状

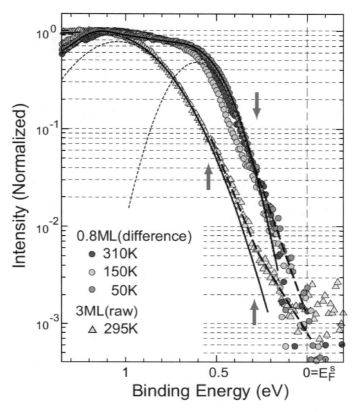

図3　ペンタセン（0.8ML）／ClAlPc（0.8ML）／グラファイトのペンタセンバンドギャップ状態（310K，150K，50Kの温度での結果）[19]
△のデータは，ペンタセンの膜厚が3MLのときの結果。超高感度UPSによって測定され，縦軸（強度）は対数表示であり，図中の直線的に変化する状態密度はエネルギー分布が指数関数的であり，放物線で表されている状態密度はガウス関数的であることを示す。すなわち，フェルミ準位まで到達するギャップ状態が観測され，フェルミ準位近傍では指数関数的エネルギー分布，HOMO付近ではガウステイルが存在することを示している。フェルミ準位近傍のバンドギャップ電子が基板に移行し0.8MLではフェルミ準位がHOMO側に移動したと判断される。

ため，分子振動（局在フォノン）のエネルギーが格子フォノンのエネルギーよりずいぶん大きいので分子振動とホールとの結合が重要である。

　分子はホールの到着前には電気的に中性であり，到着によって正イオン状態に「励起」され，さらにホールが隣の分子に移動すると中性の状態に戻る。すなわちこの過程は光電子分光の過程と類似していることが分かる。図4はこの過程を表している。このようなプロセスで分子は高い振動状態に移行する（ホール－振動結合）。HOMOホール－振動結合（イオン化状態での振動結

有機デバイスのための界面評価と制御技術

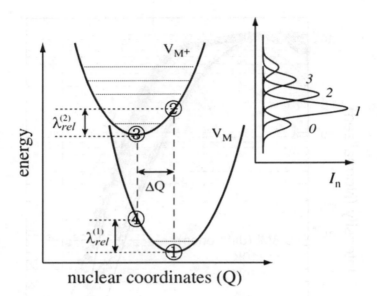

図4　ホールホッピングでのポテンシャル
中性の分子（V_M）にホールが到着すると正イオン状態（V_{M^+}）になり，ホールが次の分子に移動すると再び中性状態に戻る（①→②→③→④→①）。①→②の過程で n 番目の振動励起状態に遷移する。λ_{reorg} は V_M と V_{M^+} における緩和エネルギー（$\lambda^{(1)}_{rel}, \lambda^{(2)}_{rel}$）を用いると次式で表すことができる。$\lambda_{reorg} = \lambda^{(1)}_{rel} + \lambda^{(2)}_{rel} \simeq 2\lambda^{(2)}_{rel}$。$I_n$ は光電子放出における終状態 V_{M^+} の n 番目の振動状態の強度の模式図を表している（V_M では振動の基底状態にあると仮定）。

合）は，UPS スペクトルの HOMO バンドの振動サテライトとして観測されるはずであるが，1978 年の Salaneck らの研究報告[22,23]を契機として，UPS で測定されるスペクトルバンド幅がイオン化エネルギーの表面からの深さ依存性によって支配されるという考えが主流を占めるようになり（イオン化による周辺分子の分極エネルギー（P^+）の深さ依存性による：ホールのスクリーニング効果の変化と考えて良い），この原因によるスペクトルの広がりのため測定不可能な物理量と考えられてきた。その結果，ホール－振動結合の UPS 測定は，気化できる分子に対してのみ行われ，理論分野では気体の UPS 結果がホッピング移動度の研究に利用された[20,21]。しかし，気体では分子が激しく熱励起されているという問題や分子間相互作用を完全に無視しているという問題があり，さらに気化が困難な大きな分子は全く実験的に研究できないという問題があった。

　有機 FET の研究が進展した結果，固相，低温における HOMO ホール－振動結合の重要性がいよいよ身近なものになり，精密な薄膜構造制御と高精度 UPS 実験の組み合わせによってようやく様々な有機薄膜に対してその実験的研究が可能になってきた[11~15,24]。

　一方，HOMO のバンド分散（$E = E(k)$）が測定できれば HOMO のトランスファー積分（t）

第 7 章　電子状態と電気伝導：界面電子準位接続と電荷移動度研究の課題と現状

やホールの有効質量（m_h）が実験的に得られるので，コヒーレントなバンド伝導による移動度の下限値が得られる[14]。

以下では，UPS を用いたホールホッピング移動度，コヒーレントなバンド伝導による移動度の研究例について述べる。

4　ホッピング移動度：HOMO ホール／分子振動結合とホール寿命

電子あるいはホールのホッピング移動度 μ は，素電荷を e，分子間距離を a，伝導に寄与する隣り合う分子軌道間のトランスファー積分を t とすると，高温近似では次式で表現できる[14, 15, 20]。

$$\mu = \left(\frac{2\pi e a^2}{\hbar k_B T}\right) t^2 \frac{1}{\sqrt{4\pi \lambda_{\text{reorg}} k_B T}} e^{-\frac{\lambda_{\text{reorg}}}{4 k_B T}} \tag{2}$$

ここで，k_B はボルツマン定数，T は温度であり，λ_{reorg} が再配列エネルギー（reorganization energy）と呼ばれ，分子集合体では主として分子振動と電荷のカップリングの程度を表す重要な物理量である。このため，ホッピング移動度は，t に加え λ_{reorg} によって支配される。特に λ_{reorg} は指数関数の変数でもあるから，λ_{reorg} の値は電荷移動度に決定的な影響を及ぼす。図 5

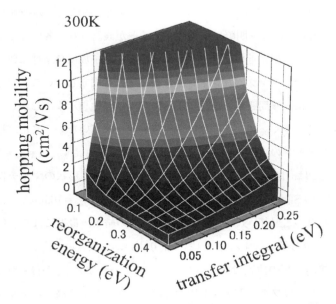

図 5　300K におけるホッピング移動度のトランスファー積分（t），再配列エネルギー（λ_{reorg}）依存性（高温近似による）[15] 分子間距離（$a=0.32$nm）はペンタセンを例にしている。

にペンタセンの分子間距離を用いて式(2)を示した．図5から分かるように，大きな移動度を得るためには，より小さな λ_{reorg} より大きな t が必要である．後述のように，UPSによって λ_{reorg} と t が求まるのでホッピング移動度が光電子分光法で推定される．

λ_{reorg} は，光イオン化の過程で観測されるHOMOバンドの振動結合による $0 \rightarrow n$ 遷移（中性分子の振動基底状態からイオンの n 番目の振動状態への遷移）の振動サテライトの光電子強度分布（I_n：図4の右図参照：始状態が熱励起されていない場合，ポアッソン分布）と振動エネルギー（$h\nu$）とを測定することにより，次式の関係から得られる[14,15,20,21]．

$$I_n = \frac{S^n}{n!} e^{-S}, \quad \lambda_{\text{reorg}} \cong 2\sum S_j h\nu_j \tag{3}$$

ここで，j は振動モードを区別しており，S はサテライトの強度分布を表すパラメータであり Huang-Rhys因子（あるいはS因子）と呼ばれる．第一式からS因子は I_n の測定を通して実験から得られ，この結果を用いて第二式から λ_{reorg} が得られる（図4の説明を参照）．

図6は室温(298K)と低温(49K)でのペンタセン／HOPG（高配向熱分解グラファイト）のHOMOバンドの高分解能UPS結果と気体のUPS結果を比較したものである[13]．ペンタセンは分子面が基板表面にほぼ平行に配向した単分子膜である．また，ペンタセン膜のスペクトルは，HOMOバンドの角度積分されたスペクトルであり，基板からのバックグラウンド光電子を差し引いてある．室温（298K）でも主ピークの低結合エネルギー側に二つの振動サテライトが観測されるが，低温（49K）ではより明瞭に振動サテライトが観測され，各成分は室温ではガウス型で低温ではよりローレンツ型に近い．サテライト強度が光電子放出角条件に依存することから，気体系で仮定されてきたフランク－コンドン原理が必ずしも成立しないことが分かる．振動と結合した光電子放出強度は，核間距離の変化によって角度依存性を示す．しかし観測された角度依存性は予想よりかなり大きく，現在その原因は充分解明されていない．また，振動エネルギーは158meVで気体ペンタセンの振動エネルギー（167meV）より小さい（$h\nu_{\text{film}} = 0.95 h\nu_{\text{gas}}$）．このペンタセン膜の λ_{reorg} は，図6に示した角度平均したスペクトル形状のマルチ振動モードを利用した解析から，式(3)のS因子を求め，λ_{reorg} として49Kでは $\lambda_{\text{film}} = 109\text{meV} = 1.14\lambda_{\text{gas}}$，298Kでは $\lambda_{\text{film}} = 118\text{meV} = 1.23\lambda_{\text{gas}}$ と得られた[13]（解析法の改善の結果，最近これらの値が修正されている[15]）．すなわち，孤立分子に対する値（λ_{gas}）よりずいぶん大きい．

一方，フタロシアニン類の薄膜では，ペンタセンより小さな λ_{reorg} が得られており[15,24]，ホール－振動結合の側面からはフタロシアニン類の方がペンタセンより高いホール移動度が期待される．しかし，一般的なフタロシアニン類では，移動度はペンタセンより小さく，分子間相互作用の尺度であるトランスファー積分 t の値がペンタセンの方が大きいことを予想させる．また，

第7章　電子状態と電気伝導：界面電子準位接続と電荷移動度研究の課題と現状

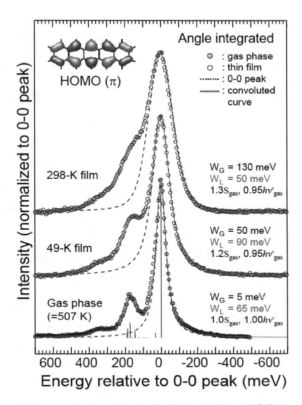

図6　ペンタセン HOMO バンドのマルチモード振動を利用した解析結果[17]
下から，気体，49K および 298K の単分子膜の解析結果。いずれも○は角度積分後の実験結果，スペクトルに重なっている曲線は計算結果。スペクトルの合成は Voigt 関数（ガウス関数とローレンツ関数の混合）を用いて行い，使用したガウス関数の半値幅（W_G）とローレンツ関数の半値幅（W_L）は図中に示した。またフィッティングに使用した S ファクターを気体の値（S_{gas}）を用いて示した。

これらの結果から，優れた電荷移動度を与える分子を合成する場合，電荷 – 振動結合を小さくすることをその設計において考える必要がある。

　上記の結果と後述の t の測定値から，図5（または式(2)）を利用してきれいにパッキングされたペンタセン中のホールのホッピング移動度を見積もることができ，およそ $2\,\mathrm{cm^2/Vs}$ 程度である（方向に依存）。通常の薄膜では構造乱れのためにこの値より遙かに小さいと考えられ，薄膜中（特にゲート絶縁膜との界面近傍）で $1\,\mathrm{cm^2/Vs}$ を超える移動度の原因として，薄膜中の結晶グレイン中でのコヒーレントなバンド伝導の寄与を考えることが要求される。

5 バンド伝導による移動度：エネルギーバンド分散と移動度

ホールの移動度を研究する場合，バンド伝導を考慮することが必要であるが，有機半導体は基本的に電気伝導度が極めて小さく，むしろ電気伝導度の値からは絶縁物と同様である。この結果，光電子分光実験で単結晶を試料とすると帯電現象のため精度の高い測定ができない。この点が，種々の高精度 UPS 測定を困難としてきた主因である。過去の分子間相互作用によるバンド分散の測定は，一軸配向した有機分子多結晶薄膜（分子スタック方向が表面に垂直）を利用して表面垂直方向に放出した光電子スペクトルの励起光エネルギー依存性から分子スタック方向のバンド分散測定が行われてきた[11,14,24～27]。単結晶超薄膜を作製できると光電子放出角を変えることによって複数の方向のバンド分散を測定できるが，複雑な立体構造を持つ分子の単結晶超薄膜試料の作製が困難であり測定例は極めて限られている[14,28,29]。これらの詳細については総合報告（文献 14））を参照されたい。

Si(111) 上に成長した Bi(001) の表面にペンタセンの単結晶に近い単分子膜の成長が可能であり，この単分子膜中の分子パッキングはペンタセン単結晶中の ab 面内と同等（低密度ペンタセン結晶）の分子パッキングである（図7参照）。最近，この膜を用いて図7に示すように ab 面内の各方向に沿った分子間 HOMO バンド分散の測定が実現された[28]。ユニットセル中に2つの分子が存在するため2つのバンドが存在し，結合エネルギーの大きい方のバンドが大きな分散を示す。この分散幅は，$\overline{\Gamma}$-$\overline{M}$ 方向で 330±40meV，$\overline{\Gamma}$-$\overline{Y}$ では 210±40meV，$\overline{\Gamma}$-$\overline{X}$ では 220±40meV であり，理論計算の結果[30]より大きな分散幅である。また上部バンドと下部バンドの最大エネルギー差は 460meV もあり，各バンドの形状から多結晶薄膜においても良い多結晶膜であれば状態密度の構造が観測される[14,24,31]。

過去，多くのペンタセン多結晶膜の UPS 結果が報告されてきたが，2006 年まで UPS の HOMO に状態密度構造を反映した微細構造が報告されておらず，主として膜の品質が十分でないことと，スペクトルバンド幅に関する先入観（誤解）に原因している。HOMO バンドが状態密度分裂を示さないような不完全な多結晶膜の場合には，バンドギャップ中に状態密度の裾（ギャップ状態）が観測されている[17,24,31]。さらに有機分子で適切に表面処理した基板表面上の単分子膜領域の超薄膜ペンタセン（分子は立っている）においても HOMO バンドが状態密度分裂していることが観測されている[24,31]。

図7(b)から分かるように $\overline{\Gamma}$-$\overline{Y}$ 方向の分散の大きい方の分散曲線は cos 関数的であり強結合近似でよく記述されるので，このバンドのホールの有効質量（m^*_h）は，

第7章　電子状態と電気伝導：界面電子準位接続と電荷移動度研究の課題と現状

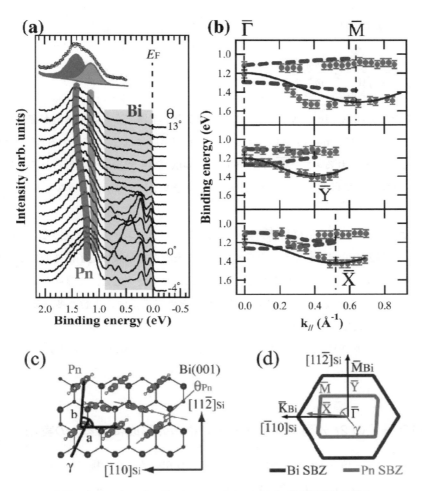

図7　Bi(001)/Si(111) 上のペンタセン (Pn) 単分子単結晶膜の HOMO バンド分散とペンタセンの配列構造[19]

(a)$\bar{\Gamma}$-$\bar{Y}$ 方向の ARUPS の光電子放出角 (θ) 依存性の測定例。結合エネルギーはフェルミ準位基準で表されている。(b)$\bar{\Gamma}$-$\bar{M}$, $\bar{\Gamma}$-$\bar{Y}$, $\bar{\Gamma}$-$\bar{X}$ 方向の HOMO バンド分散。破線の曲線は理論計算結果[29]であり，実線の曲線は強結合近似によるフィット。(c)基板上のペンタセンの配列 (Top view)。(d)表面ブリルアンゾーン。ペンタセン分子は，バルクペンタセン低密度結晶の ab 面上と同等に配列している。

$$m^*_h = \hbar^2 \left[\frac{d^2 E(k)}{dk^2} \right]^{-1} = \frac{\hbar^2}{2 t_{HOMO} a^2} \tag{4}$$

から得られる[14]。$\bar{\Gamma}$-$\bar{Y}$ 方向では，自由電子の静止質量を m_0 とすると，$m_h = 1.26 m_0$ と得られる。また，バンド (W) は 210meV であり $k_B T$ より大きいのでブロードバンドモデルが適用できる。一方，不確定性原理を用いてホールの散乱による寿命 τ の下限を与えると，バンド伝導による

ホール移動度（μ_h）は以下の様に近似される[11,14,25,28,32]。

$$\mu_h = \frac{e\tau}{m^*_h} > \frac{e\hbar}{m^*_h W} \cong 20 \frac{m_0}{m^*_h} \cdot \frac{300}{T} \tag{5}$$

この結果 140K では $\mu_h > 34.1 \text{cm}^2/\text{Vs}$ であることが分かり，室温でもバンド構造が変化しないとすると 300K では $\mu_h > 15.9 \text{cm}^2/\text{Vs}$ という値が得られる（実際には T に依存する）。このバンド分散の全幅は $4t$ で与えられるので，$\overline{\Gamma}$-$\overline{Y}$ 方向では，140K で $t=52.5\text{meV}$ と得られる。分散の大きな $\overline{\Gamma}$-$\overline{M}$ 方向は本実験では強結合近似からのずれが大きいが，t の値はもう少し大きいと思われる。

以上の結果は，(i)多結晶膜でも微結晶グレイン内で分子パッキング構造が良いとバンド分散が存在すること，(ii)過去の研究で利用された多くのペンタセン多結晶膜は電子構造的にはグレイン内の分子パッキングがバンド分散を顕著に与えるほどには良くないこと，を意味しており，基板表面の処理などによって基板／分子間界面を改善すると電子構造的に良質な多結晶薄膜が得られ，多結晶膜でもバンド伝導を利用して移動度の劇的な向上が可能であることを示している。ちなみに，ペンタセン薄膜 FET で得られている $1\text{cm}^2/\text{Vs}$ を超える移動度はこのためと考えられる。

6　HOMO 準位の $2t$ 分裂：ダイマーナノ構造の形成による t の実測

分子間トランスファー積分 t の大きさは，分子間相互作用の強さを直接表しているため，非常に重要な量である。かつては，分子間バンド分散が実験で検出されなかったことがあり，t の値は予想より小さいと考えられてきた。本章の最後に，相当大きな t を持つ場合があることと，エネルギーバンドに至らない場合に，t が測定された例について述べる。

PbPc はかつて一次元的伝導や，超伝導が話題になった分子であり[33]，その分子間相互作用は興味深い。図 8 は PbPc 分子をグラファイト上に蒸着したときの HOMO バンドと真空準位のエネルギー位置を蒸着・アニール・UPS 測定を繰り返して精密に測定し，その膜厚依存性をマッピングしたものである[34]。真空準位は被覆率（膜厚）に従って低下し，次に再び増加して元の値に戻る。PbPc 分子は電子双極子を持ち基板との電子間相互作用が充分小さいため，真空準位の極小位置で分子双極子が真空側に向いた均一な偽二次元分子双極子層が形成されたことを示している。すなわち高度に配向した PbPc の単分子層（ML）が形成されたことが分かる。さらに蒸着量を増やしたときに観測される真空準位の上昇は，第一分子層の上に吸着した PbPc 分子が逆向きに配向し第一分子層中の分子双極子を打ち消した結果と考えられ，真空準位の復帰点で第二

第7章　電子状態と電気伝導：界面電子準位接続と電荷移動度研究の課題と現状

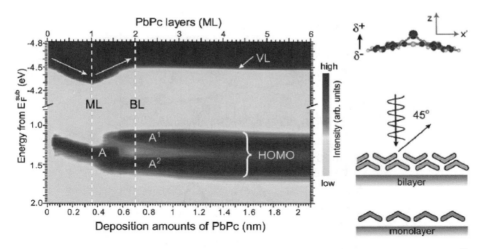

図8　Pb フタロシアニン（PbPc）／グラファイトの真空準位（VL），HOMO バンドの膜厚依存性[34]
ML，BL はそれぞれ1分子層，2分子層を示す。右に分子の側面図（双極子），ML，BL の模式図を示す。BL では上下の分子ペアーがダイマー構造を形成。縦軸のエネルギーはフェルミ準位基準の結合エネルギーで表されている。

分子層が形成されたと結論される。一方，HOMO バンドは，第一分子層形成までは一つであるが第一分子層上に逆向きの分子が付着し出すと二つに分裂した成分が観測されはじめ，第二層の形成によって分裂した HOMO バンドが完成し，さらに膜厚が増えるとブロードになるが二つに分裂したバンドは生き残っている。すなわち第三層目以降では常に二つの分子が対になって成長していることを示している。単分子層と二分子層の HOMO の室温（295K）での高分解能 UPS を図9(a)に示す[34]。二分子層では HOMO の分裂幅が 0.35eV で，単分子層の HOMO の位置は分裂中心より左側に存在している。冷却（47K）した二分子層の UPS を図9(b)に示す。分裂幅が 0.41eV に増加している。いずれの結果も主ピークの高結合エネルギー側に観測される小さな構造は振動サテライトである。膜質が良くないと振動サテライトは観測できないので，均質な膜が形成されている証拠でもある。

一般に，分子の形状から第二分子層の分子は第一分子層の格子のホローサイトに位置すると考えられるが，相対分子配置を考慮した電子状態計算からそのような可能性が否定され，実験結果を再現する構造として，第一分子層の上に分子が吸着すると下の分子と上の分子がダイマー構造を形成することが示されている[34]。49K での分裂幅の増加は，熱振動の低下のために分子間距離が小さくなったためであると考えられる。この分裂は HOMO-HOMO 相互作用による $2t$ 分裂と考えられることから，295K で $t=175$meV，47K では $t=205$meV が得られる。この値は前述のペンタセンに比べると 3-5 倍の大きさで非常に大きい。トランスファー積分 t の値は分子固体の

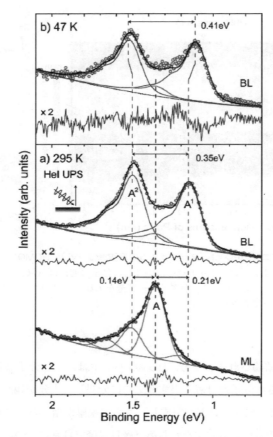

図9 (a): PbPc 単分子層（ML），2分子層（BL）の 295K での HOMO バンドの高分解能 UPS[34]，(b): 49K の BL の高分解能 UPS[34] 膜厚は図8の実験によって決定された。BL では HOMO が分裂し（$2t$ 分裂），47K に冷却すると分裂幅が広がる。振動サテライトも観測されている。結合エネルギーはフェルミ準位基準で示されている。

物性を論じる上で非常に重要な物理量であるが，実験的に求められた例は非常に希である。

7 おわりに

　有機薄膜の電子状態研究は 1970 年代から本格化したが，有機デバイスが衆目を集め出す 90 年代半ばから多くの表面科学分野の研究者の参入があり，多くの論文が発表されている。しかし大きな有機分子が示す電気・電子機能との関係に踏み込んだ研究は少なく，いくつかのミステリーが放置され，デバイス及び界面の物性を理解するには至っていなかった。本章では，電荷移動度，すなわち電気的性質の真の理解に光電子分光がいかに有力かという側面を紹介した。これらの例

第 7 章　電子状態と電気伝導：界面電子準位接続と電荷移動度研究の課題と現状

は電気的特性と光電子分光による電子論的研究がようやく「リンク」しつつあることを示すものである。加えて，精密な光電子分光実験は「界面制御」の重要性の新しい局面を示唆している。すなわち，有機薄膜の「高品質化」にも表面・界面制御が決定的な役割を果たし，これまで不可能と思われた実験が可能になるのである。

　有機半導体が大きな分子で構成され，かつ弱相互作用に基づく分子固体であるため，弱い外的摂動によって大きな影響を受ける。結果として界面の存在によって容易に変化する有機薄膜の構造は電子状態に予想以上の大きな影響を及ぼし，界面電子準位接続やそれによって支配される電荷注入問題を超えて重要な意味を持つ。「清浄でない表面」が界面を構成する有機デバイスでは，電極と有機分子の相互作用は本質的に弱い相互作用であろう。表面科学分野では多くの場合，清浄な金属表面での分子と基板の相互作用（化学的相互作用あるいは強い相互作用）が研究対象になっているが，有機デバイスが抱える多くの問題とは少し異質の位置にある。すなわち弱い相互作用系でキーとなる現象が，強い相互作用のために隠されてしまうので議論すべき点が異なっている。極めて弱い分子－基板間相互作用に関する研究が，基礎学術的にも応用上においても，一般的な有機デバイスを視点においた有機薄膜物性の重要問題解明の突破口となろう。

　尚，有機薄膜の電荷輸送に関連した電子状態に関する研究，これまでの有機薄膜のエネルギーバンドの測定例は文献 14)，ホッピング移動度研究の現状と課題は文献 15) に詳しい記述がある。本稿では，移動度へのポーラロン効果は省略したが，文献 15) にはポーラロン効果に関する文献も引用されている。

文　　　献

1) 井口洋夫，学術月報，**59**，794 (2006)
2) H. Akamatsu and H. Inokuchi, *J. Chem. Phys.*, **18**, 810 (1950)
3) H. Akamatsu, H. Inokuchi, Y. Matsunaga, *Nature* (London), **173**, 168 (1954)
4) H. Inokuchi, *Org. Electronics*, **7**, 62 (2006)
5) C. W. Tang and S. A. VanSlyke, *Appl. Phys. Lett.*, **51**, 913 (1987)
6) H. Ishii, K. Sugiyama, E. Ito and K. Seki, *Adv. Mater.*, **11**, 605 (1999)
7) Conjugated Polymers and Molecular Interfaces : Science and Technology for Photonic and Optoelectronic Applications, eds. W. R.Salaneck, K. Seki, A. Kahn and J. -J. Pireaux, (Marcel Dekker, New York, 2002)
8) D. Kumaki, M. Yahiro, Y. Inoue, and S. Tokito, *Appl. Phys. Lett.*, **90**, 133511 (2007)
9) H. L. Cheng, Y. -S. Mai, W. -Y. Chou, L. -R. Chang, *Appl. Phys. Lett.*, **90**, 171926 (2007)

10) S. Kera and N. Ueno, *IPAP Conf. Ser.*, **6**, 51 (2005)
11) H. Yamane, S. Kera, D. Yoshimura, K. K. Okudaira, K. Seki and N. Ueno. *Phys. Rev. B*, **68**, 33102 (2003)
12) S. Kera, H. Yamane, I. Sakuragi, K. K. Okudaira, and N. Ueno, *Chem. Phys. Lett.*, **364**, 93 (2002)
13) H. Yamane, S. Nagamatsu, H. Fukagawa, S. Kera, R. Friedlein, K. K. Okudaira, and N. Ueno, *Phys. Rev. B*, **72**, 153412 (2005)
14) N. Ueno and S. Kera, *Prog. Surf. Sci.*, **83**, 490 (2008)
15) S. Kera, H. Yamane and N. Ueno, *Prog. Surf. Sci.*, **84**, 135 (2009), Progress Highlight.
16) S. Kera, Y. Yabuuchi, H. Yamane, H. Setoyama, K. K. Okudaira, A. Kahn, and N. Ueno, *Phys. Rev. B*, **70**, 085304 (2004)
17) H. Fukagawa, S. Kera, T. Kataoka, S. Hosoumi, Y. Watanabe, K. Kudo, and N. Ueno, *Adv. Mater.*, **19**, 665 (2007)
18) M. Ono, T. Sueyoshi, Y. Zhang, S. Kera and N. Ueno, *Mol. Cryst. Liq. Crys.*, **455**, 251 (2006)
19) T. Sueyoshi, H. Fukagawa, M. Ono, S. Kera, and N. Ueno, 投稿中
20) J. L. Bredas, D. Beljonne, V. Coropceanu, and J. Cornil, *Chem. Rev.*, **104**, 4971 (2004)
21) V. Coropceunu, M. Malagoli, D. A. da Silva Filho, N. E. Gruhn, T. G. Bill, and J. L. Bredas, *Phys. Rev. Lett.*, **89**, 275503 (2002)
22) W. R. Salaneck, *Phys. Rev. Lett.*, **40**, 60 (1978)
23) W. R. Salaneck, C. B. Duke, W. Eberhardt, E. W. Plummer and H. J. Freund, *Phys. Rev. Lett.*, **45**, 280 (1980)
24) N. Ueno, S. Kera, K. Sakamoto and K. K. Okudaira, *Appl. Phys. A*, **92**, 495 (2008)
25) S. Hasegawa, T. Mori, K. Imaeda, S. Tanaka, Y. Yamashita, H. Inokuchi, H. Fujimoto, K. Seki and N. Ueno, *J. Chem. Phys.*, **100**, 6969 (1994)
26) G. N. Gavrila, H. Mendez, T. U. Kampen, D. R. T. Zahn, D. V. Vyalikh and W. Braun, *Appl. Phys. Lett.*, **85**, 4657 (2004)
27) N. Koch, A. Vollmer, I. Salzmann, B. Nickel, H. Weiss and J. P. Rabe, *Phys. Rev. Lett.*, **96**, 156803 (2006)
28) H. Kakuta, T. Hirahara, I. Matsuda, T. Nagao, S. Hasegawa, N. Ueno, and K. Sakamoto, *Phys. Rev. Lett.*, **98**, 247601 (2007)
29) G. Koller, S. Berkebile, M. Oehzelt, P. Puschnig, C. Ambrosch-Draxl, F. P. Netzer, and M. G. Ramsey, *Science*, **317**, 351 (2007)
30) K. Hummer and C. Ambrosch-Draxl, *Phys. Rev. B*, **72**, 205205 (2005)
31) H. Fukagawa, H. Yamane, T. Kataoka, S. Kera, M. Nakamura, K. Kudo and N. Ueno, *Phys. Rev. B*, **73**, 245310 (2006)
32) H. Meier, Organic Semiconductors, edited by H. F. Ebel (Verlag Chemie, Weinheim, 1974), Vol. 2, Chap. 10
33) K. Ukei, *J. Phys. Soc. Jpn.*, **40**, 140 (1976)
34) S. Kera, H. Fukagawa, T. Kataoka, S. Hosoumi, H. Yamane, and N. Ueno, *Phys. Rev. B*, **75**, 121305 (R) (2007)

〔光デバイス界面〕

第8章　増感色素の酸化チタン表面の吸着構造の評価

廣瀬文彦＊

1　はじめに～色素増感太陽電池の概要～

近年，化石燃料の大量消費による地球温暖化の問題から，問題を抜本的に解決できるクリーンエネルギーである太陽電池の高性能化におおいに注目が集められている。様々な太陽電池が報告される中，色素増感太陽電池は酸化チタン，色素，ヨウ素などの低コスト材料で構成され，資源的な枯渇の心配がなく，また半導体シリコン電池のように製造にクリーンルーム工場を必要とせず，低コストな太陽電池として期待されている。色素増感太陽電池は1991年にグレッツェル[1]らによって7％を超える発電性能が報告されたことが端緒となり，現在では発電効率11％とアモルファスSi電池を超える効率が多くの機関で報告されるに至っている[2]。

図1に色素増感太陽電池の発電機構を説明する。透明導電膜基板に酸化チタンの微粒子を焼結により付着させ，その微粒子に図2に示さるような増感色素を沈着させる。透明導電膜部分が電池の負極として作用する。これに正極となる白金電極を近接させ，ヨウ素溶液からなる電解液を充てんさせて電池として機能する。透明導電膜越しに太陽光が増感色素（図中ではN719色素）に入射すると電子とホールが生成され，酸化チタン微粒子に電子は移動し，ホールは電解液のヨウ素イオンを酸化する。負荷を通った電子が白金電極から電解液に到達し，3ヨウ素イオンを還

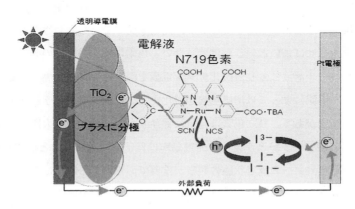

図1　色素増感太陽電池の発電機構

＊　Fumihiko Hirose　山形大学　大学院理工学研究科　教授

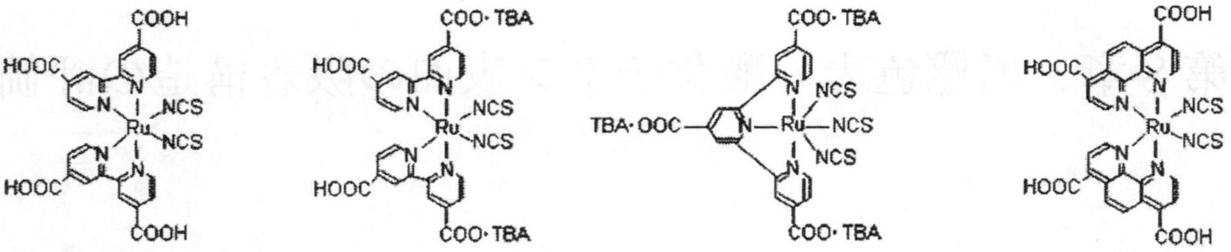

N3　N719　N749　Ruフェナントロリン色素

図２　色素増感太陽電池に用いられる代表的な色素

元する。この一連の流れが発電の機構となっている。

色素増感太陽電池において，10％近い効率が実現されるようになったのは，図２に示されるルテニウム錯体系色素の発明のほかに，多孔質微粒子酸化チタン電極の開発が大きい。図３に筆者の研究室で作製した多孔質微粒子酸化チタン膜の電子顕微鏡写真を示す。この薄膜は微粒子酸化チタンペーストにポリエチレングリコールを添加し，空気中で焼結することで得られるが，焼結時にポリエチレングリコールがCO_2ガスとして気化する際に，写真に示されるような孔が高密度で形成される。この表面では単純な平坦面に比べ1000倍以上の実効表面積が得られ，これを用いることで，5％を超える発電効率が多くの研究機関から報告されるようになった。いかに高密度で増感色素を吸着させるかが，高効率化の鍵となるわけだが，ただ単純に増感色素の密度だけを増やせばよいというわけではない。色素増感太陽電池の製造において，色素の沈着は色素のアルコール溶液に多孔質酸化チタン電極を浸漬し，自然乾燥させることで行われるが，プロセス手順や手際によっては増感色素が酸化チタン電極表面に化学結合を作らずに，孤立したまま残留する場合がある。孤立色素は発電に寄与しないばかりか，太陽光の遮光物質にしかならず，孤立色素の割合が多いとかえって発電効率は低下してしまうことが知られている[3]。したがって，色素の電極表面への吸着状態の観察が重要であるが，それにはこれから紹介する多重内部反射赤外吸収分光が有効である。これを活用して，吸着プロセスの最適化や劣化の要因観察が可能になる。次節以降，多重内部反射赤外吸収分光の実験方法について解説し，評価事例やプロセス改善例について紹介する。

図３　多孔質微粒子酸化チタン薄膜の電子顕微鏡写真

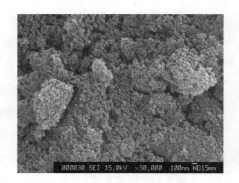

第8章　増感色素の酸化チタン表面の吸着構造の評価

2　増感色素吸着酸化チタン表面の多重内部反射赤外吸収分光観察

増感色素の酸化チタン表面への吸着構造を評価するために，図4に示される光学系統を用いる。ここでは，半絶縁性の両面研磨されたガリウムヒ素基板を図5に示される形状でプリズム加工したものを用いる。このガリウムヒ素基板上に有機金属化学気相堆積法（Metal Organic Chemical Vapor Deposition, MOCVD）を用いて，0.2μm程度の厚みでアナタース結晶相をもつ多結晶酸化チタン膜を形成する。ガリウムヒ素プリズムの周りを図4に示されるようにミラーを配置し，FTIR分光器から発せられる赤外光をプリズムの端面から入射し，プリズム内を70回程度全反射させ，もう片方のプリズム端面から出射した赤外光を，液体窒素で冷却された水銀カドミウムテルル赤外検出器で検出されるようになっている。ここで，酸化チタン膜上に増感色素が付着している場合，赤外光のエバネッセント光として波長程度の距離で表面から赤外光が染み出しており，その範囲に存在する色素の化学結合状態を赤外吸収分光として評価することが可能である。この方法において，単純な1回反射の赤外分光と比較して，色素と酸化チタン界面を通る赤外線の反射回数が多い分だけ，感度の高い赤外吸収分光ができるのが利点であり，0.01分子層程度の微量な吸着物の構造評価も可能である。この光学方式は東北大学の庭野らが開発した方法であり，半導体表面の化学反応機構評価に活用され成果をあげている[4～6]。

実際の測定では，まず色素が吸着されていないときの赤外透過スペクトルを測定し，次に色素を吸着させて赤外透過スペクトルを測定する。吸着前後の赤外線透過強度をそれぞれ I_0, I_r としたときに，赤外吸収率 A_{bs} は $A_{bs} = \log_{10}(I_0/I_r)$ の式で算出した。このようにして赤外吸収スペクトルを得ることで，色素の吸着による赤外吸収率を高いS/N比で評価することが可能になる。

本例ではガリウムヒ素プリズム上に酸化チタン薄膜を形成するために，図6に示されるMOCVD装置を用いている。ガリウムヒ素プリズムは，400℃程度で加熱されると内部のキャリア密度が変動し，赤外透過率が悪くなるため，それ以下の温度で酸化チ

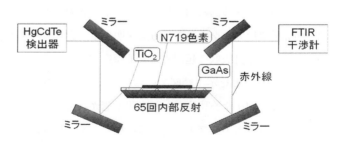

図4　増感色素吸着酸化チタン表面の多重内部反射赤外吸収分光の光学系統

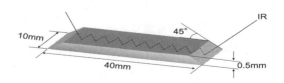

図5　多重内部反射赤外吸収分光用プリズム

タン薄膜を形成する必要がある。筆者の研究室では，原料にチタンイソプロポオキシドを用い，キャリアガスとしての窒素の流量を精密に制御し，酸化剤として過酸化水素を含む水蒸気を用いることで，350℃以下で良質な光触媒特性をもつ酸化チタン薄膜を形成することに成功している。製膜条件については文献7) に詳しく記述してある。低温で形成する方法として，スパッタ法も考えられるが，良好な結晶性が得にくく，また酸素欠損になりやすく，赤外透過性を確保するのが困難である。その

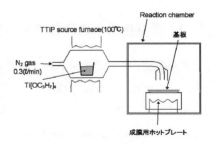

図6　酸化チタン堆積用 MOCVD 装置の概略

点，本例に示す MOCVD 法は赤外吸収分光用の酸化チタン膜形成法として最適であると考えられる。

3　N719 増感色素吸着酸化チタン表面の多重内部反射赤外吸収分光の評価事例

N719 増感色素を吸着させた酸化チタン薄膜の多重内部反射赤外吸収分光の評価事例を図 7 に示す。ここで示される赤外吸収スペクトルの基準透過スペクトルは，N719 色素を吸着させる前の酸化チタン薄膜から測定したものである。N719 色素の吸着は，同色素を過飽和の状態で溶解させたアルコール溶液に，酸化チタン薄膜を 2 時間，室温で浸漬しブロー乾燥させることで行った。この方法は一般的に知られている色素増感太陽電池の製作プロセスと同じである。ここで，図 7 の赤外吸収スペクトルの見方を説明する。赤外吸収スペクトルにおいて，特性線が上に凸の場合は，その赤外吸収の起因する分子構造が増加し，下に凸の場合はその分子構造が構造変化したか消滅したことを示す。図 7 において波数 2800 から 3000cm^{-1} の赤外吸収率が増加しているが，これは N719 分子吸着により炭化水素が持ち込まれたことを示す。おそらく，N719 色素のビピリジン骨格とトリブチルアンモニウムの赤外吸収によるものと思われる。そのほかの赤外吸収として，NCS 基が 2100cm^{-1}，カルボニル基の C＝O が 1713cm^{-1}，トリブチルアンモニウムが 1468cm^{-1}，COO が 1350cm^{-1} と 1630cm^{-1} 付近に現れ，これら赤外吸収ピークを見ることで，酸化チタン薄膜に付着した色素の密度を見積もることができ，実際の電池製造における色素吸着量のモニタリングに利用可能である。

さらに赤外吸収スペクトルにおいて 3751cm^{-1} 付近で赤外吸収の落ち込みが見られるが，これは N719 色素が酸化チタン表面に吸着する際に，表面 OH 基と反応して吸着することを示唆している。すなわち，OH 基は N719 分子のカルボン酸か COOTBA 基と反応して，バイデンテート

第8章　増感色素の酸化チタン表面の吸着構造の評価

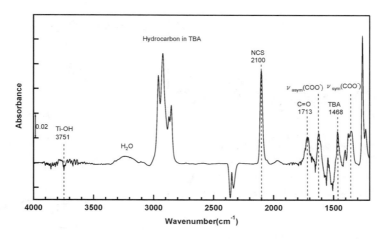

図7　N719色素を吸着させた酸化チタン薄膜の赤外吸収スペクトル[9]

結合（キレート結合）を形成したために，構造が変化し，振動数が変化したため，赤外吸収の落ち込みとなったと考えられる。

レオンらの報告[8]によれば，1350cm^{-1}付近に現れるCOOの対称振動のピーク成分を分析することで，その色素がバイデンテート結合を形成し酸化チタン薄膜と化学結合をしているのか，あるいは単に孤立して付着しているのかを判断することが可能である。図8にN719色素を吸着させた酸化チタン薄膜から取得したCOO対称振動の赤外吸収スペクトルを示す。この事例では単純に色素溶液に酸化チタン薄膜を浸漬させて乾燥させることで色素吸着させたものであるが，このような吸着のさせ方では化学結合したものだけではなく，孤立色素も混入してし

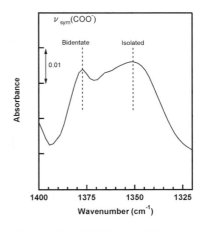

図8　N719を吸着させた酸化チタン薄膜から取得したCOO対称振動の赤外吸収スペクトル[9]

まうことを示している。図9に化学吸着のみで構成された表面と化学吸着色素と孤立色素の混在した表面のイメージ図を示す。孤立色素はたとえ光を吸収しても，酸化チタン薄膜に電子を渡すことができず，発電に寄与できる化学吸着色素に対する遮光物質にしかならない。したがって，理想的には図9に示す化学吸着した色素のみでいかに高密度に表面に色素吸着させるかが，高効率化のために重要と思われる。本章で示される，多重内部反射赤外吸収分光を用いた酸化チタン薄膜上の増感色素観察法は，単に高密度吸着を実現するためのみならず，発電に有効な化学状態を作るためのモニタリング手法としても有効である。

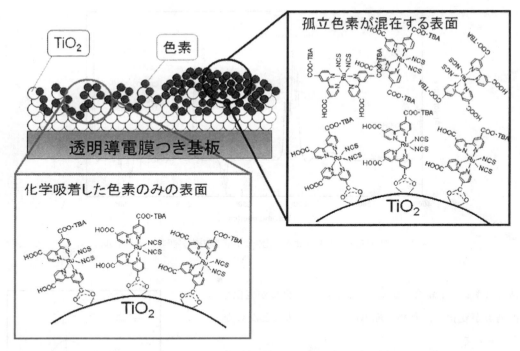

図9 化学吸着色素のみの表面と過剰吸着による化学吸着と孤立色素の混在表面のイメージ

4 赤外吸収分光観察を用いた N719 色素増感電池のプロセス改善事例

ここからはこれまで説明してきた多重内部反射赤外吸収分光を用いて N719 増感色素を吸着させた酸化チタン薄膜の観察した結果を基に，実際に色素増感太陽電池の製作プロセスを改善させた事例について説明する。

4.1 UV 照射法を用いた発電特性の改善事例[9]

N719 色素は酸化チタン上の OH 基と化学結合して吸着することから，光触媒反応を用いて意図的に酸化チタン薄膜上に OH 基を形成して，色素吸着の増強を試みた。図 10 に空気中でオゾンレス型の低圧水銀ランプの UV 光を用いて，光触媒反応で OH 基を形成したときの酸化チタン薄膜の赤外吸収スペクトルを示す。このときの UV 光の強度は $50\mu W/cm^2$ で，照射時間は 10 分である。空気中で反応させたため，吸着水の影響を受けて 3600 から $4000cm^{-1}$ の範囲でスペクトルにノイズがみられるが，$3751cm^{-1}$ に OH 形成のための赤外吸収ピークが明瞭に観察できる。この UV 照射条件を使って，実際に色素増感太陽電池の多孔質酸化チタン電極に処理を行い，発電特性の比較を行った。その結果を図 11 に示す。この事例では，UV 処理を行うことで，

第8章　増感色素の酸化チタン表面の吸着構造の評価

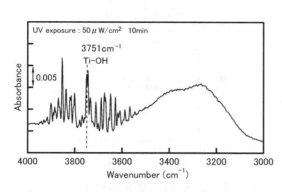

図10　UV処理を行った酸化チタン薄膜から取得した赤外吸収スペクトル[9]

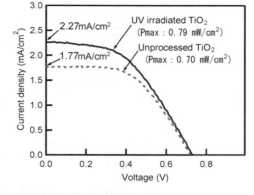

図11　酸化チタン電極にUV処理を行った時の発電特性の増強効果[9]

短絡電流密度を1.77mA/cm^{2}から2.27mA/cm^{2}へ増強できることがわかった。このときの発電時の光照射条件であるが，3500Kのタングステンランプ光で，照射強度は17mW/cm^{2}である。この結果は，酸化チタン表面でのOH基の密度の維持が，高効率な太陽電池の実現に重要であることを示唆するものである。これまで酸化チタン電極は，焼結工程で作られていたが，筆者の経験では焼結工程の温度や雰囲気によってもOH基の密度は変化すると考えられ，安定した色素増感太陽電池の製造のためには，焼結工程を赤外吸収分光によってモニタリングしながら管理する必要がある。

4.2　増感色素吸着密度制御による発電特性の改善事例

　N719を吸着させた酸化チタン薄膜から取得したCOO対称振動の赤外吸収分光観察から，単純に色素溶液に酸化チタンをつけただけでは，化学吸着色素と孤立色素が混在した吸着表面になることを述べた。我々はこれまでの経験から，浸漬法ではなく，色素溶液を酸化チタン電極上に所定量滴下して乾燥させて色素を吸着させる滴下法において，量を調整することで容易に化学吸着色素のみの表面をつくりだせることを見出した[3]。そこで我々は鋭意実験を行い，色素滴下量を0.01mg/cm^{2}から6mg/cm^{2}の範囲で変化させて色素吸着させた多孔質酸化チタン電極を用いたときの発電効率の変化を調査した。その調査結果を図12に示す。図から明らかな通り，色素の吸着量を増やせば増やすほどよいという従来概念に反して，0.7mg/cm^{2}付近に発電効率の適量があることを見出した。このとき最大の発電効率は4.79％が得られ，図13に示されるように短絡電流密度において従来の浸漬法の場合と比べ1.06倍向上し，発電効率においても4.56％から4.79％への向上が確認された。このような改善効果は，孤立色素を排して化学吸着色素の密度を増やした効果によるものと考えられる。

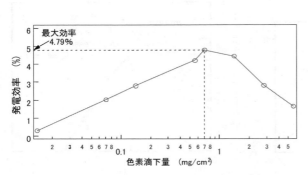

図12 滴下法を用いて作製した色素増感太陽電池の発電効率と色素滴下量の関係

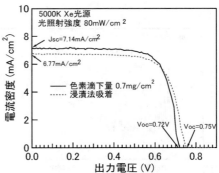

図13 最適量で色素を滴下して作製した色素増感太陽電池と浸漬法で作製した色素増感太陽電池の発電特性の比較

5 おわりに

これまで説明してきた多重内部反射赤外吸収分光を用いた増感色素の酸化チタン表面の吸着の観察法は，色素増感太陽電池の製造において重要な色素吸着密度や吸着状態のモニタリングに活用でき，発電性能の安定化や効率改善のための問題解決に大いに活用可能である。

文　　献

1) B. O' Regan, M. Gräetzel, *Nature*, **353**, 737 (1991)
2) M. Nazeeruddin, F. Angelis, S. Fantacci, A. Selloni, G. Viscardi, P. Liska, S. Ito, B. Takeru, M. Gräetzel, *J. Am. Chem. Soc.*, **127**, 16835 (2005)
3) 栗林幸永，始閣雅也，鈴木貴彦，廣瀬文彦，信学技報，**106**，CPM2007-36 (2007)
4) M. Niwano, M. Terashi, J. Kuge, *Surface Science*, **420**, 6 (1998)
5) M. Niwano, *Surface Science*, **427-428**, 199 (1999)
6) M. Niwano, Y. Kondo, Y. Kimura, *J. Electrochem. Soc.*, **147**, 1555 (2000)
7) F. Hirose, M. Ito, K. Kurita, *Jpn. J. Appl. Phys.*, **47**, 5619 (2008)
8) C. P. Leon, L. Kador, B. Peng, M. Thelakkat, *J. Phys. Chem. B*, **110**, 8723-8730 (2006)
9) F. Hirose, K. Kuribayashi, T. Suzuki, Y. Narita, Y. Kimura, M. Niwano, *Electrochemical and Solid-State Letters*, **11**, A109 (2008)

第9章 Backside SIMSによる有機ELの劣化評価

宮本隆志[*1], 藤山紀之[*2]

　有機EL素子の層構造変化や陰極・EIM（電子注入材料）の拡散については，議論はあるものの根本的な疑問は解決には至っていない。有機EL素子において，適切な前処理を施しBackside SIMSを行うことによって，これまで通常のSIMS（二次イオン質量分析）ではノックオン等の影響により困難であった拡散プロファイル評価が可能になった。この手法を用いた有機EL素子高温保存時の劣化評価において，EIMの拡散や，HTM（正孔輸送材料）のT_g（ガラス転移温度）に依存して素子構造が変化することを確認した。

1　はじめに

　1997年に実用化が始まった有機ELは，まだ市場規模は小さいものの，次世代ディスプレイの本命として今後の飛躍的な発展が期待されている。しかし，先行する液晶ディスプレイのように幅広い領域に進出するためには，量産品レベルにおける長寿命化や大画面化，発光効率の向上，適用アプリケーション創出など，多くの課題を克服する必要がある。

　我々は，これまで有機EL素子の劣化解析のために，これに特化した技術開発を進めてきた[1]。特に，有機ELは極薄膜の有機層や電極等の積層構造であることから，試料量が少なく，酸素や水，電子線やイオンビーム照射によって劣化するなどの点で，分析が困難な対象である。近年，分析機器は日々進化しているものの，解決できない点は未だ多く，"前処理"に工夫を凝らすことによって，これまで評価不可能であった対象への展開が進んでいる。本稿では，これらの技術の中から最近注目を集めている"Backside SIMS"を用いた有機EL素子の解析例を紹介する。

[*1]　Takashi Miyamoto　㈱東レリサーチセンター　表面科学研究部　表面科学第1研究室　SIMS担当

[*2]　Noriyuki Fujiyama　㈱東レリサーチセンター　表面科学研究部　表面科学第1研究室　SIMS担当

2 素子構造変化を捉える ― Backside SIMS ―

2.1 SIMS（二次イオン質量分析）

数百 eV〜20 keV 程度に加速されたエネルギーの一次イオンを固体表面に照射すると，スパッタリング現象により固体試料を構成する物質が真空中に放出される。SIMS はスパッタリングされた粒子のうち，ある確率でイオン化した粒子（二次イオン）を質量分離することにより，元素分析を行う手法である。

一次イオンには O_2^+，Cs^+，Ar^+，Ga^+ などが用いられるが，感度を向上させる目的で，一般的に，正二次イオン測定時には O_2^+，負二次イオン測定時には Cs^+ が用いられる。SIMS は表面分析手法の中では最も高感度であり，原理的には水素からウランまでの全元素の深さ方向分析が可能であることから，現在の半導体技術には必要不可欠な手法である。

2.2 Backside SIMS

SIMS を含め，イオンビームによるスパッタリングを用いる手法では，分析面へのイオンビーム照射によって生じるノックオン（押し込み）効果により深さ分解能が劣化し，注目元素が表側に多量に含まれる層構造の場合，深部方向への微量な拡散評価は困難になる。特に有機 EL 素子では，数十 nm の層中への拡散評価が必要であり，その影響を大きく受ける。これを低減する方法として，照射する一次イオンの加速エネルギーを低下させる，入射角を大きく（垂直方向を 0°とした場合）する方法などがある。ただし，これらの方法によってもノックオンの影響を完全に排除することができないばかりか，検出感度の低下を招く場合がほとんどである。

ノックオン効果を回避する有力な方法として，Backside SIMS が挙げられる。これは，その名の通り裏面側から SIMS による分析を行う手法である。ボトムエミッション型の有機 EL 素子の場合，陰極側を支持基板に貼り合せた後，素子のガラス基板を薄膜化加工し，加工面側から SIMS 分析を行う（図1）。ただし，ここで最も重要な点は，基板をただ薄膜化すれば良い訳ではないということである。加工面のラフネス・平坦な面の面積や基板残り膜厚が，深さ方向分解能や検出下限に大きく影響を及ぼすことになる。また，

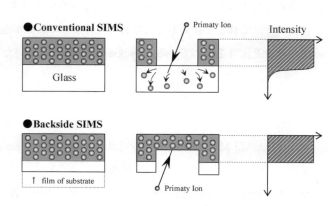

図1 Schematics of conventional SIMS & backside SIMS

第9章 Backside SIMS による有機 EL の劣化評価

有機 EL 素子の加工には，"水分による有機層の劣化"という，半導体材料とは異なる問題点がある。これらをコントロールしながらガラス基板薄膜化加工を施す必要があり，加工の難易度は非常に高い。この Backside SIMS を有機 EL 素子に適用することによって，ノックオンの影響を排除し，深部方向への微量元素の拡散を評価することが可能になる。

図2に，EIM（電子注入材料）に用いられている Li の有機層側への拡散評価を行った例を示す。通常の SIMS（陰極側から有機膜側へ分析：図中"Conventional"）に比べて Backside SIMS（ガラス基板側から陰極側へ分析：図中"BSS"）では，深さ方向分解能が向上しており，更に測定条件を最適化することによって，深さ方向分解能が格段に向上することがわかる。

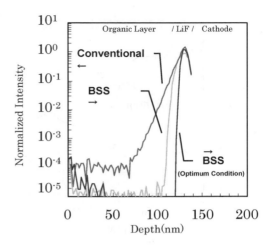

図2 Improvement of depth resolution by backside SIMS

3 有機 EL 素子の Backside SIMS による解析例

有機 EL の劣化機構の一つとして，『高温保存劣化』が挙げられる。最近では，高温保存時における素子劣化だけでなく，駆動時の発熱による温度上昇[2]についても議論されており，高温環境における劣化が大きなテーマとなっている。この高温環境における劣化として予想される，有機 EL 素子の層構造変化や電極・EIM の拡散については，議論はなされているものの，詳細な評価例は数少ない。有機 EL 素子に対して，最適な前処理を施し，Backside SIMS を用いることによって，これまで困難であった拡散プロファイルの評価が可能になった。この手法を用いた有機 EL 素子の高温保存時の劣化評価によって，HTM（ホール輸送材料）の T_g（ガラス転移温度）に依存して素子構造が変化すること[3~6]や，EIM の拡散[6~8]を確認した例を以下に紹介する。

3.1 高温保存時の層構造変化①（HTM）

評価試料には，ガラス基板/ITO(陽極)/CuPc(25 nm)/HTM(45 nm)/Alq3(60 nm)/LiF(0.5 nm)/Al(陰極)構造の素子に，HTM として T_g の異なる α-NPD(T_g：95 ℃)，TPD(T_g：63 ℃)，高 T_g-HTM(T_g：130 ℃以上) を用いた。

まず，HTM に α-NPD を用いた素子について，[室温，100 ℃，120 ℃：500 h]（温度水準：

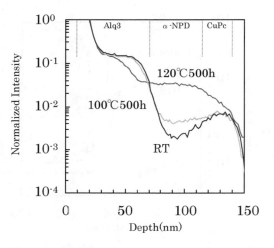

図3 Conventional SIMS profiles of aluminum of OLED devices stored at high temperature

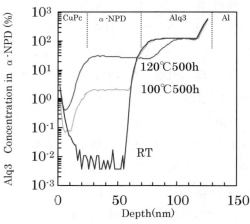

図4 Backside SIMS profiles of aluminum of OLED devices stored at high temperature

時間）の保存を行い，SIMS，Backside SIMS および各種分析手法（精密斜め切削＋Tof-SIMS，精密斜め切削＋PL および FIB-TEM）を用いて評価を行った。また，保存時間による変化を詳細に調べるため，［120℃：15 min., 30 min., 60 min.］の保存時の Backside SIMS も併せて実施した。

SIMS による分析結果から，高温保存において α-NPD 中の Al 濃度が上昇することを確認した（図3）。なお，通常の SIMS の α-NPD 中 Al プロファイルには Al 陰極もしくは Alq3 からのノックオン等の影響が含まれているため，100℃保存と室温保存のようにプロファイルの差が小さい場合，詳細な比較は困難である。そこで，同試料に Backside SIMS を適用した。

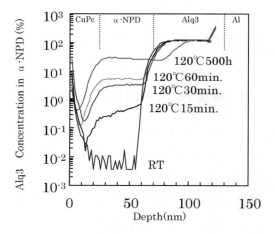

図5 Backside SIMS profiles of aluminum of OLED devices stored at high temperature for various time

Backside SIMS を適用することにより，高温保存において α-NPD 中の Al 濃度が大きく上昇することを再度確認した（図4）。120℃保存では，Alq3 中の Al 濃度が減少し，α-NPD 中の濃度が大きく上昇している。また，通常の SIMS では差の小さかった 100℃保存と室温保存にも明瞭な差が見られている。なお，室温保存では Al は検出下限以下であるのに対し，120℃保存に

第 9 章　Backside SIMS による有機 EL の劣化評価

おけるその量は，α-NPD 中の Alq3 濃度換算で約 30 % である[4]。

同様に短時間高温保存時の評価を行った結果を示す（図 5）。120 ℃ 15 min. において，既に α-NPD 中の Al 濃度が上昇しており，保存時間が長くなるほど Al 濃度が高くなる。なお，30 min. 以上の保存では，α-NPD 中の Al 濃度が深さ方向に均一になっている。また，別途実施した精密斜め切削＋Tof-SIMS によって，α-NPD 中から Alq3 が検出されており，α-NPD 中の Al は Alq3 の状態で存在している[3]。

更に，HTM に α-NPD および TPD を用いて同様の実験［室温，60 ℃，85 ℃，100 ℃：500 h］を行っており，その結果，Al は α-NPD，TPD それぞれの T_g 付近から拡散を始め[3]，また高 T_g-HTM を用いた素子では，120 ℃保存においても Al の拡散は起きない[8]。これらの結果から，高温保存時には，HTM の T_g に依存して HTM 側への Alq3 の拡散による素子構造変化が生じることが明らかになった。

3.2　高温保存時の層構造変化②（EIM）

評価試料には，ガラス基板/ITO（陽極）/CuPc（25 nm）/高 T_g-HTM（45 nm）/Alq3（60 nm）/EIM（0.5 nm）/Al（陰極）構造の素子に，EIM として LiF または CsF を用いた。

これらの素子について，［室温，100 ℃，120 ℃：500 h］の保存を行い，Backside SIMS を用いて，高温保存における EIM（Li または Cs）の Alq3 への拡散について評価した（図 6, 7）。

LiF 素子は保存温度が高くなるに従い，Li が僅かに Alq3 へ拡散している[6]。それに対し CsF 素子は LiF 素子と挙動が大きく異なり，100 ℃保存においても，Cs が高 T_g-HTM/Alq3 界面付

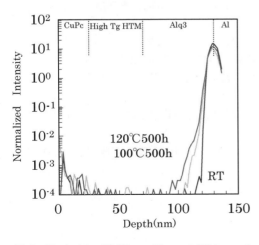

図 6　Backside SIMS profiles of lithium of OLED devices (EIM：LiF) stored at high temperature

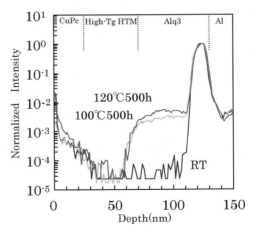

図 7　Backside SIMS profiles of cesium of OLED devices (EIM：CsF) stored at high temperature

近まで拡散している[7,8]。このことから，EIM の Li や Cs の Alq3 への拡散は，それぞれの組み合わせによって大きくメカニズムが異なる可能性が考えられる。

4 おわりに

これまで評価不可能であった界面不純物プロファイル評価について，Backside SIMS を用いた解決例を紹介した。これは，有機界面または有機／電極界面における微量不純物の分布評価には唯一の分析手法であり，必要不可欠な手法となると考えている。今後は，基盤技術である基板薄膜化加工技術の他分析手法への展開も期待したい。

文　献

1) 山元隆志，宮本隆志，伊藤俊彦，石橋喜代志，㈱東レリサーチセンター The TRC News 86, p.9-23 (2004)
2) 辻博哉，小田敦，城戸淳二，椙山卓郎，古川行夫，第66回秋季応用物理学会講演予稿集，7a-R-11, 1145 (2005)
3) 宮本隆志，松延剛，藤山紀之，柴森孝弘，関洋文，石橋喜代志，山元隆志，中川善嗣，大畑浩，吉田綾子，平沢明，宮口敏，第66回秋季応用物理学会講演予稿集，8p-R-10, 1154 (2005)
4) 大畑浩，吉田綾子，平沢明，宮口敏，宮本隆志，松延剛，第66回秋季応用物理学会講演予稿集，8p-R-11, 1154 (2005)
5) 宮本隆志，松延剛，藤山紀之，柴森孝弘，関洋文，宮口敏，大畑浩，吉田綾子，平沢明，内田敏治，有機EL討論会 (2006年) 第2回例会予稿集，p.35-36 (2006)
6) 宮口敏，大畑浩，吉田綾子，平沢明，内田敏治，宮本隆志，松延剛，有機EL討論会 (2006年) 第2回例会予稿集，p.57-58 (2006)
7) 平沢明，宮口敏，大畑浩，吉田綾子，内田敏治，宮本隆志，藤山紀之，第67回秋季応用物理学会講演予稿集，31p-ZV-13, 1208 (2006)
8) 宮口敏，大畑浩，平沢明，福田善教，宮本隆志，藤山紀之，山元隆志，有機EL討論会 (2006年) 第3回例会予稿集，p.45-46 (2006)

第10章 弾道電子放出顕微鏡の電子注入バリア計測による有機デバイスの評価

平本昌宏*

　有機電界発光（EL）デバイスや有機太陽電池に代表される有機デバイスは，有機薄膜を2枚の金属電極でサンドイッチした構造を持つ。すなわち，有機薄膜デバイスには金属／有機界面が最低2つ存在する。

　有機ELにおいては，外部電圧を印加することで，金属／有機界面を通して電子やホールを有機薄膜に注入している。有機太陽電池においては，外部電圧を使わず内蔵電界のみによって，有機／金属界面を通して電子やホールを金属電極に取り出している。これらの有機デバイスの性能は，この金属／有機界面の性質によって決定されるといっても過言ではない。

　有機ELを動作させるためには，通常，エネルギーバリアーを越えて，金属電極から有機薄膜の伝導帯（LUMO）に電子を注入する必要がある。この電子注入特性はデバイスの性能を決定的に左右する。

　従来，有機デバイス分野においては，電子注入バリアー高さは，次のような手順によって求められてきた（図1）。(1)金属の仕事関数と有機薄膜の価電子帯（HOMO）上端のエネルギー位置を光電子分光法から求める。(2)有機薄膜の伝導帯（LUMO）下端のエネルギー位置を，価電子帯（HOMO）上端と光学的に測定したバンドギャップから求める。(3)金属の仕事関数と有機薄膜の伝導帯（LUMO）下端のエネルギー位置の差から電子注入バリアー高さの値を求める。

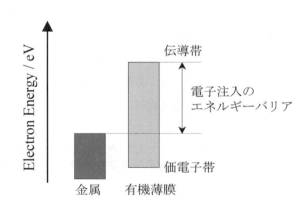

図1　これまでの電子注入エネルギーバリア高さの推定方法
(1)金属の仕事関数と有機薄膜の価電子帯上端のエネルギー位置を光電子分光法から求める。(2)有機薄膜の伝導帯下端のエネルギー位置を価電子帯上端と光学的バンドギャップから求める。(3)金属の仕事関数と有機薄膜の伝導帯下端のエネルギー位置の値の差から電子注入バリアーの値を求める。

＊　Masahiro Hiramoto　分子科学研究所　分子スケールナノサイエンスセンター　教授

この方法は，次の2つの問題点をはらんでいる。(i)光学的バンドギャップは有機半導体薄膜中の励起子（電子とホールが強く束縛された状態）の光生成に必要なエネルギーを示すのみで，フリーな電子はそれとは全く異なったレベルを走行していることが明らかであること。(ii)上記の手順は，接合形成前の，別々に測定した金属と有機薄膜のエネルギー値をそのまま用いて，接合形成後も，そのエネルギー位置関係が変わらないという仮定に基づいているが，金属／有機接合が実際に形成された場合は，両者のエネルギー位置関係は全く異なっていることがほとんどであること。つまり，前記の手順で求めた値は全くの参考程度の意味をもつにすぎず，本当の電子注入バリアー高さの値は分かっていないのが現状である。実際，有機デバイスの特性を，前記の方法で求めた電子注入バリアー高さの値から予想しようとしても，はずれることが多い。

このような状況にもかかわらず，この電子注入バリアー高さの実測は行われてこなかった。それは，伝導帯が電子をもたない空準位であるために，電子放出を利用した通常の光電子分光法では評価ができないこと，さらに，測定すべき接合が表面ではなく，内部に埋もれた界面（buried interface）であるために，外部からの観測が非常に困難であったためである（図2）。

この埋もれた界面に原子，分子レベルの高い空間分解能で直接アクセスできる数少ない手法の一つに，弾道電子放出顕微鏡（Ballistic Electron Emission Microscopy, BEEM）がある。この方法は，最初，無機半導体／金属接合に対して応用されたが[1,2]，最近になってやっと，有機／金属接合への応用が始まった[3~5]。

まず，弾道電子（Ballistic electron）について説明する。2つの金属電極がトンネル可能な空隙で隔てられている構造を考える（図3）。ここで，弾道電子発生源となる左側の金属をマイナスになるように電圧を印加すると，電子がトンネリングによって放出される。ここで，右側の金属が，例えば10nm以下と，非常に薄い場合，トンネリングによって放出された電子の一部は，エネルギーを失うことなく右側の金属電極を通り抜け，外部に取り出すことができる。この電子

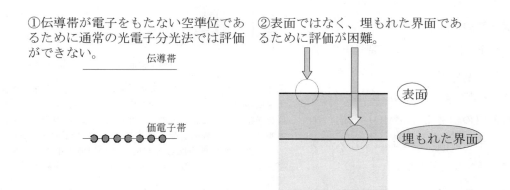

図2　電子注入バリアー高さの実測が行われてこなかった理由

第10章　弾道電子放出顕微鏡の電子注入バリア計測による有機デバイスの評価

を弾道電子という。

BEEMはこの弾道電子を用いた測定方法である。図4に，BEEMの測定原理を示した。先の右側の非常に薄い金属に有機薄膜を接合し，金属／有機接合を形成する（図4(a)）。すると，外部に放出されていた弾道電子は有機薄膜中に放出されることになる。図4(b)(c)に，このような接合界面のエネルギー図を示す。金属／有機界面には，電子に対するエネルギーバリアが存在する。次に，弾道電子発生源が金属電極に対してマイナスになるようにトンネル電圧（eV）を印加した場合を考える。このとき，弾道電子は発生源のフェルミレベルのエネルギーを保ったまま，エネルギーを失うこと無く，金属／有機界面に到達する。ここで，図4(b)に示したように，バリアー高さよりもトンネルバイアスが小さいとき，弾道電子は，界面の電子注入バリアーに阻まれて有機層の伝導帯に入ることができない。それに対して，図4(c)に示したように，バリアー高さよりもトンネルバイアスが大きくなると，弾道電子はバリアーを越えて，有機層の伝導帯に入ることができる。この伝導帯に

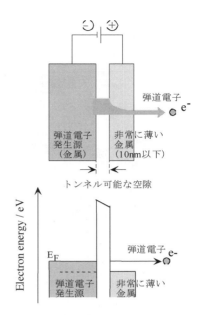

図3　弾道電子（Ballistic electron）の発生方法

トンネリングによって放出された電子の一部はエネルギーを失うことなく金属電極を通り抜ける。これを弾道電子という。

入った弾道電子は，有機層の裏面に電極を設けることで，電流計を用いて検出することができる。すなわち，トンネル電圧を変化させ，弾道電子電流が立ち上がるトンネル電圧を決定できれば，電子注入バリアー高さ（eV_b）を直接求めることができる。

図5に，走査型トンネル顕微鏡（Scanning Tunneling Microscope, STM）の探針を弾道電子発生源として用いたBEEM測定系，および，測定例を示す。有機層として，有機ELの発光層にも用いられる典型的な有機半導体であるAlq_3，金属電極としてAuを用い，Au/Alq_3界面の電子注入バリアー高さを実際に測定している[3]。Auは弾道電子が通り抜けられるように，10nmの非常に薄い蒸着薄膜にしてある。測定は，STM探針をAu側からアプローチし，トンネル電流を1nAの一定に保ちながら，トンネル電圧（eV）を変化させ，Auと裏面電極の間に流れるコレクタ電流（I_c）を測定する。測定された，コレクタ電流（I_c）のトンネル電圧依存性には，明確なしきい値が観測され，しきい値以上の電圧では直線的なコレクタ電流の増加が見られた。しきい値から，電子注入のバリアー高さとして，0.50eVという値が得られた。なお，金属電極と有機薄膜を別々に測定し，光学的バンドギャップを用いた，従来の推定法（図1）では，AuからAlq_3の伝導帯への電子注入バリアは，1.7eVとなる。これは，BEEM実測値0.50eVと大き

有機デバイスのための界面評価と制御技術

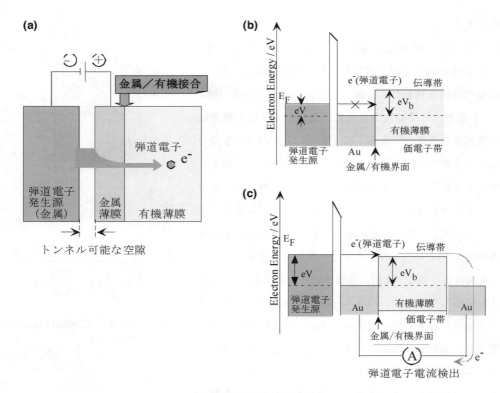

図4　BEEMの測定原理
(a)弾道電子の金属／有機接合への打ち込み。(b)バリアー高さよりもトンネルバイアスが小さい場合のエネルギー図。(c)バリアー高さよりもトンネルバイアスが大きい場合のエネルギー図。バリアーを越え，有機層の伝導帯に入った弾道電子は，有機層の裏面に電極を設けることで，電流計を用いて検出することができる。

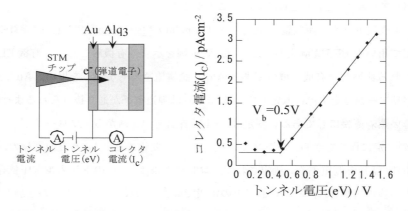

図5　走査型トンネル顕微鏡（STM）の探針を用いたBEEM測定系とAu/Alq_3界面の電子注入バリアー高さの実測例
トンネル電流は1nA。コレクタ電流（I_C）のしきい値よりバリアー高さ0.50eVが得られている。

第10章 弾道電子放出顕微鏡の電子注入バリア計測による有機デバイスの評価

く異なっている（図6）。この原因については，まだ推定の域を出ないが，まず，石井，関らによって報告された，金属／有機界面ダイポールの影響が考えられる[6]。UPSの測定から，Au/Alq$_3$界面には界面ダイポールが存在し，それによる電位ドロップとして約1eVの大きな値が報告されている。これを考慮すると注入バリアは0.7eVとなる。しかし，まだ差は大きい。その他の原因として，電子が走行する伝導帯位置を光学的バンドギャップから求めたためによる誤差，金属／有機界面の相互作用による新たな界面準位の形成，酸素等の不純物の影響など，種々の因子が考えられるが，明確な答は出ていないのが現状である。このように，金属／有機界面の電子注入エネルギーバリアー高さに関する研究は，基礎的に重要であるにもかかわらず，金属／無機半導体に匹敵する，ほとんど未開拓の広大な荒野が広がっている。

　STMを用いたBEEM測定では，原理的にナノ領域のエネルギーバリアを観測していることになる。すなわち，探針を動かせば，バリアー高さの空間的ばらつきが測定できる（図7）。さらに進んで，STM探針のスキャンで2次元的なエネルギー構造のマッピングも可能である。現実のデバイスにおいては，最もエネルギーバリアの低いナノレベルのサイトからの電子の注入，取り出しが起こっている可能性が高い。電子注入エネルギーバリアー高さは，分子配向，分子配列，結晶面，結晶表面ステップ，結晶粒界，蒸着金属の構造などの，様々な界面のナノ空間構造，さらには，有機―金属相互作用，界面反応などの種々の因子が影響を及ぼしているのは確実であり，そのナノ空間分布も均一でないことが予想される。これらの問題は，全くと言っていいほど解明されていない。BEEMは，このようなナノエネルギー構造が，どのようにして決まっているかを解明できる強力な武器である。

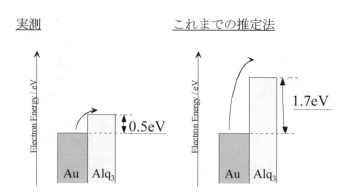

図6　BEEMによって実測された電子注入バリア高さと，これまでの推定法による電子注入バリアの違い

従来の推定法（図1）では，AuからAlq$_3$の伝導帯への電子注入バリアは，1.7eVとなる。これは，BEEM実測値0.50eVと大きく異なっている。

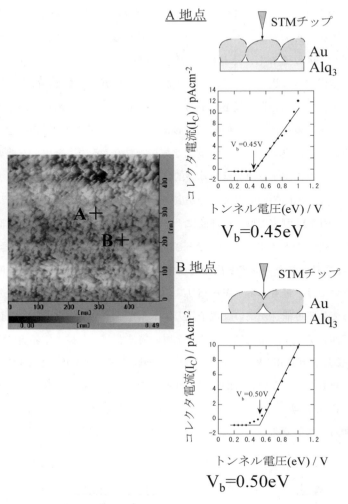

図7 電子注入バリアの空間的ばらつきの例
STMを用いたBEEM測定では，原理的にナノ領域のエネルギーバリアを観測できる。探針の位置によって，バリアー高さの空間的ばらつきが測定できる。図は，Au微粒子の真上(a)と粒界(b)で測定した例。

文　　献

1) W. J. Kaiser and L. D. Bell, *Phys. Rev. Lett.*, **60**, 1406 (1988)
2) V. Narayanamurti and M. Kozhevnikov, "BEEM imaging and spectroscopy of buried structures in semiconductors", *Physics Reports*, **349**, 447 (2001)

3) 平本昌宏，横山正明，公開特許 2001-343318,「金属・有機界面の電子注入エネルギーバリアの測定方法及び装置」, 2001 年 12 月 4 日
4) C. Troadec, L. Kunardi, and N. Chandrasekhar, "Ballistic emission spectroscopy and imaging of a buried metal/organic interface", *Appl. Phys. Lett.*, **86**, 072101 (2005)
5) S. Ozcan, J. Smoliner, M. Andrews, G. Strasser, T. Dienel, R. Franke, and T. Fritz, "Ballistic electron transport through titanylphthalocyanine films", *Appl. Phys. Lett.*, **90**, 092107 (2007)
6) H. Ishii, K. Sugiyama, E. Ito, and K. Seki, *Adv. Mat.*, **11**, 605 (1999)

第Ⅱ編

界面制御とプロセス

第九章

不確実性とリスク

〔ウェットプロセス〕

第1章　自己組織化膜による半導体の界面

加藤拓司[*1]，鳥居昌史[*2]

1　はじめに

　これまで，シリコン半導体デバイスの世界では，有機材料は絶縁体として位置付けられ，配線被覆，封止材料，フィルム，レジスト剤等の間接的に利用されることが多かった。しかし，1980年代の「光を電気に変換する」有機感光体（有機光伝導体）への応用から，有機材料が直接的にエレクトロニクス分野に利用され，最近では，「電気を光に変換する」有機発光ダイオード（OLED）が第二世代の有機エレクトロニクスデバイスとして市場に投入されはじめた。

　「電気を操る」有機電界効果トランジスタ（Organic Field Effect Transistor；OFET）に関しては，1980年代から研究開発が高まり[1]，アモルファスシリコンの性能に匹敵するキャリア移動度を示す報告が相次いだこと[2,3]，さらに，OLEDにおける薄膜化技術やデバイス化技術などの周辺技術の進歩により，2000年前後からOFETに関する研究開発が盛んになってきた。

　最も一般的なOFETは，ソース電極—ドレイン電極間の電流をゲート電極の印加電圧により制御している。これは有機半導体層の絶縁膜界面近傍に蓄積された電荷の輸送により機能する。したがって，OFETの高性能化に対する研究開発では，電荷の授受を担う有機半導体材料の開発とともに，円滑に電荷輸送する場を考慮したデバイス構造の開発も重要な位置付けにある。

　ここでは，機能場である有機半導体と絶縁膜界面の均質化による電荷輸送の高性能化を目指し，自己組織化単分子膜（Self-Assembled Monolayers）の秩序性を適応した筆者らの取り組みについて，自己組織化単分子膜の構造解析技術を含めて紹介する[4]。

2　OFETにおける有機半導体／絶縁膜界面修飾

　これまで，有機半導体材料開発に向けたOFETを利用した多くの基礎的研究では，ゲート電

[*1] Takuji Kato　㈱リコー　研究開発本部　先端技術研究センター　スペシャリスト研究員；九州大学　未来化学創造センター　客員准教授
[*2] Masafumi Torii　㈱リコー　研究開発本部　先端技術研究センター　シニアスペシャリスト研究員

極を兼ねる高 doped シリコン基板が利用され，この基板表面に設けた熱酸化 SiO_2 膜を絶縁層としている。しかしながら，SiO_2 の表面状態によって，トランジスタ特性が大きく変化することも知られている。例えば，有機半導体としてペンタセンを活性層とした OFET において，絶縁膜である SiO_2 の表面をオクタデシルトリクロロシラン（ODTS）で修飾することにより，これまでの報告と比して飛躍的に高い電界効果移動度（1.5cm^2/Vs）が報告された[2]。これは，SiO_2 表面上にはダングリングボンド，OH 基やこれらに付着する水，不純物などが存在するため，SiO_2 表面を ODTS で覆うことにより，これらトラップサイトを低減するとともに，ペンタセン結晶の成長を促し，グレインバウンダリーによるキャリア輸送障害を低減したことによる。後に，前者については H. Sirringhaus ら[5]や S. Tokito ら[6]によって SiO_2 表面に存在するこれらの影響が詳しく調べられ，後者については AFM（Atomic Force Microscope）等を用いて数多くの研究がなされている[7]。さらに近年では，ヘキサメチルジシラザン（HMDS）[8]や β−フェネチルトリクロロシラン[7]を用いて SiO_2 表面を修飾する方法が報告されている。

このように，OFET において有機半導体層／絶縁層界面は機能発現の場であり，有機半導体材料の性能を引き出すためには，界面の形状およびポテンシャルを平坦に整えることが重要である。

3 自己組織化単分子膜の構造解析

自己組織化単分子膜は，チオールやシランなどの反応性官能基を有する分子が，基板上に化学吸着することにより単分子が自発的に集合した秩序性の高い膜である。最も広く研究利用されているのが，金表面へ化学吸着するアルカンチオールと，ガラスなどの表面の OH 基に化学吸着するシランカップリング剤である。しかしながら，シランカップリング剤は，親水性／疎水性というマクロ的な表面物性を変える手段として用いられることが多く，集合構造に関する研究は少なかった。その後，LB（Langmuir-Blodgett）膜により単分子膜の構造解析が始められるが，その膜厚の薄さから解析が難しく，数十層積層した分子積層膜を利用して構造解析が行われてきた。また，AFM をはじめとする SPM（Scanning Probe Microscope）の登場により，単分子膜を観察する手段が広く用いられるようになった。しかしながら，この SPM による解析だけでは，デバイス中の広範な膜構造を解析することは実際には難しいため，他の手法を併用することが望まれる。また，X 線回折を用いた有機シラン系自己組織化単分子膜の構造解析への取り組みは，A. Takahara らによって，2002 年に大型放射光施設 SPring8 を用いて ODTS の面内回折測定が先駆的に行われた[9]。

このように，自己組織化単分子膜の膜構造解析手段が整いつつある。しかしながら，近年，上

第1章　自己組織化膜による半導体の界面

述したように，有機半導体層／絶縁膜界面に対し，絶縁膜上へのシランカップリング剤修飾によるOFETの高性能化が数多く報告されているが，この界面修飾層自体の構造は示されることは少ない。均質な界面を利用する目的から鑑みると，この界面修飾層に関する多角的な視点からの構造解析が重要である。

そこで，筆者らは有機半導体層／絶縁膜界面の円滑なキャリア輸送場の構築を目指し，自己組織化単分子膜の均質性を利用するために，多角的な視点から詳細な解析を試みた。ここではSi基板上にODTS，ラウリルトリクロロシラン（LTS），ヘキシルトリクロロシラン（HTS）からなる単分子膜を形成し，面内周期構造を調べるための面内X線回折測定，膜厚，膜密度，表面荒さを調べるためのX線反射率測定，原子の定量にはX線光電子分光法，アルキル鎖のコンフォーマーを調べるための赤外分光法（Infrared spectroscopy；IR）測定をそれぞれ行い，それぞれの膜構造を多角的な視点から解析した結果について紹介する。

3.1　X線回折測定（面内回折測定）

単分子膜の場合，面内X線回折測定により，面内周期構造を調べることができる。しかしながら，単分子膜はその膜厚が数nmと薄いため，大型放射光施設の利用が好ましい。ここでは，SPring8のBL13XUおよびBL46XUを利用して測定を実施した。使用した測定光学系を図1に示す。X線の測定波長を0.1nmとし，サンプル面に対し入射角をSi基板の臨界角と単分子膜表面の臨界角の間である0.12°に固定し，検出器の取り出し角も同じく0.12°に固定した。サンプルの回転軸（ϕ）と検出機のサンプル面内回転軸（$2\theta_\chi$）を1：2で連動させて，それぞれの単分子膜について面内方向の周期構造を調べた（図2）。また，ODTSについてはϕ-$2\theta_\chi$を回折ピーク位置に固定し，take-off角依存性によりODTSのチルト角についても調べた（図3）。図2から明らかなように，ODTSでは明瞭な（100）の回折ピークが得られ，さらに（110）の回折ピークも確認できることから，最密充填になっており自己組織化単分子膜が成膜されている[9]。さら

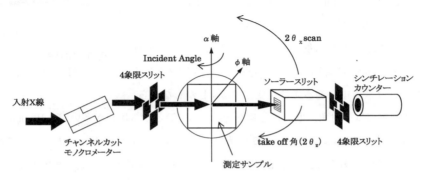

図1　X線面内回折測定における測定光学系

に take-off 角依存性から ODTS は基板面に対し，ほぼ垂直に立っていることが確認できる。一方，LTS，HTS では不明瞭なシグナルしか得られず，半値幅も広い。オレフィンを用いた研究によると，ODTS など長いアルキル鎖長を持つ場合，室温であっても all-trans 構造が維持されるが，アルキル鎖長が短くなるに連れて室温でゴーシュ体が混ざることが知られている[10]。このことは後述の IR 測定結果で詳しく紹介する。

3.2 X線反射率測定

X線反射率測定は，X線を臨界角から徐々に深く入射すると膜厚に応じた干渉が観測され，また散乱等を考慮することにより膜表面の荒れ具合，膜密度を求めることができる。ODTS，LTS，HTS それぞれの測定結果を図4に示す。また Parratt's simulation[11] によりフィッティングした結果も併せて示しているが，いずれも測定結果をよく再現している。フィッティングの結果から ODTS，LTS，HTS の膜厚は 2.4nm，1.6nm，1.0nm であり，分子軌道計算から求めた分子鎖長と一致しているが，表面のラフネスについては ODTS がほぼゼロであるのに対して，LTS，HTS とアルキル鎖長が短くなるにつれてラフネスが大きくなっており，LTS，HTS とアルキル鎖長が短くなるにつれて乱れが生じていることが確認できる。

3.3 IR 測定（Grazing incident ATR 法）

ATR（Attenuated Total Reflection）法は IR 測定の一つの測定方法である。屈折率の大きいプリズムをサンプルに密着させ，赤外光を全反射条件で入射するとプリズムとサンプル界面にエバネッセント波がおこる。それが試料によって吸収されると結果としてプリズム中を通る光量が変化する。しかしながら，通常の ATR 測定では入射角，取り出し角をそれぞれ 45°とする場合が多いが，1000cm^{-1} の波長で Si の全反射臨界角はおよそ 55°であり，基板からのスペクトルの影響が大きく，このままでは数 nm 程度の膜厚である自己組織化単分子膜に対して十分な精度での測定が困難である。そこで，使用するプリズム（ここでは Ge 結晶）を 5cmφ まで大きくし測定面積を大きくするととも

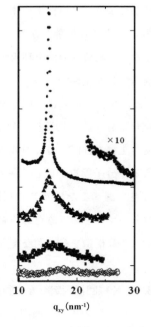

図2 ODTS（●），LTS（▲），HTS（■）からなる単分子膜の面内回折測定結果および基板（○）の測定結果

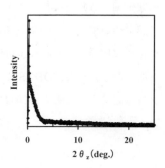

図3 ODTS の take-off 角依存性の測定結果

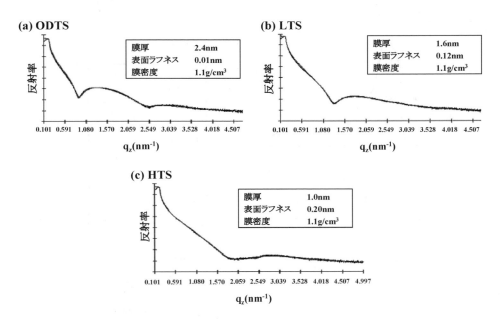

図4 単分子膜のX線反射率測定結果とParratt's simulationによるフィッティング曲線
(a) ODTS, (b) LST, (c) HTS

に，入射角を65°まで浅くすることによりSiの全反射領域を用いてそれぞれの自己組織化単分子膜のIR測定を行った（図5）。

直鎖アルキル基のIRスペクトルでは，CH_2非対称伸縮とCH_2対称伸縮のピーク位置がall-trance構造の場合それぞれ2917～2919 cm^{-1}，2849～2851 cm^{-1}に吸収がみられ，ゴーシュ体の比率が大きくなるにつれてそれぞれ2925 cm^{-1}，2855 cm^{-1}まで高波数シフトすることが知られている[12]。X線面内回折測定，X線反射率測定から，それぞれODTSのアルキル鎖はall-trance構造を取っているがHTS，LTSとアルキル鎖長が短くなるにつれて膜構造に乱れが生じていることが推測されたが，本測定によりLTS，HTSとアルキル鎖長が短くなるにつれてゴーシュ体の存在割合が多くなっていることが原因とわかる。オレフィンの研究から知られているように室温ではHTS，LTSをall-trance構造を維持することは困難であり，実際自己組織化単分子膜が形成できているODTSであっても40℃を超える環境下ではall-trance構造が乱れる。

また，本手法はここで挙げた直鎖アルキルからなる単分子膜だけでなく，種々の官能基を持つ自己組織化単分子膜に対しても有用な分析手法である。また，注意深く洗浄した基板のみを測定しても大気に触れるとコンタミネーションからの吸収も存在する。単分子膜の解析では，これらの影響は無視できない。基板のみの測定も併せて行う必要がある。

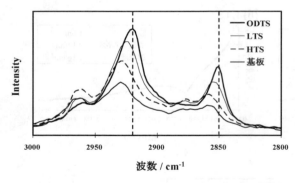

図5 単分子膜の赤外吸収スペクトル（ATR測定）

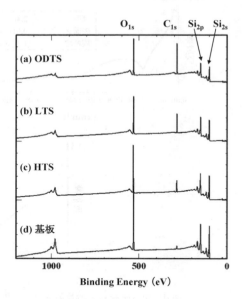

図6 単分子膜のXPSスペクトル
(a) ODTS, (b) LTS, (c) HTS, (d) 基板

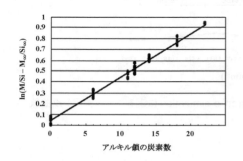

図7 Si_{2p} と C_{1s} の面積比とアルキル鎖長の関係

3.4 X線光電子分光法（XPS）

　X線光電子分光法（XPS）は，ほとんどの原子が測定対象となり，通常±1%程度と高い定量性を持ち，さらに測定深さが有機薄膜の場合およそ100nm程度と浅いため有機薄膜系の構造解析に有益な測定手法といえる。ここでは詳しい測定原理については触れないが，X線により原子上に存在する電子を真空準位まで飛び出させ，その束縛エネルギーからそれぞれの原子のおかれた環境を知る手法である。さらに，表面側に存在する原子からの電子は飛びやすく，深くなるにつれて電子は飛びにくくなり，その強度は指数関数的に減衰することがすでに知られている[13]。ここではそれぞれの単分子膜について測定した結果を示すとともに，幾つかのアルキル鎖長を変えた単分子膜についても併せて示す（図6）。図6にはODTS，LTS，HTSからなる単分子膜のwide scan測定結果について示す。また図7には横軸に炭素数を，縦軸にはnarrow scanで得られた C_{1s} のピーク面積とSi基板から検出される Si_{2p} のピーク面積との比を対数表示で示した。また，これまでも触れたとおり大気に一瞬でも触れるとコンタミネーションからのシグナルも検出される。そこで，それぞれの膜の成膜時から常に同じ環境を経た基板についても数多くの測定を行いコンタミネーションからのシグナル強度もあわせて見積もり，（式1）によって定量した。

第1章 自己組織化膜による半導体の界面

$$\ln(M/Si - M_\infty/Si_\infty) \tag{式1}$$

ここで M は元素 M のピーク面積（ここでは C_{1s}），Si は Si 基板からの Si_{2p} のピーク面積，M_∞ および Si_∞ はそれぞれ Si 基板のみの測定から得られたピーク面積を表す。

図7に示すように直線関係が得られており，定量性が高いことが確認できる。また，ここで用いたモデル分子には存在しないが，鎖中に官能基を有する単分子膜では角度分解 XPS を行うことにより，単分子膜中のどの位置にどのような原子が存在しているかを調べることも可能である[14]。

3.5 ペニングイオン化電子分光法（PIES）と紫外線光電子分光法（UPS）

ここで利用したモデル分子（直鎖アルキル単分子膜）の解析では利用していないが，PIES/UPS 測定は一般的な単分子膜の構造解析において有効であるため紹介する。

UPS は紫外線照射により電子を真空準位にまで飛び出させ，電子の元にいた状態を調べる方法であり，その測定深さは有機物の場合およそ10nm程度である。これに対して PIES は He の励起ガスをサンプルに吹きつけてペニングイオン化過程を経て電子を真空準位に飛び出させる方法である[15]。この2つの手法の違いは UPS の測定深さがおよそ10nm であるのに対して，PIES では大きさを持った He^* により電子を飛び出させることから膜最表面からの電子しか検出できず，この2つのスペクトルを重ね合わせることにより，分子のどの部分が最表面に存在しているか知ることができる（図8）。例えば，Br-ウンデシルトリクロロシランからなる自己組織化単分子膜に適応した例を図9に示した。

以上，数 nm 程度の膜厚である自己組織化単分子膜が，思い描いた通りに秩序性を持った自己組織化単分子膜であるか否かは，ここで紹介した多角的視点からの解析手法により，その膜構造に関する多くの情報が得られる。

4 自己組織化単分子膜を用いた OFET

前述したように OFET の機能発現の場は有機半導体層／絶縁層界面であり，界面の状態により特性が変化しうる。特に有機半導体材料開発においては材料が有する性能を見極める上で，より電荷輸送を担う界面の均質性が高い状態で特性評価する方法が求められており，秩序性を持つ自己組織化単分子膜を界面に設けた場の均質性を適応することは，有効な手法であると考える。

そこで，多角的視点から構造解析した自己組織化単分子膜を設けた基板を用いて OFET 特性評価について紹介する。ここでは，筆者らのグループがこれまでに開発した有機半導体材料

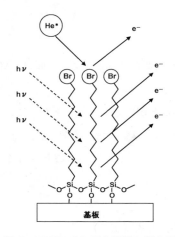

図8 PIES/UPS 測定原理の概念図

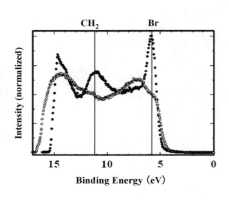

図9 Br-ウンデシルトリクロロシランから形成した単分子膜の PIES（◆）/UPS（◇）測定結果

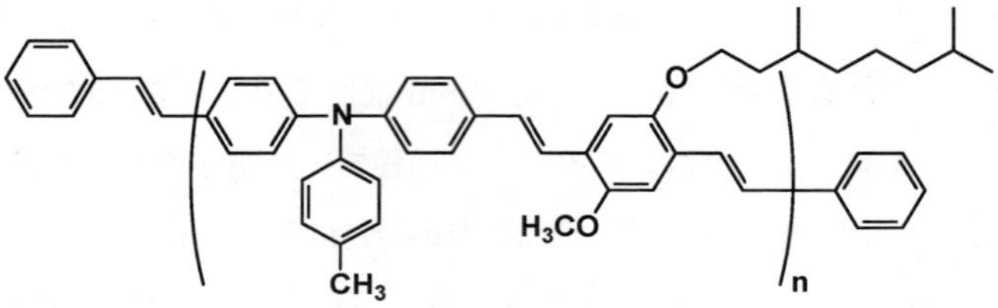

図10 有機半導体（PTAPV）の化学構造

（PTAPV）（図10）を用いて，トップコンタクト型 OFET 素子を作製し特性評価を行った結果について説明する。

Si 基板上にシリコン酸化膜 300nm を成膜した後，4-フェニルブチルトリクロロシラン（PhC4TS）の自己組織化単分子膜を形成した。さらに，スピンコート法により有機半導体である PTAPV を成膜し，最後にメタルマスクを用いた真空蒸着法により金電極を形成し，ソース電極，ドレイン電極とした。半導体特性評価には半導体パラメーターアナライザーを用いた。図11 に，OFET 素子の出力特性を示した。自己組織化単分子膜を設けることにより，閾値電圧（V_{th}）のシフトが抑えられ，ドレイン電流も向上する。すなわち，H. Sirringhaus らによって詳細に調べられているように，Si 基板上にはダングリングボンド，OH 基および，そこに吸着した不純物がトラップサイトとして働くため，V_{th} がシフトしドレイン電流の減少にもつながるが，自己組織化単分子膜を設けることにより，これらの影響を排除できる。

また，フェニルトリクロロシラン（PhTS）を基板へ処理する条件を変えた際の表面構造について，X 線回折による解析を行ったところ，試料(a)，(b)は共に同様の接触角（試料(a)は 77.4°，

第 1 章　自己組織化膜による半導体の界面

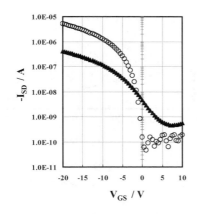

図 11　OFET 出力特性（PhC4TS：○，未処理：▲）

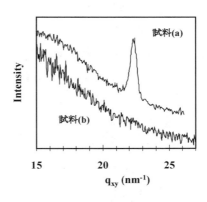

図 12　自己組織化単分子膜（PhTS）の X 線回折測定結果

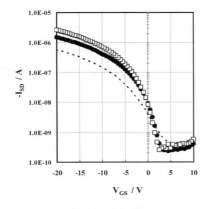

図 13　OFET 出力特性（試料(a)：□，試料(b)：●，未処理：破線）

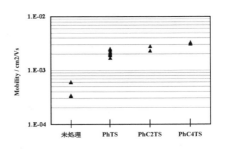

図 14　自己組織化単分子膜の種類による電界効果移動度

試料(b)は 74.0°）を示すものの，X 線回折において，試料(a)は $q = 22.31 \text{nm}^{-1}$（$d = 0.3 \text{nm}$）に鋭い回折ピークが観測されるのに対し，試料(b)では回折ピークが確認されない（図 12）。すなわち，試料(a)では規則性を有する分子膜が形成されているのに対し，試料(b)では規則配列の存在しない分子膜であることがわかる。これら基板上に，PTAPV を半導体材料として作製した OFET の出力特性を図 13 に示す。試料(a)を用いた電界効果移動度は試料(b)のそれと比して，2 倍程度の向上が認められ，界面構造として自己組織化単分子膜の秩序性が重要であることがわかる。

さらに，PhTS，β-フェネチルトリクロロシラン（PhC2TS），および PhC4TS から形成した自己組織化単分子膜を界面に有する PTAPV の OFET を作製し特性評価を行った。図 14 に特性評価より求められた電界効果移動度を示した。図中には，同様に作製した 6 個の OFET 素子か

ら算出した電界効果移動度をプロットした。いずれも，自己組織化単分子膜を設けない素子と比較して，電界効果移動度は向上し，バラツキは小さくなっているが，PhTSと比して，PhC4TSから形成した自己組織化単分子膜を設けたOFET素子では，バラツキが小さい。これは，PhTSから形成した自己組織化単分子膜のX線回折測定から2種類のチ

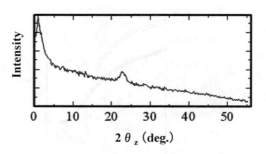

図15 自己組織化単分子膜（PhTS）のq_{xy}=22.3nm^{-1}におけるtake-offスキャン測定結果

ルト角が存在することが分かっており，他の自己組織化単分子膜と比較して，均質性が低下しているため，ばらつきが生じていると推測している（図15）。

以上のことから，有機半導体層／絶縁膜界面は，デバイス特性を決定する重要な領域であり，電荷輸送に対して，自己組織化単分子膜の均質性を利用することが有効であることが示された。自己組織単分子膜の構造を多角的な視点で捉えた上で，OFETの特性を制御することが重要である。

文　献

1) A. Tsumura, H. Koezuka and T. Ando, *Appl. Phys. Lett.*, **49**, 1210 (1986)
2) YY. Lin, D. J. Gundlach, S. Nelson and T. N. Jackson, *IEEE Electron Device Lett.*, **18**, 606 (1997)
3) C. D. Dimitrakopoulos, A. R. Brown and A. Pomp., *J. Appl. Phys.*, **80**, 2501 (1996)
4) 加藤拓司，鳥居昌史，分子構造総合討論会2005講演予稿集，2P176
5) L. L. Chua, J. Zaumseil, J. F. Chang, E. C. Ou, P. K. Ho, H. Sirringhaus, R. H. Friend, *Nature*, **434**, 194 (2005)
6) D. Kumaki, T. Umeda, and S. Tokito, *Applied Physics Letters*, **92**, 093309 (2008)
7) D. Kumaki, M. Yahiro, Y. Inoue, and S. Tokito, *Applied Physics Letters*, **90**, 133511 (2007)
8) H. Sirringhaus, T. N. Tessler and R. H. Friend, *Science*, **280**, 1741 (1998)
9) A. Takahara, K. Kojio and T. Kajiyama, *Ultramicroscopy*, **91**, 203 (2002)
10) a) T. Kuri, Y. Oishi, T. Kajiyama, *Trans. Mat. Res. Soc. Jpn.*, **15A**, 567 (1994); b) T. Kuri, F. Hirose, Y. Oishi, K. Suehiro, T. Kajiyama, *Langmuir*, **13**, 6497 (1997)
11) L. G. Parratt, *Phys. Rev.*, **95**, 359 (1954)
12) 増田光俊，清水敏美，液晶，**5**(4), 308 (2001)

第1章　自己組織化膜による半導体の界面

13) a) S. R. Wasserman, Y. T. Tao, and G. M. Whitesides, *Langmuire*, **5**, 1074 (1989)；b) S. Tanuma, C. J. Powell, and D. R. Penn, *Surf. Interf. Anal.*, **11**, 577 (1988)
14) A. S. Duwez, *J. Elec. Spec. and Related Pheno.*, **134**, 97 (2004)
15) A. Abdureyim, S. Kera, H. Setoyama, R. Suzuki, M. Aoki, S. Masuda, K. K. Okudaira, M. Yamamoto, N. Ueno, Y. Harada, *Mol. Cryst. liq. Cryst.*, **322**, 203 (1998)

第 2 章　高分子薄膜太陽電池の界面制御

大北英生[*1]，伊藤紳三郎[*2]

1　はじめに

　異なる二種の材料が接する界面は，単なる境界面ではなく，さまざまな機能を発現する場を提供する。例えば，P 型半導体と N 型半導体が接する PN 接合界面は整流性を発現し，ダイオードやトランジスタ等の半導体素子に応用されている。さらに，PN 接合界面は光電変換という新たな機能をも発現する場を提供し，発光ダイオードや太陽電池にも応用されている。このように，ヘテロ接合界面は単なる二種の材料の足しあわせではなく，1+1 以上の新規な機能発現の舞台である。本章で取り上げる有機薄膜太陽電池も，電子ドナー性有機半導体と電子アクセプター性有機半導体が接するヘテロ接合界面が光電変換を担う機能場を提供している点では，シリコンなどを基材とした無機半導体太陽電池と同じであるが，動作原理には根本的な相違が見られる。無機半導体太陽電池では光吸収により電子および正孔の電荷キャリアが素子内部のいたるところで発生するのに対して，有機太陽電池では光吸収により励起子（Exciton）と呼ばれるクーロン引力により強く束縛された電子 – 正孔対が生成する。この違いは，有機半導体材料の分子間相互作用の小ささと誘電率の低さに主として起因している。そのため，有機太陽電池は"Excitonic Solar Cells"とも呼ばれる[1)]。有機太陽電池の主な素過程を整理すると，まず光吸収によって励起子が生成し，拡散により素子内部を移動する。この励起子はクーロン引力により強く束縛されているため，室温の熱エネルギーでは自由キャリアに解離できないが，ヘテロ接合界面ではLUMO あるいは HOMO 準位のエネルギー差を駆動力として電子と正孔に電荷分離することができる。その後，解離により自由キャリアとなった電子および正孔が，電荷輸送によりそれぞれ負極および正極へと回収されることにより，最終的に電流として利用することができる。したがって，有機太陽電池ではヘテロ接合界面の構造設計が素子特性を決定する最も重要な要素の一つであるといえる。本章では，分子の空間スケールでの薄膜作製技術である交互吸着法を用いて電荷分離界面を設計した高分子薄膜太陽電池と，共役高分子とフラーレン化合物からなるブレンド薄膜のヘテロ接合界面に色素分子を修飾した色素増感型高分子薄膜太陽電池の開発に関する研

---

　*1　Hideo Ohkita　京都大学　大学院工学研究科　高分子化学専攻　准教授
　*2　Shinzaburo Ito　京都大学　大学院工学研究科　高分子化学専攻　教授

第 2 章 高分子薄膜太陽電池の界面制御

究事例を紹介する。

2 交互吸着法による界面設計

　前述したように，有機太陽電池の光電変換の舞台はヘテロ接合界面であり，高い変換効率を実現するにはその構造制御が鍵となる。有機薄膜太陽電池の代表的な素子構造としては，平面ヘテロ接合型有機太陽電池や，バルクヘテロ接合型有機太陽電池が挙げられ，それぞれ5%を超えるエネルギー変換効率が報告されている[2～5]。前者は，オングストロームの精度でヘテロ接合の多層構造を精密に制御することに特長があるが，高真空を必要とするため大面積化の点では不利である。後者は，ウェットプロセスであるスピンコート法による成膜であるため大面積化や生産コストの面では有利であるが，ブレンド膜内でのヘテロ界面構造に関しては不明な点が多く，その制御指針も明確ではない。われわれは，スピンコート法と交互吸着法を適宜組み合わせることにより，ウェットプロセスの工程のみでナノメートルの精度でヘテロ接合界面を設計した高分子薄膜太陽電池を構築し，高い光電変換効率を実現した[6～10]。ここでは，交互吸着法による超薄膜の作製方法を概説し，交互吸着法による有機薄膜多層素子の界面設計とその素子特性について解説する。

2.1 交互吸着超薄膜の作製方法

　交互吸着法とは，静電引力などにより相互作用する物質を交互に吸着させることにより超薄膜を作製する手法であり，Decherらにより開発された[11]。多くの場合，正または負に帯電した電解質を用いて静電引力を駆動力とした吸着を利用するが，電荷移動相互作用[12]や疎水相互作用[13]などを利用しても同様に超薄膜を作製することができる。負電荷を表面に有する基板を例に，交互吸着法による超薄膜の成膜過程を説明する。図1のように，正電荷を有する化合物を溶解した水溶液中に，負に帯電した基板を浸漬すると，基板表面に正電荷化合物が静電引力により吸着する。吸着により基板表面が正電荷の化合物で覆われると静電反発が働くので，正電荷化合物の吸着はそれ以上進行しない。すなわち，吸着過程に自己規制が働くのが特徴である。したがって，1回の吸着により形成される正電荷化合物の膜厚はわずか数nmにとどまる。また，過剰に吸着した成分は純水などで洗浄することにより取り除くことができるので，吸着条件を同一にすれば，1回の吸着量は定量的に再現することができる。次に，負電荷を有する化合物が溶解した水溶液中に，この正電荷化合物が吸着した基板を浸漬すると，同様に負電荷化合物が静電引力により吸着し，表面電荷が反転すると吸着は停止する。この吸着操作を必要な回数だけ繰り返すことにより，ナノメートルの精度で膜厚を制御した所望の超薄膜を簡便に得ることができる。同手法

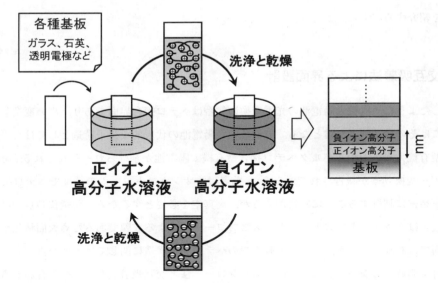

図1　交互吸着膜の作製方法

は，電荷を帯びた材料であれば，低分子材料でも高分子材料でも，あるいは微粒子やタンパク質に対しても適用可能である。吸着する基板の形状も平面である必要はなく，粒子やチューブなど様々な材料に対して適用でき，汎用性の高い超薄膜作製法である[14]。また，同手法はRoll-to-Rollプロセスへの展開が既になされており[15]，大面積化，大量生産に向いたウェットプロセスによる超薄膜作製法でもある。

2.2　電荷分離界面の設計

電荷分離を担うヘテロ接合界面の構造が素子特性に対してどのように影響を与えるのかを検証するため，交互吸着法により電荷分離界面の構造を系統的に変えて素子特性の評価を行った。その結果，界面のわずか1層の構造が素子特性を決定づけていることを明らかにした[7]。

まず，ポリパラフェニレンビニレン（PPV）とポリスチレンスルホン酸（PSS）からなる交互吸着膜（PPV/PSS）とポリスチレン（PS）にフラーレン C_{60} を分散した膜（C_{60}：PS）の二層膜素子について，電荷分離界面の構造が素子特性に与える影響を検討した。前者は光捕集ならびに正孔輸送層として，後者は電子輸送層として機能し，両者の界面で電荷分離が起こる。図2に示すように，PPVとPSSの交互吸着を30回行った後，C_{60}：PS膜をスピンコートしたものと，PPVとPSSの交互吸着を30回行った後さらにPPVをもう1層吸着した後，C_{60}：PS膜をスピンコートした二層膜素子を作製した。すなわち，交互吸着膜の最外層1層のみが異なる二種類の素子を作製した。これにより，前者の界面にはPSSと C_{60} が，後者の界面はPPVと C_{60} が主と

第2章 高分子薄膜太陽電池の界面制御

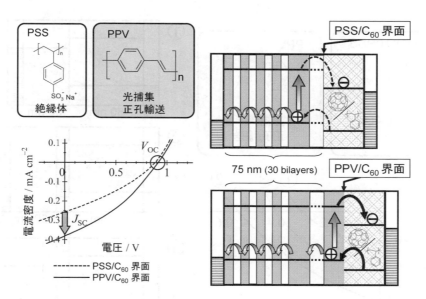

図2 電荷分離効率の界面構造依存性

して存在することになる。これら二種類の素子特性を図2に示す。最外層がPSSの素子に比べて，最外層がPPVの素子では短絡電流値が大幅に増加した。この結果は，界面でのわずか1層の違いにより電荷分離効率が大きく変化することを示しており，電子移動が1 nm程度の近距離で起こる反応であることに起因していると考えられる。一方，開放電圧は界面構造によらずほぼ一定であったことから，ひとたび電荷分離した電荷キャリアはいずれの界面でも再結合することなく速やかに解離していることを示唆している。

次に，チオフェン系の水溶性導電性高分子であるPEDOT：PSS膜，PPV膜，C_{60}：PS膜からなる三層膜素子について，電荷分離界面の構造が素子特性に与える影響を，二層膜素子との比較により検討した。PEDOT：PSS膜は正孔輸送層として，PPV膜は光捕集ならびに正孔輸送層として，C_{60}：PS膜は電子輸送層として機能し，電荷分離は主としてPPV膜とC_{60}：PS膜の界面で起こる。図3に示すように，参照となるPEDOT：PSS膜とC_{60}：PS膜の二層膜素子①に比べて，交互吸着によりPPVを1層だけ導入した三層膜素子②では，短絡電流，開放電圧ともに大幅に向上した。短絡電流の増加は，作用スペクトルからPPVの光捕集能によるものであることが確認できた。一方，開放電圧の向上は，PEDOT：PSS膜とC_{60}：PS膜との間での電荷再結合がPPV膜の存在により効果的に抑制されていることを示している。これは，PPVのLUMO準位がC_{60}よりも高く，HOMO準位がPEDOTより低いためであると考えられる。このことを検証するため，PPV膜とC_{60}：PS膜との間にPEDOT：PSSをさらに1層導入した素子③を作製したところ，短絡電流，開放電圧ともに三層膜素子②に比べて低下した。短絡電流の低下は，

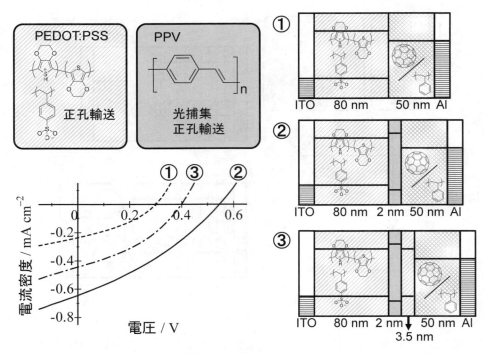

図3　二層膜素子と三層膜素子の素子特性の比較

PSS を界面に導入した前述の素子と同様に，光捕集能を有さない PEDOT：PSS が界面に存在することにより電荷分離効率が低下していることを示している。これに対して，開放電圧の低下は，PSS を界面に導入した前述の素子とは異なる結果であり，正孔輸送性の PEDOT：PSS が界面に存在することにより電荷再結合を誘起していることを示している。すなわち，PPV 膜と C_{60}：PS 膜の界面に比べて，C_{60}：PS 膜と PEDOT：PSS 膜の界面では電荷再結合がより効率よく進行することを示している。

以上の実験結果より，効率の良い光電変換の設計指針として，①光捕集層である PPV は電荷分離界面である電子輸送層の C_{60} とできるだけ密に接合することで電荷分離効率を高めること，②電子輸送層の C_{60} と正孔輸送層の PEDOT は，PPV 層により分離し，直接接合しないことで電荷再結合を抑制すること，以上の二点が挙げられる。

2.3　ナノ精度での膜厚の最適化

上述の電荷分離界面の設計指針に基づいて，PPV/PSS 交互吸着膜の最外層を PPV とした三層膜素子を作製し，光捕集層である PPV/PSS 層の膜厚に対する素子特性依存性を検討した。図4にその結果を示す。開放電圧は，PPV/PSS 層の膜厚とともに増加し，10 nm 以上ではおよそ

第2章 高分子薄膜太陽電池の界面制御

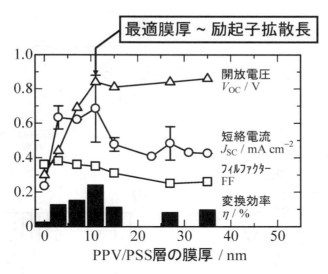

図4 三層膜素子の光捕集層の膜厚依存性

0.8 Vの一定値を示した．この結果は，およそ10 nmのPPV/PSS層によりPEDOT：PSS膜がほぼ完全に覆われ，PEDOT：PSSとC_{60}との直接接触を防いでいることを示している．一方，短絡電流は，PPV/PSS層の膜厚が10 nm程度までは単調に増加し，それ以降は膜厚の増加とともに減少を示した．光捕集層の膜厚増加にともない発生する励起子数は単調に増加するが，励起子拡散により電荷分離界面に到達できない励起子は光電流に関与できないので，励起子拡散長以上に膜厚を増加しても，短絡電流値は飽和すると予想される．一方で，フィルファクターが膜厚の増加とともに緩やかに減少していることから，光捕集層の膜厚増加は，膜抵抗を同時に増加させており，短絡電流の減少の要因としても働いていることを示している．両者のバランスにより，PPV/PSS層の膜厚が10 nm程度の時に短絡電流値が最大値を示したと考えられる．また，この10 nmという値は一般的な共役高分子の励起子拡散長に相当しており，この系でも実効的な励起子拡散長は10 nm程度であると予想される．

図5には，PPV/PSS層の膜厚を最適化した三層膜素子のAM1.5Gの擬似太陽光照射下でのJ-V曲線ならびに外部量子収率スペクトルを示している．界面構造ならびに膜厚の最適化を行った結果，短絡電流密度0.86 mA cm^{-2}，開放電圧0.86 V，フィルファクター0.35，エネルギー変換効率0.26％を達成した．この値は，交互吸着法を利用した有機薄膜太陽電池の中では最高の素子特性である．交互吸着法により作製した多層膜を太陽電池に応用した研究はこれまでにもいくつか報告されている[16~18]が，光電流は数μA cm^{-2}程度にとどまり，フィルファクターも0.25以下であるものがほとんどであり，同素子が高い光電変換能を有していることを示している．そこで，素子の光電変換効率を評価するため，内部量子収率を逆バイアス法により見積もった．図6

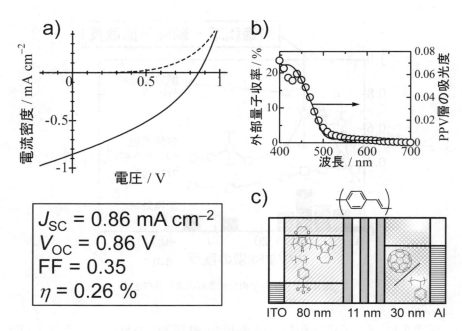

図5 膜厚を最適化した三層膜素子の素子特性
a) 擬似太陽光照射下での J-V 曲線（実線）と暗電流（破線），b) 外部量子収率スペクトル（白丸）と PPV 層の吸収スペクトル（実線），c) 三層膜素子の層構造。

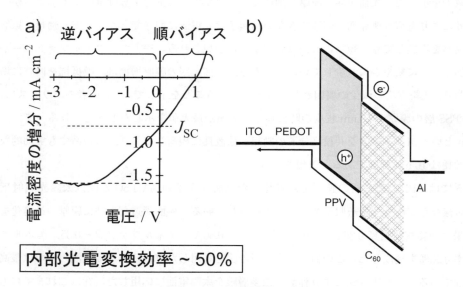

図6 逆バイアス法による内部量子収率の評価
a) 擬似太陽光照射下での光電流から暗電流を差し引いた電流密度増分の印加電圧に対するグラフ，b) 逆バイアス印加時における素子内部の電位プロファイルの模式図。

第 2 章　高分子薄膜太陽電池の界面制御

に示すように，逆バイアス条件では発生した電荷を電極に回収する向きに電場が素子内部に印加されるので，十分なバイアスを印加することにより，光照射により発生した電荷をすべて電流として回収することができる。図 6 は光電流から暗電流を差し引いたものであり，光照射により発生した電荷のみを評価することができる。-2 V 以上の逆バイアス条件で電流値は飽和しており，光照射により発生した総電荷による電流値は〜1.6 mA cm^{-2} 程度であることが分かる。一方，短絡電流に相当する 0 V での電流値は〜0.8 mAcm^{-2} 程度であることから，光照射により発生した総電荷のうちおよそ 50％が短絡電流の条件で電流に寄与していると見積もることができる。同素子の消光効率はほぼ 100％であるので電荷分離効率を 100％とすれば，内部量子収率は 50％にも達することが分かった。すなわち，素子により吸収された光のほぼ半数を効率よく電流に変換していることを示す。このような高い光電変換効率は，上述したように，電荷分離界面を精密に設計・構築したことと，光捕集層の膜厚をナノメートルの精度で精密に最適化したことによるものである。また，ここでは述べなかったが，交互吸着法により作製した PPV 膜の正孔移動度が高い[6]ことも高い光電変換効率の要因の一つである。交互吸着法とスピンコート法を適宜組み合わせることにより，これらの要件を同時に満たす素子を作製できたことが高い光電変換効率の実現につながったといえる。エネルギー変換効率としては 0.26％にとどまっているが，これは光捕集層として用いた PPV は太陽光のごく一部しか捕集できないことと最適膜厚が 10 nm と薄いことが主たる原因である。交互吸着法の汎用性の高さを活用して，材料の最適化や界面面積の高い基板を用いるといった工夫を行えば，これらの課題も解決できると期待される。

3　増感色素の界面修飾

共役高分子とフラーレン化合物からなる高分子薄膜太陽電池では，共役高分子が正孔輸送と光捕集の二役を担っている。しかし，PPV やポリチオフェンなどこれまで高分子薄膜太陽電池に用いられてきた共役高分子の多くは，その吸収帯が 500-650nm 程度の可視領域に限られていたため，太陽光スペクトルのごく一部の光しか捕集することができなかった。5％もの高いエネルギー変換効率を示すポリヘキシルチオフェン（P3HT）ですら，最大でも太陽光に含まれる全光子数の 4 分の 1 程度しか光捕集することができないのである。そこで最近では，光捕集効率をより向上させるために，より長波長域に吸収帯を有する狭バンドギャップポリマーの開発が盛んに行われている[19]。そのいくつかは，5％を超えるエネルギー変換効率を示し，光捕集波長域の拡張が有機薄膜太陽電池の素子特性を向上する上で有効なアプローチであることを実証している[20〜22]。一方で，近赤外に吸収帯を有する色素を高分子薄膜太陽電池に導入することによって光捕集域を拡張するアプローチが考えられる。色素を第三成分として導入するという簡便な手法

であるので,これまでにもいくつか試みがなされているが,色素の導入により素子性能が向上することはまれであり,むしろ素子特性が低下するものがほとんどであった。これは,色素がフィルム中で凝集することにより,色素の実効的な吸光係数の低下や,色素の凝集による消光サイトの形成や,凝集体による電荷輸送の阻害などが原因として考えられる。それゆえ,簡便な手法であるにもかかわらず,色素導入により素子特性が向上した例はほとんど報告されていない。一方で,色素による増感手法は光電気化学の分野で,色素増感太陽電池として大きな成果を上げている。酸化チタンのナノ粒子を焼結した厚さ10マイクロメートル程度のナノ多孔膜に有機色素を吸着した色素増感太陽電池のエネルギー変換効率はすでに10%を超え,12%に迫りつつある[23]。ナノ多孔膜による電荷分離界面の飛躍的な増大がブレイクスルーの要因であるが,素子構造に着目すると,酸化チタンとヨウ素レドックスからなる電荷分離界面に増感色素が正確に導入されていることが分かる。したがって,高分子薄膜太陽電池においても,図7に示すように,共役高分子とフラーレン化合物からなる電荷分離界面に増感色素が選択的に導入されることが重要であるといえる。このような素子構造を目指して,われわれは高分子薄膜太陽電池における増感色素の界面修飾を試みた[24]。後で詳しく述べるが,共役高分子にはP3HTをフラーレン化合物にはPCBMを用い,増感色素にはフタロシアニン化合物を用いている。

3.1 色素の分子構造と分散特性

増感色素の分子構造と固体フィルム中における分散特性を検討するため,図8左に示す二種類

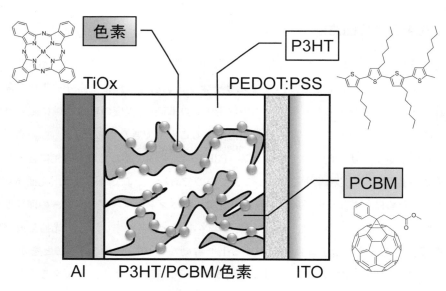

図7 色素修飾した高分子薄膜太陽電池の構造

のフタロシアニン化合物を用いた。ZnPc は β 位に八つのアルコキシル基が置換しており，分子平面と同一面上に伸びることができるので，分子全体としても平面状の構造をとると予想される。これに対して，SiPc は軸配位子として嵩高い置換基が分子平面に対して垂直方向に伸びており，分子全体としても嵩高い構造をとると考えられる。図 8 右には，両色素の溶液中での吸収スペクトルを示す。いずれの色素も 670 nm 付近に鋭い吸収帯を有しており，モル吸光係数は SiPc でおよそ 500,000 M^{-1} cm^{-1}，ZnPc でおよそ 300,000 M^{-1} cm^{-1} を示した。この吸収帯は，マトリックスである P3HT の吸収帯（一点鎖線）よりも長波長にあり，P3HT では捕集できない太陽光を吸収することができる。また，P3HT の発光帯（破線）と重なりあうため，後述するように，P3HT 励起子からのエネルギー移動も期待される。

次に，これらの色素を P3HT および PCBM と混合した三元ブレンドの吸収特性を検討した。ブレンドの組成比は，重量比で P3HT：PCBM：色素 =1：1：0.07 とした。まず，トルエン溶液の結果を図 9 の上段に示す。P3HT/PCBM/ZnPc および P3HT/PCBM/SiPc ともに，450 nm 付近に P3HT の吸収帯が，670 nm 付近に色素の吸収帯が観測され，ほぼ各成分の足しあわせでスペクトルが再現できることから，溶液中ではほぼ均一に分散し，基底状態での相互作用も無視できることが分かる。次に，キャスト直後の三元ブレンドフィルムの吸収スペクトルを図 9 中段に示す。P3HT/PCBM/SiPc 三元ブレンド膜では溶液中と同様に P3HT と色素の吸収帯がともに観

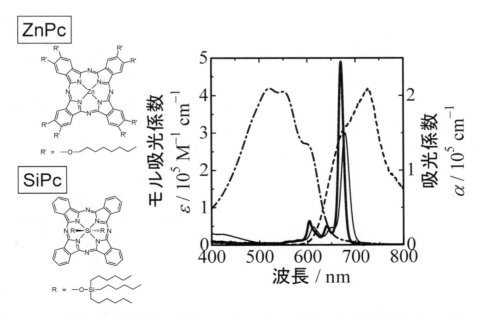

図 8　用いた色素の分子構造と吸収スペクトル：SiPc（太実線、モル吸光係数），ZnPc（細実線，モル吸光係数），P3HT（一点鎖線，吸光係数），P3HT の発光（破線）

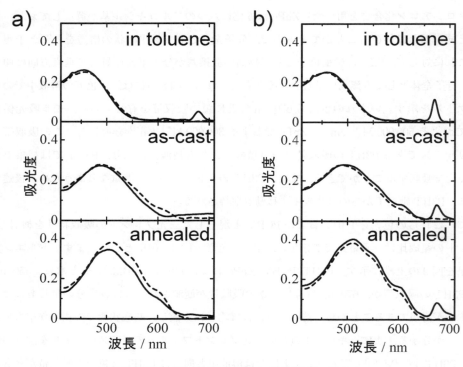

図9 P3HT/PCBM/色素ブレンドの吸収スペクトル
a) ZnPc, b) SiPc：トルエン溶液（上段），フィルム加熱前（中段），フィルム加熱後（下段）。

測されるのに対して，P3HT/PCBM/ZnPc 三元ブレンド膜では色素の吸収帯が大幅に低下し，P3HT の吸収帯のみが観測された。図9下段に示すように，150℃，30分の加熱処理後の三元ブレンド膜の吸収スペクトルも加熱処理前と同様に，P3HT/PCBM/ZnPc 三元ブレンド膜では色素の吸収帯が大幅に低下し，P3HT の吸収帯のみが観測された。この結果は，ZnPc は固体フィルム中では凝集体を形成し，実効的な吸光係数が低下したことを示唆している。上述したように，ZnPc は平面構造をとるため，分子平面の垂直方向に容易にπスタックし，固体フィルム中では凝集体を形成するものと考えられる。一方，SiPc は嵩高い軸配位子を両面に有するため，分子平面に対して垂直方向のπスタックが効果的に抑制され，固体フィルム中においてもπスタックした凝集体はほとんど形成しないと予想される。また，加熱後の P3HT の吸収帯を比較すると，P3HT/PCBM/ZnPc よりも P3HT/PCBM/SiPc ブレンド膜の方が P3HT の 600 nm 付近のショルダーが顕著であり，P3HT/PCBM 二元ブレンド膜とほぼ同程度であることから，加熱処理による P3HT の結晶化が SiPc の導入によってほとんど阻害されていないことが分かった。このことも SiPc が三元ブレンド内で大きな凝集体を形成していないことを示唆している。このように，分子構造の違いにより固体フィルム中での分散状態が大きく変化し，その吸収特性に大きな違い

第2章 高分子薄膜太陽電池の界面制御

を与えることが分かった。

3.2 色素を導入した有機薄膜太陽電池の素子特性と増感機構

前述したようにフィルム中における分散状態が異なる二種類の色素を用いた三元ブレンドの薄膜太陽電池を作製し，その素子特性を検討した。PEDOT：PSS をスピンコートした ITO 基板上に，三元ブレンドのクロロベンゼン溶液をスピンコートし，窒素雰囲気下にて 150℃，30 分間加熱処理した。その後，チタニウムイソプロポキシドのエタノール溶液をスピンコートし，空気中にて TiO_x に変換し，最後に Al 電極を真空蒸着により作製した。素子構造は図7に示すとおりである。まず，P3HT/PCBM/ZnPc 三元ブレンド薄膜太陽電池の素子特性を図10（実線）に示す。破線は，色素を含まない P3HT/PCBM 二元ブレンドの参照素子の素子特性を示す。両者を比較すると，短絡電流 J_{SC} や外部量子収率 EQE はほぼ同じであり，色素を導入した効果がほとんど見られないことが分かる。むしろ，色素の導入によりフィルファクターFF が大幅に低下しており，電荷の輸送を色素が阻害していることが示唆される。分子構造ならびに吸収特性から予想されるように，ZnPc がフィルム中にて凝集体を形成し，電荷輸送を阻害しているものと推察される。この結果は従来の報告と類似しており，色素の凝集をいかに抑制するかが鍵であるといえる。次に，P3HT/PCBM/SiPc 三元ブレンド薄膜太陽電池の素子特性（実線）を，色素を含まない P3HT/PCBM 二元ブレンドの参照素子の素子特性（破線）とともに図11に示す。ZnPc の場合と異なり，J_{SC} と EQE はともに増加し，色素の導入により光捕集効率が向上していることを示している。興味深いことに，EQE は色素の吸収帯である 670 nm 付近だけでなく，P3HT の

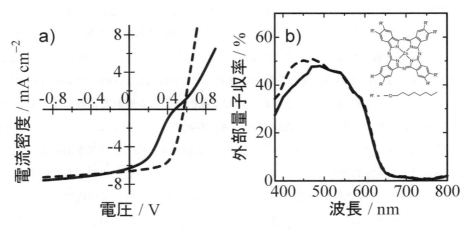

図10 色素増感高分子薄膜太陽電池の素子特性
a) J–V 曲線，b) 外部量子収率スペクトル：P3HT/PCBM/ZnPc 三元ブレンド素子（実線），P3HT/PCBM 参照素子（破線）。

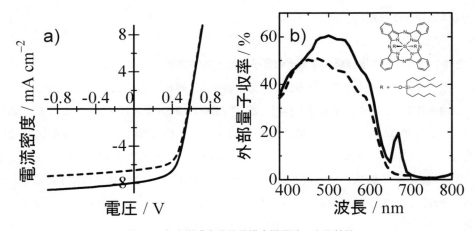

図 11　色素増感高分子薄膜太陽電池の素子特性
a) J-V 曲線，b) 外部量子収率スペクトル：P3HT/PCBM/SiPc 三元ブレンド素子（実線），P3HT/PCBM 参照素子（破線）。

吸収帯である 500 nm においても大幅に増加した。前者は SiPc 自身の光吸収に由来する光電流に帰属される。一方，後者は P3HT の吸収により生成した励起子がより効率よく光電流発生に寄与していることから，P3HT と PCBM の界面に存在する色素へ P3HT の励起子が効率よくエネルギー移動していることを示している。図 8 に示すように，P3HT の発光スペクトルと SiPc の吸収スペクトルは良い重なりを示しており，重なりから Förster 半径を見積もると 3.7 nm にもおよぶことも前述の機構を支持している。

以上の増感機構をまとめると，図 12 のようになる。第一の機構は，色素自身の光吸収によるもので，P3HT の吸収波長よりも長波長の光を吸収することによる光電流の増加である。第二の機構は，P3HT 励起子から色素へのエネルギー移動による光電流の増加である。この機構には，さらに二つの寄与が存在する。一つは，図 12b に示すように，エネルギー移動が長距離過程であることに由来するものであり，単なる励起子拡散では P3HT/PCBM のヘテロ接合界面に到達することができない P3HT 励起子，すなわち励起子拡散長よりも離れた位置に生成した P3HT 励起子をも界面に存在する色素への長距離エネルギー移動によって効率よく捕集するという機構である。長距離エネルギー移動により実効的な励起子拡散長を拡張する効果があるといえる。もう一つの機構は，図 12c に示すように，エネルギー移動のベクトル性に由来するものである。励起子拡散はランダム過程であるので，ヘテロ接合界面から励起子拡散長以内に生成した P3HT 励起子であっても界面とは逆の方向へ拡散するものも存在する。これに対して，エネルギー移動はドナーからアクセプターへ方向の定まったベクトル的な輸送過程であるので，色素が界面に存在していればランダムな拡散過程よりも，エネルギー移動によってより効果的に P3HT 励起子

第 2 章　高分子薄膜太陽電池の界面制御

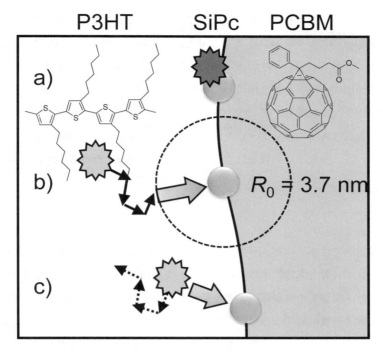

図 12　色素増感高分子薄膜太陽電池の光捕集機構
a）色素による長波長領域の光吸収，b）励起子拡散長よりも界面から離れた位置に発生した P3HT 励起子の色素へのエネルギー移動，c）ランダム拡散では界面に到達しない P3HT 励起子の色素へのエネルギー移動．

を界面に捕集できると予想される．したがって，P3HT の吸収帯における EQE の大幅な増加は，色素が P3HT/PCBM のヘテロ接合界面に存在していることを強く示唆している．

3.3　色素の界面修飾

　色素が P3HT/PCBM のヘテロ接合界面に存在することをエネルギー準位の観点からも考察する．P3HT，SiPc，PCBM の LUMO および HOMO 準位は，この順に階段状にエネルギー準位が低下しているため，SiPc が P3HT と PCBM との界面に存在している場合には，電子は PCBM 側へ，正孔は P3HT 側へと自発的に移動可能である．しかし，SiPc が界面ではなく P3HT あるいは PCBM のドメイン内に存在している場合は，色素に生成した電子あるいは正孔が移動できないため光電流に寄与することができない．実際には，図 11 に示すように，色素の吸収帯における EQE～20％は色素の％吸収に匹敵する値であることから，大多数の SiPc は P3HT と PCBM との界面に存在していることを示し，上述のエネルギー移動に関する考察と符合する．現時点では，色素が界面に存在していることを直接的に証明する実験結果はないが，色素が選択

的に界面に存在していると考えることで種々の実験結果を最も合理的に説明できる。では，単なる三元ブレンド溶液のスピンキャストで，なぜ色素が選択的にP3HTとPCBMの界面に偏在するのだろうか？　われわれは，マトリックスとしてP3HTとPCBMを選択したことが，色素が界面に偏在する要因の一つであると推測している。色素の凝集を防ぐため均一分散するようにアモルファスなマトリックスを用いるのではなく，むしろ結晶性の高いP3HTやPCBMを選択したことにより，色素は各々の結晶ドメインからはじき出されることで界面に偏在しているのではないかと考えている。今後，この仮説についてもさらなる検証を行う予定である。

4　おわりに

　有機薄膜太陽電池ではヘテロ接合界面が光電変換の舞台であり，その構造制御が素子特性を向上させるためには不可欠である。本章の前半では，交互吸着法によりヘテロ接合界面をナノメートルの精度で設計・構築した多層薄膜素子を紹介した。種々の界面構造を有する素子を作製し，電荷分離界面と素子特性の関係を検討した結果，電荷分離界面のわずか1層の違いが素子特性を大きく左右していることを実証できた。また，作製した正孔輸送層・光捕集層・電子輸送層の三層膜からなる高分子薄膜太陽電池は，スピンコート法と交互積層法を適宜組み合わせることで，ウェットプロセスのみでありながら膜厚をナノメートルの精度で制御することに成功し，高い光電変換効率を実現することができた。本章の後半では，色素を第三成分としてブレンドした色素増感高分子薄膜太陽電池が光捕集効率を向上する上で簡便かつ有効な手法であることを紹介した。軸配位子として嵩高い置換基を有する色素を用いることにより，固体フィルム中においても凝集することなく分散することを実証した。さらに，マトリックスとして結晶性の高いP3HTやPCBMを用いることにより，結晶化に伴って色素を各ドメインから排除することにより，ドメイン界面に色素を偏在させる可能性が高いことを示した。三元ブレンドという簡便な手法でありながら，材料の特性をうまく活用すれば，界面への色素の選択修飾が可能であることを示している。また，マトリックスポリマーの発光帯と重なりを有する色素を用いることにより，色素吸収による単純な増感機構だけでなく，ポリマー励起子から界面色素へのエネルギー移動を利用した増感機構が有効であることを実証した。以上のように，ウェットプロセスであっても，交互吸着法のような超薄膜作製法を駆使することにより，真空蒸着法などのドライプロセスに匹敵する高精度な多層膜の作製が可能である。さらに，スピンコート法のように界面設計には不向きと考えられるウェットプロセスであっても，材料を適切に選択することによって機能色素をヘテロ接合界面に修飾することも可能である。ここでは，主として太陽電池への応用を紹介したが，有機材料を用いた様々な薄膜デバイスへの展開も期待される。

第2章　高分子薄膜太陽電池の界面制御

文　　献

1) B. A. Gregg, *J. Phys. Chem. B*, **107**, 4688-4698 (2003)
2) J. Xue, S. Uchida, B. P. Rand, S. R. Forrest, *Appl. Phys. Lett.*, **85**, 5757-5759 (2004)
3) S. Sakai, M. Hiramoto, *Mol. Cryst. Liq. Cryst.*, **491**, 284-289 (2008)
4) J. Y. Kim, K. Lee, N. E. Coates, D. Moses, T. -Q. Nguyen, M. Dante, A. J. Heeger, *Science*, **317**, 222-225 (2007)
5) S. H. Park, A. Roy, S. Beaupré, S. Cho, N. Coates, J. S. Moon, D. Moses, M. Leclerc, K. Lee, A. J. Heeger, *Nat. Photonics.*, **3**, 297-303 (2009)
6) M. Ogawa, N. Kudo, H. Ohkita, S. Ito, H. Benten, *Appl. Phys. Lett.*, **90**, 223107 (2007)
7) H. Benten, M. Ogawa, H. Ohkita, S. Ito, *Adv. Funct. Mater.*, **18**, 1563-1572 (2008)
8) H. Benten, N. Kudo, H. Ohkita, S. Ito, *Thin Solid Films*, **517**, 2016-2022 (2009)
9) M. Ogawa, M. Tamanoi, H. Ohkita, H. Benten, S. Ito, *Sol. Energy Mater. Sol. Cells*, **93**, 369-374 (2009)
10) K. Masuda, M. Ogawa, H. Ohkita, H. Benten, S. Ito, *Sol. Energy Mater. Sol. Cells*, **93**, 762-767 (2009)
11) G. Decher, *Science*, **277**, 1232-1237 (1997)
12) Y. Shimazaki, M. Mitsuishi, S. Ito, M. Yamamoto, *Langmuir*, **13**, 1385-1387 (1997)
13) Y. Shimazaki, M. Mitsuishi, S. Ito, M. Yamamoto, Y. Inaki, *Thin Solid Films*, **333**, 5-8 (1997)
14) K. Ariga, J. P. Hill, Q. Ji, *Phys. Chem. Chem. Phys.*, **9**, 2319-2340 (2007)
15) K. Fujimoto, S. Fujita, B. Ding, S. Shiratori, *Jpn. J. Appl. Phys.*, **44**, L126-L128 (2005)
16) H. Mattoussi, M. F. Rubner, F. Zhou, J. Kumar, S. K. Tripathy, L. Y. Chiang, *Appl. Phys. Lett.*, **77**, 1540-1542 (2000)
17) H. Li, Y. Li, J. Zhai, G. Cui, H. Liu, S. Xiao, Y. Liu, F. Lu, L. Jiang, D. Zhu, *Chem. Eur. J.*, **9**, 6031-6038 (2003)
18) J. K. Mwaura, M. R. Pinto, D. Witker, N. Ananthakrishnan, K. S. Schanze, J. R. Reynolds, *Langmuir*, **21**, 10119-10126 (2005)
19) E. Bundgaard, F. C. Krebs, *Sol. Energy Mater. Sol. Cells*, **91**, 954-985 (2007)
20) J. Peet, J. Y. Kim, N. E. Coates, W. L. Ma, D. Moses, A. J. Heeger, G. C. Bazan, *Nat. Mater.*, **6**, 497-500 (2007)
21) J. Hou, H. -Y. Chen, S. Zhang, G. Li, Y. Yang, *J. Am. Chem. Soc.*, **130**, 16144-16145 (2008)
22) Y. Liang, Y. Wu, D. Feng, S. -T. Tsai, H. -J. Son, G. Li, L. Yu, *J. Am. Chem. Soc.*, **131**, 56-57 (2009)
23) M. A. Green, K. Emery, Y. Hishikawa, W. Warta, *Prog. Photovolt : Res. Appl.*, **17**, 85-94 (2009)
24) S. Honda, T. Nogami, H. Ohkita, H. Benten, S. Ito, *ACS Appl. Mater. Interfaces*, **1**, 804-810 (2009)

第3章　表面選択塗布法を用いた自己形成有機トランジスタ

加納正隆[*]

1　はじめに

　有機電界効果トランジスタ（FET）の動作特性は，アモルファスシリコンに比肩するまでに向上し，それを用いた様々なアプリケーションが提案されている[1]。しかし，有機FETの利点である軽量性や柔軟性を活かすような作製プロセス開発は十分に行われていない。有機FETは一般的には，単純な蒸着法や塗布法によって材料を基板に堆積して作製される。蒸着条件の制御によって，高い結晶性を有する分子膜を活性層としたデバイスを作製することはできるが，直接応用に結びつくような成膜法はまだ確立されていない。近年になって，基板上のあらかじめ定められた位置に有機薄膜を選択的に形成する方法を用いた有機FETがいくつか提案されている[2～5]。この中の主な手法として，基板上にあらかじめ結晶核形成頻度の高い領域を形成しておく方法[4]や，電極端からの分子の結晶化を利用してソース・ドレイン電極間に直接材料を塗布する方法[5]が挙げられる。本章では，我々が効率的な自己形成プロセスとして提案している「表面選択塗布法」による有機半導体の選択的結晶化とデバイス応用について述べる[6,7]。この技術は，基板に機能性有機分子をパターニングすることで，表面官能基と半導体分子の相互作用を利用して，塗布される半導体活性層の自発的な形成を促すものである。簡単な分子テンプレートを形成しておくことで，溶液からの塗布法により分子が本来有する作用によって有機半導体分子が所定の領域に選択的に結晶化し，真空プロセスやインクジェット等の方法を用いずとも自らの作用で有機FETの半導体活性層を形成するプロセスである。

2　表面選択塗布法による有機FETアレイの作製

2.1　表面選択塗布法の原理

　表面選択塗布法において最も重要なのは，異なる官能基で修飾された表面は，直後に塗布される有機半導体溶液および分子と異なる相互作用を有する点である。半導体溶液（あるいは溶液を

---

[*] Masataka Kano　大日本印刷㈱　研究開発センター　エキスパート

第3章　表面選択塗布法を用いた自己形成有機トランジスタ

構成する分子）に対して親和性の高い表面では，溶液に対する濡れ性が高まり，結晶化が容易になる。一方，塗布半導体と相互作用の小さい表面では，半導体溶液を表面がはじくことによって結晶化は抑制される。このような異なる機能を持つ表面修飾官能基によってあらかじめ表面を任意の形状にパターンしておくことで，選択された領域でのみ半導体薄膜を成長させ，望み通りの形状を得ることが可能となる。

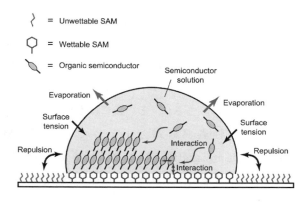

図1　表面選択塗布法の概念図

表面選択塗布法の概念図を図1に示す。ここでは，半導体溶液に対して撥液性を有する表面として主にアルキル基やフルオロアルキル基による表面修飾を，親液性表面として主にフェニル基修飾表面を挙げる。両者をパターニングした表面に半導体溶液を塗布すると，表面に対する相互作用の違いによって，有機半導体分子をフェニル基修飾表面で選択的に結晶化させることができる。

このような濡れ性の違いが発現する理由として，両者の電荷分布の違いが影響すると考えられる。アルキル表面は電気的に中性かつ安定であり，極性を持つ有機半導体溶液を塗布しても電荷分布変化を生じにくい。表面に半導体を塗布してもエネルギー的により安定にはならないため，半導体溶液をはじいてしまう。それに対し，フェニル基修飾表面にはπ電子が豊富に存在し，電荷分布に自由度を有する。このような表面では，極性を持つ半導体分子や溶媒が表面近傍に近づくと容易に双極子が誘起され，表面と半導体溶液の接触を安定化させるため，溶液に対する濡れ性が高くなる。

2.2　表面選択塗布法を用いた有機FETアレイの形成

このような分子テンプレートを作製する方法として，自己組織化単分子膜（SAM）によるパターニングが挙げられる。SAMパターンを形成するには，polydimethylsiloxane（PDMS）スタンプを使用して選択領域のみにSAMを付着させる方法[4,8]と，真空紫外光（VUV）照射によってSAMを除去する方法[9]が考えられる。ここでは，後者の方法により基板表面の撥液性SAMを除去した後に，さらに表面へ親液性SAM分子を作用させることで，分子テンプレートを形成する方法を述べる。この方法によれば，VUV照射とSAM形成だけで簡単に分子テンプレートを作製できる。その一例として，熱酸化膜付シリコン基板上への分子テンプレート作製法を示す

（図2）。表面を洗浄したシリコン酸化膜基板に対し，撥液性SAMとしてhexamethyldisilazane（HMDS）を塗布形成する。次に，有機結晶を選択成長させたい領域のみにメタルマスク等を介してVUVを照射する。このVUV照射によって，表面の撥液性官能基は除去され，その後には水酸基が形成される。最後に，親液性表面修飾分子として芳香族SAMであるphenetyltrichlorosilane（PhTS）を選択領域表面の水酸基に作用させることによって，分子テンプレートを形成することができる。

こうして形成した分子テンプレートに対し，有機半導体溶液を塗布することで，半導体分子の領域選択的結晶化を行うことができる。ここでは，dioctylquaterthiophene（8QT8）の0.3 wt%トルエン溶液を用いた結果を一例として挙げる。この半導体溶液を分子テンプレートに対して滴下する（図3(a)）と，表面修飾官能基が持つ表面エネルギーの違いによって，溶液は芳香族性表面のみに選択的に付着する（図3(b)）。大気下，室温の条件で溶媒を蒸発させることで，所定の形状の有機半導体薄膜を形成することができる（図3(c)）。さらに，ソース・ドレイン電極を形成し，有機FETアレイを作製することができる（図3(d)）。図3(f)に示すように，平均結晶サイズ10μm程度の薄膜が塗布形成され，チャネル長20μmの多結晶性有機FETを形成した。有機FETアレイにおいて，半導体層をパターンとして各デバイスを分離することは，ゲートリーク電流を抑制し素子間のクロストークを低減する必須のプロセスである。しかし，有機半導体はフォトリソグラフィーのようなプロセスを適用することが難しいため，塗布法で半導体層をパターン可能な方法はほとんど報告されていなかった。また，半導体層の形成に真空蒸着法を用いれば，メタルマスク等を用いることで半導体層のパターンはもちろん可能であったが，この方法も大面積・大量生産の素子作製に適用するのは難しい。このように半導体層のパターニングを分子の自己集合で成し遂げたことは，プラスチックエレクトロニクスの製造プロセスにおいて以下のようなメリットがある。分子の自己集積機能を活用した素子作製法は，省エネルギーで高スループットのプロセスである。このメリットは，より大面積・大量生産になるほど大きくなる。表面選択塗布法は，必要な材料を必要な部位

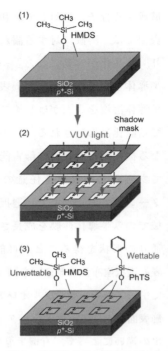

図2 撥液性SAM（HMDS）および親液性SAM（PhTS）による表面機能性パターニングの概略図
(1)シリコン酸化膜表面を撥液性のHMDSで処理する。(2)シャドウマスク等を用いて選択領域にVUV照射し，部分的にHMDSを除去する。(3)表面をPhTSで処理すると，HMDSを除去した領域のみにSAMが形成される。結果として，絶縁層表面は撥液性HMDS領域と親液性PhTS領域にパターニングされる。

第3章　表面選択塗布法を用いた自己形成有機トランジスタ

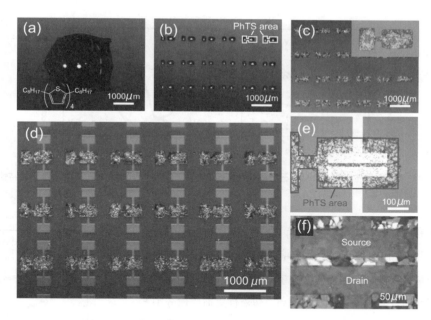

図3　表面選択塗布法による有機FETアレイ形成
(a)表面機能性パターニングを施した基板に有機半導体溶液を滴下。挿入図は8QT8の分子構造。(b)半導体は親液性表面のみに選択的に塗布される。(c)溶媒の蒸発に従って，有機半導体が結晶化し，多結晶性有機薄膜が所定の位置に形成される。挿入図は単独のパターン。(d)トップコンタクト電極を蒸着すると有機FETアレイが一括形成される。(e)独立した素子の光学顕微鏡像。(f)チャネル周辺の偏光顕微鏡像。多結晶性有機FETが形成された。

に必要なだけ使用するオンデマンドな素子作製プロセスであるため，有機半導体材料を有効利用できるという点が挙げられる。さらに，UV照射装置のみで薄膜のパターニングが可能となるため，真空蒸着装置やインクジェットといった設備は不要であり，次世代有機デバイスを安価な印刷法で作製する基盤技術となり得る。

2.3　表面選択塗布法を用いた有機FETアレイの電気特性と動作安定性

以上のようにして得られた有機FETの出力特性および伝達特性を図4に示す。出力特性では，低ドレイン電圧領域で電流値の非線形増加が観測されているが，これは，用いたチャネル長が比較的短いためにコンタクト抵抗の影響が出ているものと考えられる。伝達特性においては，ヒステリシスなしでon/off比10^6という特性が得られた。この素子の電界効果移動度は，0.014 cm^2/Vsと見積もられる。

有機FETの動作安定性は，キャリアパスとなる半導体／絶縁層界面近傍のトラップ準位と関係していることが知られている。このため，絶縁層表面にSAMを形成することで界面トラップ

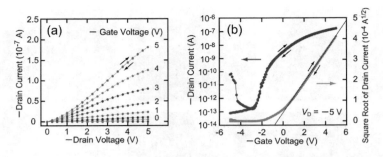

図4 表面選択塗布法により自己形成した多結晶有機FETの(a)出力特性，(b)および伝達特性

を減少させ，有機FETの特性を向上させる試みが広く行われている[10,11]。表面選択塗布法によって有機FETの半導体層を形成した場合，親液性表面修飾分子はこの半導体／絶縁層界面に位置することになる。このため，親液性表面修飾分子としては，単に半導体溶液に濡れ性を持つだけでなく，最終的なデバイスにおいて安定な半導体／絶縁層界面を与えるような材料を選定する必要がある。親液性表面修飾分子として，PhTSを用いた場合と用いなかった場合のバイアスストレス特性の比較を行った。p型有機FETにおけるバイアスストレス効果は，主にゲート電圧を印加し続けた際のしきい電圧（V_T）シフトであり，ストレス時間に対するドレイン電流の減少として観測することができる。ゲート電圧ストレス下における

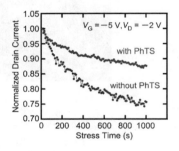

図5 自己形成有機FETのバイアスストレス下におけるドレイン電流の減少

親液性表面にPhTSを用いることで，電流値の減少は大幅に抑制される。電流値は減少前の値によって規格化している。

ドレイン電流の時間変化を図5に示す。ここで，VUV照射でHMDSを除去後，PhTS処理を行っていない親液性表面は，シリコン酸化膜が露出して主に水酸基となっていると考えられる。この表面は半導体溶液に親和性が高いため，フェニル表面と同様に親液性表面として選択塗布法に用いることはできる。しかし，図5に明らかなように，ドレイン電流値はバイアスストレス下で急激に減少する。それに対し，VUV照射後の表面をPhTSで処理したデバイスは，電流減少が大幅に抑制されている。一般的に，有機FETのバイアスストレス下でのV_Tシフトの主な原因は，半導体／絶縁層界面における電荷トラップであると考えられている[12,13]。PhTS処理による安定性向上は，半導体／絶縁層界面で電荷トラップとして働く水酸基がフェニチル基に置換されたためであると考えられる。このように，電子デバイス自己形成に用いる分子テンプレートは，撥液性・親液性を有するだけでなく，デバイス特性を向上させるものを選定する必要がある。

第3章 表面選択塗布法を用いた自己形成有機トランジスタ

2.4 表面選択塗布法のフレキシブル基板への応用

前述した表面選択塗布法を用いた有機FETアレイをフレキシブル基板上へ作製することも可能である。ここでは，フレキシブル基板として，polyethylene naphthalate（PEN）を，ゲート絶縁層としてポリイミドを用いた例を挙げる。PEN基板上にゲート電極を形成した後，ゲート絶縁層として380 nmのポリイミド薄膜を形成する。次に，分子テンプレートを作製するため，撥液層として機能するtetramethoxysilaneとdecyltrimethoxysilaneの混合溶液をポリイミド表面に塗布する（図6(a)）。この膜を形成することでゲート絶縁層の種類に依らず，表面選択塗布用の分子テンプレートを形成できるようになる。表面の撥液分子を除去するため，有機半導体を選択成長させたい領域のみにメタルマスクを介してVUVを照射する。親液性表面修飾分子として，phenyltrichlorosilane（PTS）を選択領域表面に作用させることによって，分子テンプレートを形成する。ここで有機半導体は，dioctylbenzothienobenzothiophene（C8-BTBT）[14]の2 wt%モノクロロベンゼン溶液を用いた。

ソース・ドレイン電極を形成した後，この半導体溶液を分子テンプレートに対して滴下すると，溶液は芳香族性表面のみに選択的に塗布可能となり，溶媒を蒸発させることで，所定の形状

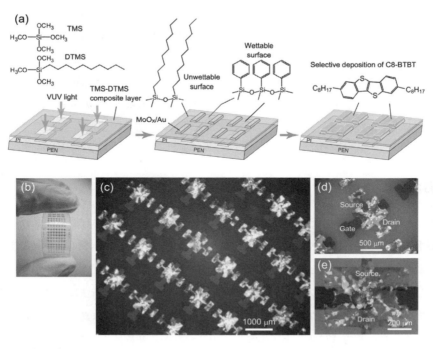

図6 (a)フレキシブル基板上の自己形成有機FETの作製プロセス，(b)フレキシブル基板に作製した自己形成有機FETアレイの写真，(c)自己形成有機FETアレイの偏光顕微鏡像，(d)独立した素子の光学顕微鏡像，(e)チャネル領域周辺の偏光顕微鏡像

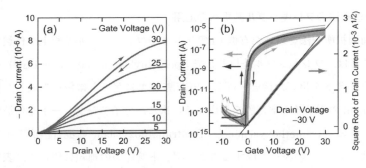

図7 フレキシブル基板上に作製した自己形成有機FETのトランジスタ特性
(a)出力特性，(b)56素子における伝達特性

の有機半導体薄膜を形成することができる（図6(b)，(c)）。このようにして作製したデバイスはそれぞれ完全に素子分離されていることがわかる（図6(d)）。なお，ここでソース・ドレイン電極には，有機半導体への電荷注入を容易にするために，Au/MoO$_x$二層電極を用いている[15]。

以上のようにして得られた有機FETの出力特性および伝達特性を図7に示す。出力特性で観測されている低ドレイン電圧領域で電流値の非線形増加は，コンタクト抵抗の影響が出ているものと考えられる。伝達特性においては，ヒステリシスなしでon/off比10^9という特性が得られた。基板上に作製した56個の素子の電界効果移動度の平均値は，0.53 cm^2/Vsと見積もられた。また，V_T，およびサブスレショルド係数（S）の平均値は，それぞれ，−0.063 V，および0.18 V/decという良好な特性を示すことがわかった。V_TとSは，半導体／絶縁層界面のトラップ密度に影響を受けることが知られていることから[16,17]，作製した有機FETのトラップ密度は非常に小さいことが示唆される。

3 おわりに

本章では，SAMを用いた表面機能性パターニングによる領域選択的有機結晶成長と，そのデバイス応用について述べた。表面選択塗布法は，分子テンプレートが作製可能な表面であれば，本質的にどのような基材に対しても適用可能な方法であり，プラスチック基板やポリマー絶縁層を基材として用いることで，フレキシブルな次世代電子デバイスを塗布法による自己形成で作製できる。また，フレキシブルな基材に対し塗布型有機エレクトロニクス素子を自己形成することは，ロールトゥロール方式による素子作製の実現につながる基盤技術となり得る。近年のIT技術の急速な発展により，人と環境にやさしい新しいエレクトロニクスとその作製技術の開発が求められている。本章で紹介した紫外線照射と塗布のみという簡便なプロセスは，現状の高エネル

第3章 表面選択塗布法を用いた自己形成有機トランジスタ

ギー消費・高環境負荷のエレクトロニクス作製プロセスを劇的に変え，分子の相互作用を利用した自己組織化によるエレクトロニクスの構築や，将来的にはさらに低エネルギー消費の分子エレクトロニクスへと発展していくと期待される。

　この研究は，㈱産業技術総合研究所の塚越一仁主任研究員（現所属：㈱物質・材料研究機構），および㈱理化学研究所の三成剛生博士（現所属：㈱物質・材料研究機構）との共同で行われたものである。

文　　献

1) T. Sekitani, M. Takamiya, Y. Noguchi, S. Nakano, Y. Kato, T. Sakurai, and T. Someya, *Nature Mater.*, **6**, 413 (2007)
2) M. L. Chabinyc, W. S. Wong, A. Salleo, K. E. Paul, and R. A. Street, *Appl. Phys. Lett.*, **81**, 4260 (2002)
3) H. Y. Choi, S. H. Kim, and J. Jang, *Adv. Mater.*, **16**, 732 (2004)
4) A. L. Briseno, S. C. B. Mannsfeld, M. M. Ling, S. Liu, R. J.Tseng, C. Reese, M. E. Roberts, Y. Yang, F. Wudl, Z. Bao, *Nature*, **444**, 913 (2006)
5) D. J. Gundlach, J. E. Royer, S. K. Park, S. Subramanian, O. D. Jurchescu, B. H. Hamadani, A. J. Moad, R. J. Kline, L. C. Teague, O. Kirillov, C. A. Richter, J. G. Kushmerick, L. J. Richter, S. R. Parkin, T. N. Jackson, and J. E. Anthony, *Nature Mater.*, **7**, 216 (2008)
6) T. Minari, M. Kano, T. Miyadera, S. D. Wang, Y. Aoyagi, M. Seto, T. Nemoto, S. Isoda, and K. Tsukagoshi, *Appl. Phys. Lett.*, **92**, 173301 (2008)
7) T. Minari, M. Kano, T. Miyadera, S. D. Wang, Y. Aoyagi, and K. Tsukagoshi, *Appl. Phys. Lett.*, **90**, 093307 (2009)
8) J. Aizenberg, A. J. Black, and G. M. Whitesides, *Nature*, **398**, 495 (1999)
9) H. Sugimura, K. Ushiyama, A. Hozumi, and O. Takai, *Langmuir*, **16**, 885 (2000)
10) I. Yagi, K. Tsukagoshi, and Y. Aoyagi, *Appl. Phys. Lett.*, **86**, 103502 (2005)
11) D. Kumaki, M. Yahiro, Y. Inoue, and S. Tokito, *Appl. Phys. Lett.*, **90**, 133511 (2007)
12) A. Salleo and R. A. Street, *J. Appl. Phys.*, **94**, 471 (2003)
13) T. Miyadera, S. D. Wang, T. Minari, K. Tsukagoshi, and Y. Aoyagi, *Appl. Phys. Lett.*, **93**, 033304 (2008)
14) H. Ebata, T. Izawa, E. Miyazaki, K. Takimiya, M. Ikeda, H. Kuwabara, and T. Yui, *J. Am. Chem. Soc.*, **129**, 15732 (2007)
15) M. Kano, T. Minari, and K. Tsukagoshi, *Appl. Phys. Lett.*, **94**, 143304 (2009)
16) M. McDowell, I. G. Hill, J. E. McDermott, S. L. Bernasek, and J. Schwartz, *Appl. Phys. Lett.*, **88**, 073505 (2006)
17) S. M. Sze, *Physics of Semiconductor Devices* (Wiley, New York, 1981), Chap. 8.

〔ドライプロセス〕

第4章　物理蒸着法を用いた有機デバイスの界面制御

臼井博明*

1　はじめに

　多くの電子・光デバイスは薄膜を積層して構築され，界面の電気的・光学的性質がデバイス機能に影響する。従って薄膜及び界面形成技術は，デバイスを構築する上で重要な役割を果たす。無機半導体の接合では，エピタキシャル成長を用いることによって理想的な界面を形成できる。逆にエピタキシャル成長が不可能な半導体／金属接合では，金属が誘起するギャップ準位や，界面を通しての原子拡散など，複雑な問題が生じる場合もある。一方，有機半導体の多くは分子性の固体であり，ファンデルワールス力を中心とした弱い相互作用で分子が凝集しているため，共有結合的に連続した無機エピタキシャル成長の場合と異なり，界面での分子配列は十分に制御されていない。そこで本章では，物理蒸着による高分子薄膜形成技術を紹介するとともに，その手法による有機界面制御の可能性について言及する。

　有機材料は低分子材料と高分子材料に大別され，それぞれ異なった範疇で取扱われている。低分子材料は蒸着法によって高品質の薄膜や積層構造を形成できるため，無機半導体と類似のプロセスでデバイス構築が可能であり，有機発光素子や薄膜トランジスタなど，これまでにも多くのデバイス開発に用いられてきた。一方の高分子材料はウェットコーティングで製膜する例が多く，薄膜・界面形成の手法が従来の半導体プロセスとは大きく異なる。特に均質な極薄膜形成，積層による界面形成，シャドウマスクを用いたパターニング等の点ではドライプロセスが有用である。そこで物理蒸着法を用いて高分子薄膜を形成できれば，高分子材料の持つ熱的・機械的安定性を活かしつつ，電子・光デバイスを構築する可能性が拓けるものと期待される。一般に高分子は加熱しても蒸発しないので，そのまま蒸着することは困難であるが，次節で述べるような幾つかの手法で蒸着膜を形成することが可能であり，さらに製膜のプロセスに界面制御の概念を取り入れることも可能となる。

---

　*　Hiroaki Usui　東京農工大学　大学院共生科学技術研究院　教授

第4章 物理蒸着法を用いた有機デバイスの界面制御

2 物理蒸着による高分子薄膜形成

図1に代表的な高分子材料の物理蒸着法の模式図を示す。一般には高分子材料は蒸発しないが，分子間相互作用が小さく分子量も低い材料であれば図1(a)に示すように通常の真空蒸着法をそのまま適用して直接蒸着できる。しかしながら直接蒸着できる材料は限定的であり，分子量も低い。そこで高分子量の薄膜を得るためには，モノマー材料を蒸着して基板表面で重合膜を形成する蒸着重合法が用いられる。最も良く知られているのは図1(b)に示すように反応性の高い2種類の2官能性モノマーを共蒸着する方法である。一方，連鎖的反応で重合するモノマーであれば，図1(c)に示すように電子や紫外線（UV）を照射しながら蒸着することによって活性種を形成し，単独の材料から高分子薄膜を得ることもできる。図1(d)に示す方法は，基板表面にあらかじめ重合開始点となる化学種を自己組織化（SAM）膜として形成しておき，その表面に重合性モノマーを蒸着して高分子薄膜を成長させる手法である。この手法は表面開始蒸着重合法と呼ばれ，得られた高分子膜がSAM膜を介して基板表面と強固に結合する点が大きな特徴である。以下の節で，これらの手法で得られる高分子薄膜の代表的な例を紹介する。

3 高分子材料の直接蒸着

図1(a)の手法で直接蒸着できる代表例として，ポリエチレン（PE）やポリテトラフルオロエチレン（PTFE）すなわちテフロンがあげられる。これらは比較的単純な分子であるが，一般の有機溶媒に不溶であり，ウェットコーティングが困難である。蒸着可能な分子量は数千～数万程度であるが，分子量分散が比較的小さく，分子配向などの物性が良く制御された膜が得られる[1,2]。膜中への不純物の混入が少なく，電気的特性に優れた膜が得られる点も蒸着法の特徴である。さらに図2に示すイオン化蒸着を用いると，膜の付着強度やパッキング密度を向上させる

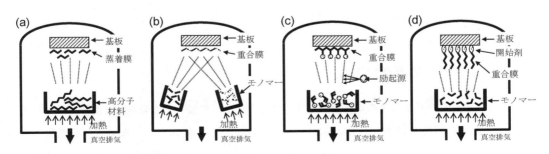

図1 物理蒸着による高分子製膜法の概念
(a)直接蒸着法，(b)共蒸着重合法，(c)単独蒸着重合法，(d)表面開始蒸着重合法

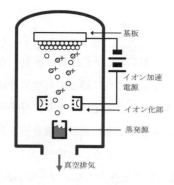 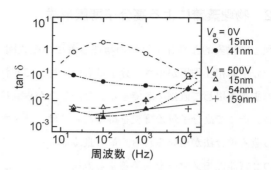

図2 イオン化蒸着法の概念

図3 基板バイアス加速電圧 V_a 及び膜厚を変えて作製した PTFE 膜の誘電正接

こともできる[1]。これは蒸発した材料の一部を電子照射によってイオン化し、さらに基板にバイアス電圧を加えてイオンを加速しながら製膜する手法であり、無機材料では結晶性改善など、さまざまな用途で活用されている[3]。

図3に PTFE のイオン化蒸着膜の誘電正接を示す。基板バイアス電圧 $V_a = 0\,\mathrm{V}$ では、膜厚が

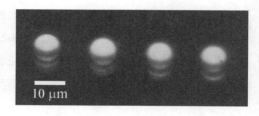

図4 テフロン蒸着膜をテンプレートとして形成したプラスチックマイクロ球体レンズ

薄くなるとともに誘電損失が増大するが、バイアス電圧を加えて製膜するとピンホールなどの欠陥が減少し[4]、薄くても損失の少ない膜を得ることができる。PTFE 蒸着膜は表面エネルギーが低い特性を活かした応用を考えることもできる。特に蒸着法を用いると無溶媒で指向性に優れた製膜ができるため、シャドウマスクやフォトリソグラフと組み合わせて容易に微細薄膜パターンを形成できる。PTFE の蒸着膜パターンをテンプレートとして、プラスチックマイクロ球体レンズを形成した例を図4に示す[5]。これはレンズを設置する部分に開口を持つ PTFE 蒸着膜パターンを形成し、その上でフェノールレジンを溶融・硬化させることで、自己組織的に球形を形成かつ自己整合的に開口部に位置決めさせたものである。

4 共蒸着による重合膜形成

図1(b)に示した共蒸着による重合膜形成は蒸着重合法として最もよく知られており、ポリイミドやポリ尿素の製膜が報告されている[6,7]。一例として、ペリレンテトラカルボン酸二無水物（PTCDA）とジアミノデカン（DAD）の共蒸着により、ペリレン環を持つポリイミド薄膜を形成する反応を図5に示す[8]。この系では重縮合で反応が進み、共蒸着によって基板表面にポリ

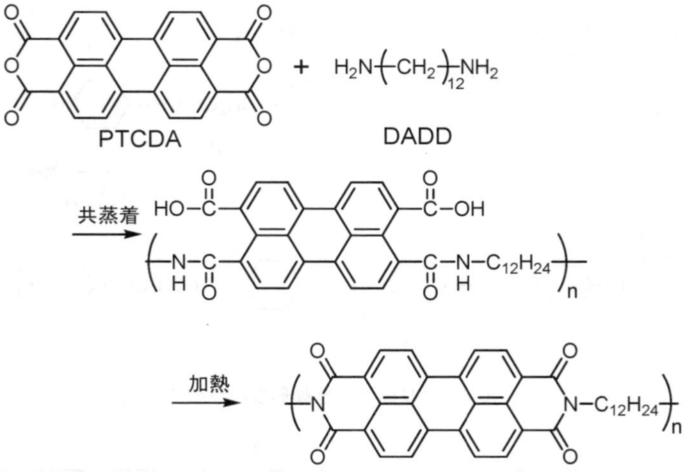

第4章 物理蒸着法を用いた有機デバイスの界面制御

図5 ペリレンを骨格に含むポリイミド薄膜形成の反応

アミド酸膜が堆積するので，これを100℃で1時間程度加熱脱水してポリイミド化する。PTCDAは有機溶媒に難溶であり，ウェットプロセスではこのような製膜は困難であるが，物理蒸着法を用いると容易に均質な薄膜を得ることができる。図6に酸化インジウムすず（ITO）基板表面にテフロンAF（DuPont社）を絶縁層として蒸着し，さらにPTCDA-DADポリイミド膜とアルミ電極を積層して形成した金属-絶縁体-半導体（MIS）構造の変位電流測定結果を示す。破線はテフロン

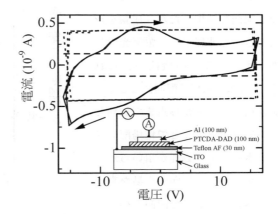

図6 ペリレン骨格を持つポリイミド膜の変位電流測定
点線：テフロンAF絶縁層のみの変位電流，破線：テフロンAFとポリイミド積層膜の誘電率を用いた計算値，実線：テフロンAFとポリイミド積層膜の変位電流測定値

AF蒸着膜のみの変位電流，点線はポリイミド膜中への電荷注入が生じないと仮定して計算した変位電流である。アルミ電極側を負電位にするとポリイミド膜中への電荷注入が観測され，このポリイミド膜がn型半導体として振舞うことがわかる。

ポリ尿素薄膜形成の例として，ジフェニルメタンジイソシアナート（MDI）とジピペリジルプロパン（PIP）を共蒸着して重合膜を形成する反応式を図7に示す。この系は重付加で反応が進み，共蒸着するのみで副生成物無しに直接ポリ尿素薄膜が得られる。尿素結合は双極子モーメ

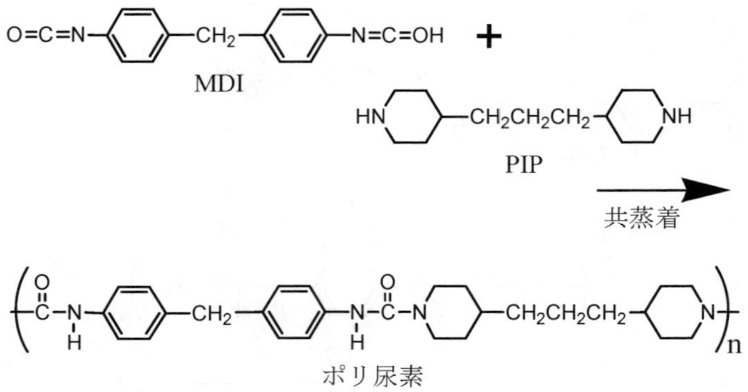

[図7 構造式: MDI + PIP → ポリ尿素]

図7 ポリ尿素重合膜形成の反応

ントを持つので，イオン化蒸着法を用いて基板にバイアス電圧を加えながら蒸着重合を行うことで双極子配向を制御したポリ尿膜を形成でき，光非線形性，電気光学特性，圧電性などの機能が得られる[9]。従来の双極子配向法として，製膜後にガラス転移点まで加熱しつつコロナ放電などで電場配向させるポーリング処理が用いられてきたが，双極子配向が容易な高分子は熱緩和によって配向が徐々に失われ，逆に熱的安定性の高い高分子はポーリングしにくいという問題があった。これに対してイオ

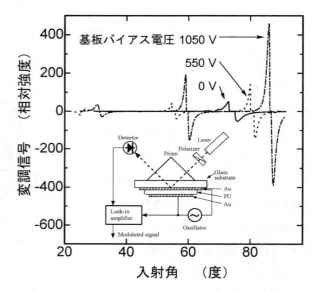

図8 全反射減衰法による電気光学変調効果測定系，及び異なった基板バイアス電圧で作製したポリ尿素薄膜の測定出力

ン化蒸着法を用いると，電場中で重合と膜成長が同時に進行するため，熱的安定性の高い双極子配向膜を直接形成できる。図8に異なった基板バイアス電圧のもとで作製したポリ尿素薄膜の電気光学光変調特性を全反射減衰法で測定した結果を示す。蒸着時のバイアス電圧を増加することによって双極子配向が促進され，変調信号が増大することがわかる[10,11]。

以上の他に共蒸着によって形成できる高分子の例として，ジオールとジイソシアナートの共蒸着によるポリウレタンの製膜[12]，ジアミノナフタレンとビフェニルジカルボアルデヒドの共蒸着によるポリアゾメチンの製膜などの例がある[13]。後者は導電性に優れたπ共役構造を持つ。

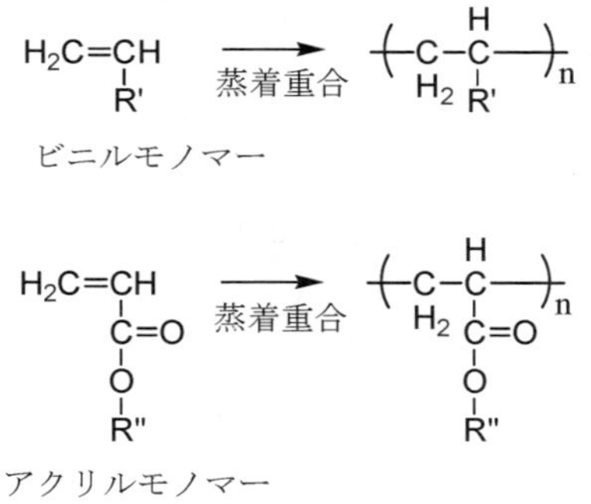

第4章　物理蒸着法を用いた有機デバイスの界面制御

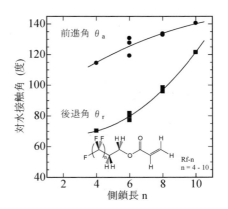

図9　ビニルモノマー及びアクリルモノマーを用いた単独蒸着型重合膜形成の反応

図10　側鎖長 n の異なるフッ化アルキル鎖を持つアクリル酸モノマーの電子アシスト蒸着で得られたフッ素高分子膜の動的対水接触角

5　単独蒸着による重合膜形成

　共蒸着型の重合では反応が逐次的に進行するため，両モノマーの供給比率を十分に制御する必要がある。これに対してビニルモノマーやアクリルモノマーを蒸着材料に用い，図1(c)に示した手法で熱輻射[14]，紫外線照射[15]，電子照射[16]，あるいは基板加熱などによってラジカルを形成しつつ蒸着すると，図9の反応式に従って単独の蒸着材料から連鎖的反応によって高分子膜を得られる。側鎖単位 $-R'$，$-R''$ の分子設計により，さまざまな機能を持つ高分子薄膜を形成できる。一例として鎖長の異なるフッ化アルキル鎖を持つアクリルモノマーを電子アシスト蒸着してフッ素高分子膜を形成し，その動的対水接触角を測定した結果を図10に示す。適度な鎖長を持つモノマーを蒸着重合すると，テフロンとほぼ同等の撥水性を持つ膜が得られる。側鎖長を増大すると，前進・後退接触角の差が減少することから，分子のパッキングの安定性が増大すると考えられる。特に後退接触角は同様のスピンコート膜の報告値より大きな値が得られており，蒸着膜がスピンコート膜に比較して安定な分子パッキングを持つものと考えられる。

　ビニルモノマーの蒸着重合を有機電界発光（EL）素子に応用した例を図11に示す。ITO電極表面にポリ3,4-エチレンジオキシチオフェン誘導体（PEDOT：PSS）正孔注入層を介してテトラフェニルジアミノビフェニルのビニル誘導体 DvTPD を蒸着し，正孔輸送層と発光層を形成した。発光層にはドーパントとしてイリジウム錯体 $Ir(piq)_2acac$ あるいはそのビニル誘導体 $Ir(piq)_2acac$-vb を DvTPD と共蒸着し，蒸着後に真空中100℃で1時間加熱して重合膜を形成した。これにより，正孔輸送層と発光層の界面を含め，二つの層を連続的に重合することが可能

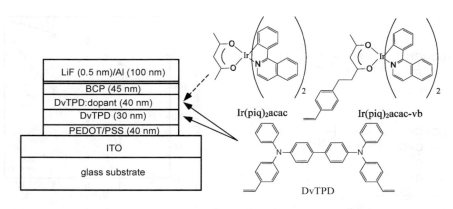

図11 ビニルモノマーの蒸着重合による有機EL素子の構築例

となる。通常の真空蒸着で作製した標準的な素子と，ホストのみにビニル誘導体を用いて熱重合した素子，さらにホストとドーパント共にビニル誘導体を用いて共重合させた素子を比較した結果，いずれの素子でも13〜14 Vの電圧で4000〜5000 cd/m^{2}の赤色発光を示したが，素子寿命に大きな差異が現れた。図12に初期輝度500 cd/m^{2}で定電流駆動した時の輝度変化を示す。重合膜によって素子の安定性が向上し，特にホストとドーパントの両者ともにビニル誘導体を用いて共重合蒸着することが特性改善に有効であった。

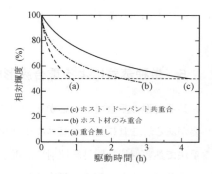

図12 発光層のホストとドーパントを共蒸着重合した場合，ホストのみを蒸着重合した場合，及び蒸着重合を用いずに作製した有機EL素子の発光強度の変化

6 表面開始蒸着重合

6.1 表面開始蒸着重合によるビニルポリマーの製膜

これまでに述べてきた蒸着重合膜も含め，一般的な蒸着膜やウェットコート膜は，基板表面に物理的に吸着したのみの状態にあり，界面においては強固な化学結合を形成していない。そのため付着強度も不十分であり，界面での電流注入にも障壁となる。そこで図1(d)に示した表面開始蒸着重合法を用い，基板表面に共有結合した高分子膜を形成する手法が考えられる。表面開始蒸着重合法の概念を図13に示す。この手法では2段階で高分子薄膜を成長させる。まず基板を適当な溶液に浸漬し，自己組織化によって末端に重合開始基を持つSAM膜を形成する。酸化物表面ではシラン結合，金属表面ではチオール結合を利用してSAM膜を形成する例が多い。次にこ

第4章 物理蒸着法を用いた有機デバイスの界面制御

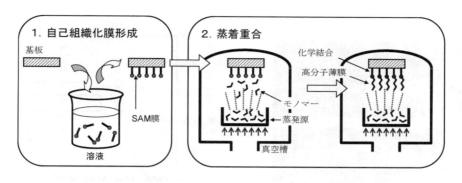

図13 表面開始蒸着重合の概念

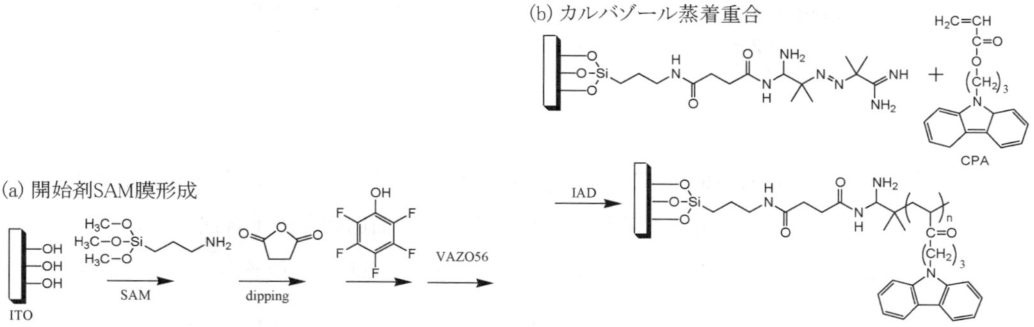

図14 表面開始蒸着重合によるカルバゾール高分子膜形成の反応

の基板を真空槽に移し，SAM末端と反応するようなモノマーを蒸着する。その結果SAM膜を介して基板と安定な化学結合を持つポリマーが成長する。なお，SAM膜は溶液浸漬法で形成するのが一般的であるが，蒸着法によって形成することも可能である。

ITO表面にカルバゾールを側鎖に持つアクリルポリマーを形成する反応を図14に示す。UVオゾン処理などによって水酸基を付けたITOを，順次アミノプロピルトリエトキシシラン（APS），無水コハク酸，ペンタフルオロフェノール，及びVAZO 56（DuPont社）を含む溶液に浸漬し，末端にアゾ基を持つSAM膜を形成した。この表面にカルバゾールプロピルアクリレート（CPA）モノマーを蒸着し，重合膜を形成した。この際，基板表面に紫外線を照射することでアゾ基を開裂し，ラジカル重合を開始する。図15に開始剤SAM膜の有無及びUV照射の有無の各条件を組み合わせて作製した膜の顕微鏡像を示す。ITO表面に形成した膜は低分子状であり，凝集によって凹凸の多い表面となるのに対し，SAM膜表面では平坦性の高い皮膜が得られた。特にSAM上でUV照射を行って形成した表面開始蒸着重合膜は熱的安定性にも優れ，有機溶媒にも不溶である[17]。そこでITO基板表面に作製したCPA重合膜の表面にアルミニ

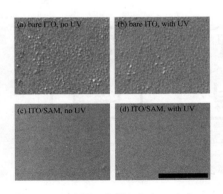

図15 ITO表面に作製したカルバゾール薄膜の開始剤有無及び紫外線照射有無によるモルフォロジー変化
スケールバーは50μm

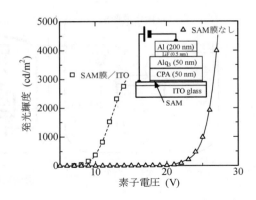

図16 開始剤SAM膜の有無による有機EL素子発光特性の差異

ウムキノリノール発光色素 Alq_3 とアルミニウム電極を蒸着して作製した有機EL素子の発光特性を図16に示す。SAM膜の有無で特性を比較すると，表面開始蒸着重合法を用いて膜を基板に化学結合することにより，膜の凝集構造のみならず電荷注入特性も改善され，発光開始電圧が低減した[18]。有機EL素子の作製にあたって陽極と有機層の界面にSAM膜を挿入すると特性が改善されることは報告されており[19,20]，界面での双極子形成による電荷注入障壁低減[21]や，表面の濡れ性改善による製膜製の向上[22]などが素子特性の改善に寄与すると考えられているが，本項で示したように無機電極と高分子膜間に連続的な化学結合を形成することも膜の安定性向上や界面の接合性向上に有意義と考えられる。

6.2 表面開始蒸着重合によるポリペプチド製膜

表面開始蒸着重合法は，ドライプロセスによるポリペプチド製膜にも応用できる。APSのSAM膜表面に N-カルボキシルアミノ酸無水物（NCA）を蒸着すると，SAM膜のアミノ末端を重合開始点として，図17に示す反応に従ってポリペプチド薄膜が成長する[23]。図18にアルミニウム表面及びSAM膜を形成したアルミニウム表面にベンジルセリンNCAを蒸着して得られた膜の赤外吸収（IR）スペクトルを示す。アルミニウム表面ではNCAモノマーがそのまま付着し，低分子状の膜が付着するが，SAM膜表面ではポリペプチドが成長し，アミドⅠ及びⅡの吸収が，1635及び1530 cm^{-1} に明瞭に観察される。

SAM膜は重合の促進や界面の結合形成のみならず，膜の構造にも影響する。基板表面の末端基密度はSAM膜形成条件によって制御できる。アミノエタンチオール（AET）とエチルメル

第4章　物理蒸着法を用いた有機デバイスの界面制御

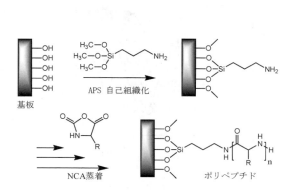

図17　表面開始蒸着重合によるポリペプチド薄膜形成の反応

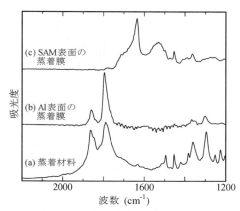

図18　アルミニウム表面(b)及びアミノプロピルシランのSAM膜表面(c)に形成したベンジルセリンNCA蒸着膜のIRスペクトル

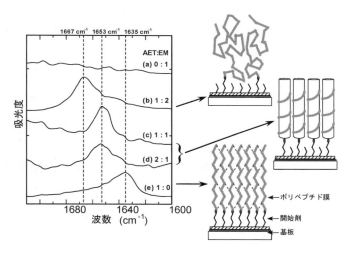

図19　AETとEMの混合比を代えて作製したSAM膜表面でのポリペプチド薄膜形成の差異

カプタン（EM）の混合比を変えて金表面に形成したSAM膜を用いて成長させたポリペプチド膜のIRスペクトルを図19に示す。アミドIの吸収ピークの位置から判断して，表面のアミノ基の密度が高い場合はβシート状のポリペプチドが成長するが，アミノ基の密度が低下するに従ってαヘリックス，さらにランダムコイル状となり，アミノ基を持たないSAM膜上ではポリペプチド膜は成長しない。このように表面開始蒸着重合を用いて膜の分子コンフォーメーションを制御することも可能である。

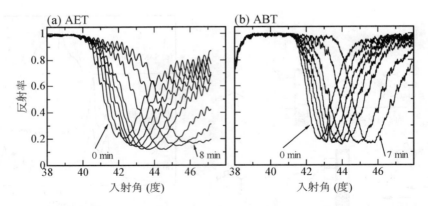

図20 アミノエタンチオール(a)及びアミノベンジルチオール(b)開始剤表面でのポリペプチド成長過程の表面プラズモン観察
蒸着中に1分間隔でその場観測した結果を示す

SAM膜の分子構造によっても蒸着膜の成長様式が変化する。金表面にAET及びアミノベンジルチオール（ABT）のSAM膜を形成し，それらの表面でのポリペプチド薄膜の成長過程を表面プラズモン共鳴を用いてその場観察した結果を図20に示す。膜の成長に伴い，AET表面では共鳴スペクトルの幅が広くなり，膜厚とともに光学的損失が増大することが示唆されるのに対して，ABT表面ではスペクトルが乱れることなくシフトすることから，均質に薄膜が成長することが示唆される。図21にこれらの蒸着膜表面のモルフォロジーを示す。AET表面では膜が島状に成長し，凹凸が多いのに対し，ABT表面では二次元状に成長し，平坦性の高いポリペプチド膜が得られた。このように，界面に存在する単分子層が薄膜の成長様式を大きく左右する。

7 おわりに

本章では物理蒸着法に着目し，高分子薄膜形成とその界面制御への展開について述べた。無機半導体のエピタキシャル成長では，結晶の格子整合によって自発的に界面の化学結合が形成されるが，分子間相互作用が弱く，非晶性も高い有機材料では，単純な製膜で界面を制御することは容易ではない。そこで良く制御された化学結合の形成を伴う製膜技術が必要となる。蒸着重合や表面開始剤の利用は，そのための有用な技術の一つと期待される。理想的には，化学結合と分子配向を完全に制御して薄膜を成長できるならば，重合性を持つ異種の機能材料を順次積層することによって図22に仮想的に示すような層状ブロック高分子を形成し，接合界面を分子内に持つ積層デバイスを想定することができる。このような積層ブロック高分子構造を溶液から析出させることは容易でないが，高真空中で制御性良くモノマーを積層することで，安定かつ欠陥の少な

第4章　物理蒸着法を用いた有機デバイスの界面制御

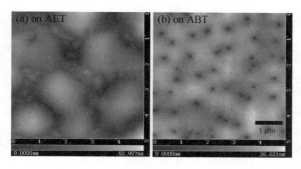

図21　(a)アミノエタンチオール及び(b)アミノベンジルチオール開始剤表面で成長したポリペプチド薄膜のAFM像

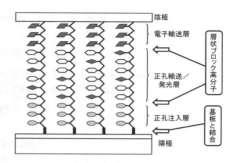

図22　逐次積層蒸着重合による層状ブロック高分子を用いた分子内界面接合型デバイスの仮想モデル

い有機界面を形成できるものと期待される。

文　　献

1) H. Usui, I. Yamada and T. Takagi, *J. Vac. Sci. Technol.*, **A4**, 52 (1986)
2) H. Usui, H. Koshikawa and T. Tanaka, *J. Vac. Sci. Technol.*, **A13**, 2318 (1995)
3) T. Takagi, Physics of Thin Films, Vol 13, Eds. M. H. Francombe and J. L. Vossen, Academic Press, New York (1987)
4) H. Usui, H. Koshikawa and K. Tanaka, *IEICE Trans. Electron.*, **E81-C**, 1083 (1998)
5) H. Tamura, R. Kojima, and H. Usui, *Appl. Opt.*, **42**, 4008 (2003)
6) J. R. Salem, F. O. Sequeda, J. Duran, W. Y. Lee, and R. M. Yang, *J. Vac. Sci. Technol.*, **A4**, 369 (1986)
7) Y. Takahashi, M. Iijima, K. Inagawa and A. Itoh, *J. Vac. Sci. Technol.*, **A5**, 2253 (1987)
8) H. Usui, M. Watanabe, C. Arai, K. Hibi, and K. Tanaka, *Jpn. J. Appl. Phys.*, **44**, 2810 (2005)
9) H. Usui, H. Kikuchi, T. Tanaka, S. Miyata and T. Watanabe, *J. Vac. Sci. Technol.*, **A16**, 108 (1998)
10) H. Usui, F. Kikuchi, K. Tanaka, T. Watanabe, S. Miyata, H. Bock and W. Knoll, *Nonlinear Optics*, **22**, 135 (1999)
11) H. Usui, F. Kikuchi, K. Tanaka, T. Watanabe and S. Miyata, *IEICE Trans. Electron.*, **E85-C**, 1270 (2002)
12) X. Wang, K. Ogino, K. Tanaka and H. Usui, *IEICE Trans. Electron.*, **E87-C**, 2122 (2004)
13) X. Wang, K. Ogino, K. Tanaka and H. Usui, *Thin Solid Films*, **438**, 75 (2003)
14) M. Tamada, H. Omichi and N. Okui, *Thin Solid Films*, **251**, 36 (1994)

15) M. Tamada, H. Koshikawa, F. Hosoi, T. Suwa, H. Usui, A. Kosaka, and H. Sato, *Polymer*, **40**, 3061 (1999)
16) H. Usui, *Thin Solid Films*, **365**, 22 (2000)
17) K. Katsuki, H. Bekku, A. Kawakami, J. Locklin, D. Patton, K. Tanaka, R. Advincula and H. Usui, *Jpn. J. Appl. Phys.*, **44**, 2810 (2005)
18) A. Kawakami, K. Katsuki, R. C. Advincula, K. Tanaka, K. Ogino, and H. Usui, *Jpn. J. Appl. Phys.*, **47**, 3156 (2008)
19) F. Nüesch, L. Si-Ahmed, B. François, and L. Zuppiroli, *Adv. Mater.*, **9**, 222 (1997)
20) I. H. Campbell, J. D. Kress, R. L. Martin, D. L. Smith, N. N. Barashkov, and J. P. Feraris, *Appl. Phys. Lett.*, **71**, 3528 (1997)
21) S. F. J. Appleyard, S. R. Day, R. D. Pickford, and M. R. Willis, *J. Mater. Chem.*, **10**, 169 (2000)
22) C. -C. Hsiao, C. -H. Chang, M. -C. Hung, N. -J. Yang, and S. -A. Chena, *Appl. Phys. Lett.*, **86**, 223505 (2005)
23) T. M. Fulghum, H. Yamagami, K. Tanaka, H. Usui, K. Shigehara and R. C. Advincula, *Polym. Mat. Sci. Eng.*, **86**, 196 (2002)

第5章　有機単結晶シートの接合界面と
　　　　トランジスタ機能

竹谷純一*

1　はじめに

　最近，厚さが数ミクロン以下で表面がナノスケールで平坦なシート状の有機半導体単結晶と，やはりナノスケールで平坦な絶縁性薄膜の表面などとを静電気的に「貼り合わせる」ことによって，高品質の界面が得られるようになった[1]。本章では，この「貼り合わせ」ナノスケールで平坦な界面を構成する手法とそのトランジスタ機能について述べる。有機半導体単結晶では，有機分子どうしが弱い分子間力によって結合し，ほぼ完全な周期性をもって配列している。したがって，その表面にはダングリングボンドがなく，接合を形成した場合の界面準位の密度が小さくなることは，電子デバイスを構成した場合に大きなメリットとなる。実際，この方法で得られる有機単結晶トランジスタでは，より一般的な高分子薄膜や低分子多結晶薄膜のトランジスタに比べ，格段に高い性能が得られている。その理由は，高分子における構造の不規則性や低分子多結晶薄膜における結晶粒界の影響が排除された，より理想的なトランジスタ特性が得られるからと考えられる。キャリア移動度を性能指標とするなら，有機単結晶トランジスタでは，薄膜トランジスタよりも1桁高い $40cm^2/Vs$ が得られるに至っている[2]。「貼り合わせ」の手法によって，有機単結晶トランジスタが得られた結果，単結晶材料を用いたより分子配列が理想的なトランジスタ素子が作製できるようになったため，有機半導体材料のもつ本来の伝導性能を引き出し，有機トランジスタの最高性能を追及する研究が可能となった。それによって，より大面積にわたって量産する手法である多結晶あるいは高分子薄膜トランジスタの開発においても，プロセスの改善やデバイス構造の工夫を行う動機付けが得られ，研究を加速することが期待される。また，最近では有機単結晶をトランジスタ基板上に直接成長することによって大面積化を目指す試みも進められているので，将来こうした技術をもとに現状より桁違いに高移動度の単結晶ライクな有機トランジスタが実用に供せられる可能性もある[3]。本章の第2節では，「貼り合わせ」によって有機単結晶シートから有機単結晶トランジスタを作製する手法について述べ，第3節において非常に高い移動度単結晶トランジスタの動作特性を示す。様々な新しい有機半導体分子材料が開発さ

　＊　Junichi Takeya　大阪大学　理学研究科　化学専攻　准教授

れていく中で，結晶粒界などの外部要因を排除した有機分子材料本来のキャリア伝導特性を評価するために，単結晶トランジスタを利用する研究が増加傾向にある。こうした試みのいくつかを紹介するため，第4節では，特に有機単結晶トランジスタとしては新しい，大気中で動作するn型トランジスタについて述べる。

2 有機単結晶シートの「貼り合わせ」による接合界面

2.1 有機単結晶シートの成長と結晶表面の観察

2003年になって，有機単結晶とゲート絶縁膜の良質な界面を構成する2つの手法が開発され，有機単結晶トランジスタが得られるようになった。その一つは，（厚さ1ミクロン以下の）薄片状の有機単結晶を成長して，静電引力によって酸化シリコンゲート絶縁膜に貼り合わせる方法である[1,4]。一方，気相中でポリマー絶縁膜（パリレン）を重合・コートする手法によっても良好なトランジスタ特性が得られるということが同じ年に報告されている[5]。キャリアが蓄積されるのは有機単結晶の表面近傍であるため，いずれにしても有機結晶表面にダメージを与えることなく絶縁膜との界面を構築することが必須の要件であった。

Physical Vapor Transport（PVT）は有機半導体単結晶を成長させる，単純で一般的な方法である。図1のように管状炉に温度勾配を設定し，高温部で昇華させた原料をアルゴンガスフローによって低温部へ輸送して，分子を結晶化する。例えば，これまでで最も優れた電界効果特性を示している図2のルブレン分子の結晶では，PVTの方法によって表面方向で分子が2次元的に配列している平板状の結晶が得られる。ルブレン分子では中央の4つのベンゼン環が共役電子系

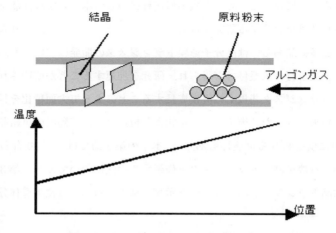

図1　Physical Vapor Transportによる有機単結晶作製法

第5章　有機単結晶シートの接合界面とトランジスタ機能

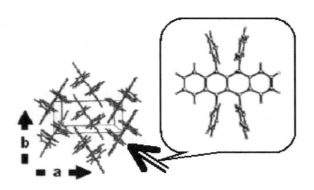

図2　ルブレン単結晶表面の分子配列と（白矢印の方向から見た）分子構造

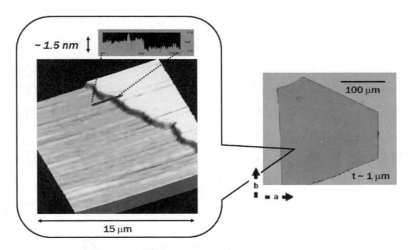

図3　ルブレン単結晶表面のAFM観察図（左）と光学顕微鏡写真（右）

を構成し，分子間に電子が飛び移るためにはベンゼン環の面と垂直方向に広がっているπ軌道を利用するのが有利である。なお，π軌道が広がる平板方向に電子伝導が得やすいので，ゲート絶縁膜との界面がこの方向に形成できることは大変好都合である。

　有機単結晶シートを得るためには，アルゴンガスフローの速度を比較的速めに設定し，チューブ内に弱い対流を引き起こす。それにより，分子密度が局所的に高くなった箇所においてシート状の単結晶が急速に成長する。図2の結晶構造において，面方向にはπ軌道の重なり積分が大きいため，分子間の相互作用が面間方向よりもはるかに大きくなる。したがって，結晶成長の速度に極めて大きな異方性が現れ，結果としてアスペクト比が1000：1以上にもなる薄片状の単結晶シートが作製できることになる。

　図3には，単結晶表面の光学顕微鏡写真と，表面原子間力顕微鏡（Atomic-force microscope：

AFM）を用いて得られた結晶表面の平坦性を観察した結果を示す。AFMの結果から，左側の単分子ステップを除いて分子スケールで平坦な領域が15μm以上にわたって広がっていることがわかる。このことも，アスペクト比が1000：1以上にもなる単結晶シートの特徴である。分子のステップの頻度がきわめて少なくなったのは，成長速度の大きな異方性故の帰結であると考えられる。無機絶縁膜との界面を構成したときに，結晶表面はデバイスの心臓部となるので，極めて平坦な表面を有するルブレン結晶表面は電界効果トランジスタ作製に好適といえる。

2.2 有機単結晶シートの「貼り合わせ」

図4のように厚さ1μm程度の薄片結晶を自然な静電引力によって基板に貼り合わせて，電界効果トランジスタを作製する。熱酸化膜付の導電性シリコンウェハー上に，ソース，ドレイン電極などの配線パターンを形成し，薄片状結晶を静かに接着させている。ここで，両者の接合には，接着剤などは一切使わず，静電引力のみを用いて貼り合わせるため，結晶表面に与えるダメージを最小にすることができると考えられる。また，自由に成長させた結晶と絶縁性の薄膜を，最後に室温で貼り合わせるプロセスであるために，原理的に界面作製のための材料選択性が非常に大きい利点がある[6,7]。このことは，溶液プロセスにおいて，溶媒への可溶性を考慮した工夫が必要であったり，真空蒸着において，プラスティック基板上に薄膜作製する場合に，基板が軟化しない温度で製膜することを要請されるのとは対照的である。図5はこうして作製したデバイスを上から撮った写真である。また，薄片結晶をシリコン基板に貼り付ける代わりに，伸縮性に富む

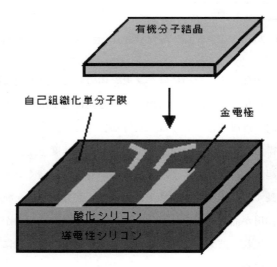

図4　結晶「貼り合わせ」による単結晶電界効果トランジスタの作製法

第5章　有機単結晶シートの接合界面とトランジスタ機能

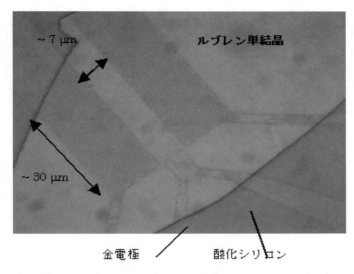

図5　結晶「貼り合わせ」による単結晶トランジスタの写真

PDMSエラストマー基板に結晶を貼り付ける方法も報告されている。この方法では，より厚い結晶表面上にもデバイス構成が可能であるという利点がある。また，エラストマーにギャップを作ることによって，ゲート絶縁膜を使わず，空気又は真空に電界を加えて結晶表面へのキャリア注入が可能となった[8]。また，結晶の上にポリマーゲート絶縁膜をソフトに堆積する方法によっても単結晶FETが得られており，ルブレンをはじめ銅フタロシアニンや電荷移動錯体など様々な有機結晶に適用されている[5,9,10]。

2.3　有機単結晶トランジスタ

　電界効果トランジスタは図6に示す基本的な構造を有し，ゲート絶縁膜に電界を加えることによって，キャリアを注入することが可能となる。有機半導体トランジスタの場合，ゲート電極と有機半導体活性層の間にゲート電圧 V_G を加えると，ゲート絶縁層に電界が現れるのでコンデンサーと同じ原理によってゲート電極と有機半導体の表面に（互いに逆の符号の）電荷が現れることになる。有機半導体に注入されたキャリアが伝導性を持つ場合，ソース－ドレイン電極間にドレイン電圧 V_D を加えれば，ゲート電圧がかかったときには有機半導体を流れるドレイン電流 I_D を得ることができる。

　このような単純な機構によれば，本来なら V_G を正にした場合には負のキャリア即ち電子が注入され，また V_G を負にした場合には正のキャリア即ち正孔が注入されるので，いずれにしても伝導性が得られるべきであるが，次の理由のために現実にはそうならない場合が多い。ソース電

有機デバイスのための界面評価と制御技術

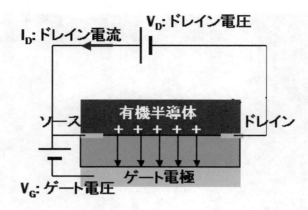

図6　有機トランジスタの構造

極の金属材料として通常用いるのは，空気中で安定な金などの貴金属であるが，貴金属では仕事関数が大きいので，有機半導体のHOMO準位から電子を取り出して貴金属電極に移す（すなわち有機半導体に正孔を注入する）のはやさしいが，LUMO準位に電子を注入するのは，エネルギー障壁が大きいために困難である。したがって，貴金属電極を用いた有機半導体トランジスタでは，一般に正孔注入はできても電子注入のできないものが多い。ちなみに，ソース電極として仕事関数が小さいアルカリ金属を用いて，嫌気雰囲気下でトランジスタ特性を測定する実験が最近行われているが，その場合には電子注入が問題なく行われることが確認されている[11,12]。また，酸素や水など還元されやすい成分を含む空気中では，有機半導体のLUMOに電子を注入するよりもこれらの大気成分を還元するエネルギーのほうが低いことも，電子注入型（n型）トランジスタが得られにくい理由となっている。この場合にも，ゲート電極の間に正のV_Gを加えても，有機半導体への電子注入は行われないからである。以上2つの理由によって，多くの有機半導体トランジスタでは，正の電界を加えたときにのみキャリアが注入される「p型トランジスタ」の特性が得られている。一方，空気中で安定な「n型トランジスタ」を得るためには，LUMO準位の低い特殊な有機半導体を用いる必要がある。単結晶材料に関しても，これまでに空気中で動作するn型トランジスタが得られているのは，後述するようにやはりLUMO準位の低いTCNQ (tetracyano quinodimethane) 及びPTCDA (perylene tetracarboxylic dianhydride) を用いた場合であった。

　電界効果トランジスタに導入される単位面積当たりの電荷Qは，ゲート絶縁膜のコンデンサー容量C_iを用いて$Q = C_i(V_G - V_{th})$と与えられるので，移動度μと掛け合わせて，伝導度σは$\sigma = ne\mu$と表わされる（eは電荷素量，V_{th}はしきい電圧）。ソース電極やドレイン電極と有機半導体との間の接触面での抵抗（接触抵抗）が十分小さくて，そこでの電圧降下が無視できる

第5章　有機単結晶シートの接合界面とトランジスタ機能

場合には，伝導チャンネルの幅を W，長さを L とすると，

$$I_D = C_i(V_G - V_{th})V_D \mu \frac{L}{W} \tag{1}$$

が得られる。V_D が V_G より十分小さい場合には，実際のトランジスタの出力特性として I_D が V_D に比例する線形領域が見られる。一方，$V_D > V_G$ の場合には，もはやドレイン電極付近には負のゲート電圧がかからなくなるので，ドレイン電極付近にはピンチオフ領域と呼ばれるゲート電圧がかからない部分が現れ，電圧によってドライブされないキャリアの拡散による電流（拡散電流）しか流れない。この領域では電圧が増加しても電流が増えない，「電流の飽和」が観測される。トランジスタの標準的なモデルによると，この領域の電流電圧特性からも，

$$I_D^{sat} = \frac{1}{2} C_i V_G^2 \mu \frac{W}{L} \tag{2}$$

の式によって移動度が求められる。I_D^{sat} は飽和領域でのドレイン電流である。

3　有機単結晶トランジスタの電界効果特性

3.1　自己組織化単分子膜を用いた高移動度ルブレン単結晶トランジスタ

　有機半導体単結晶と接するゲート絶縁体は，通常 SiO_2 やポリマー絶縁膜を用いるが，キャリア伝導チャンネルは有機単結晶表面に近い部分に形成されるので，トランジスタ特性は平坦性や吸着分子などにも影響を受ける。したがって，有機半導体材料の最大限の特性を得るためには，絶縁膜の表面状態は重要である。これまでのルブレン単結晶トランジスタでは，自己組織化単分子膜でコートした SiO_2 や疎水性及び疎油性に優れたフッ素系ポリマーを用いた場合に特に優れた特性が得られている。前者の一例としては，decyltriethoxysilane がある。ドライな環境において注意深く作製することによって，シラン基が SiO_2 表面とボンドを形成し，凝集した単分子膜を形成する。

　高品質の自己組織化単分子膜によって SiO_2 表面が化学的に安定化される効果を利用し，高純度のルブレン単結晶と組み合わせて，高移動度の単結晶トランジスタが得られている。図7(a)に示した線形領域の伝達特性では，$18 cm^2/Vs$ という有機トランジスタにおいて最高の移動度が得られている。また，ソース及びドレイン電極の影響を排除した4端子測定の結果，図7(b)のようにルブレン結晶本来の移動度では，$40 cm^2/Vs$ にも及ぶことがわかった[1]。この結果は，従来の有機薄膜トランジスタにおける移動度よりも桁違いに大きく，有機半導体材料本来の特性がこれまでの認識よりはるかに高いことを示している。On 状態にスイッチするゲート電圧（$-1V$）付近では，移動度は $40 cm^2/Vs$ もの高い値が得られるのに対して，より高いゲート電圧下では，移

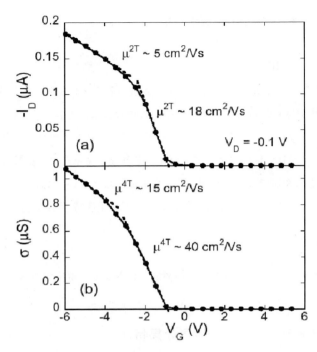

図7 自己組織化単分子膜を組み込んだルブレン単結晶トランジスタの(a)高移動度伝達特性及び(b)出力特性

動度が小さくなっている。このことは，高移動度のキャリア伝導を得るメカニズムとも関係しているので，次項で詳細を議論する。なお，同様の高い移動度は，同時期にペンタセン単結晶を用いたトランジスタにおいても報告されている[13]。

3.2 大気中で動作するn型有機単結晶トランジスタ

前述したように，p型トランジスタに比べて，空気中で安定に動作するn型トランジスタを得るのは一般に困難である。貴金属電極の仕事関数や大気成分・基板上の成分の還元準位よりも有機分子のLUMO準位が低く，電子を有機分子に導入しやすいことが必要になってくるが，大気中で安定な有機トランジスタの例は少ないため，これらが問題のすべてであるかどうかは明らかになっていない。筆者のグループでいくつかのn型単結晶トランジスタを空気中で動作させることを試みたところ，やはりLUMO準位の低いTCNQとPTCDA結晶においてトランジスタ特性が得られた。

n型キャリアの移動度はTCNQデバイスでは$0.2cm^2/Vs$，PTCDAデバイスでは$0.005cm^2/Vs$が最高値であった[14,15]。図8に表面処理をしないSiO$_2$上にPTCDA及びTCNQ単結晶を貼り合

第5章　有機単結晶シートの接合界面とトランジスタ機能

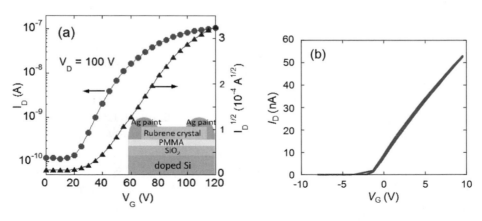

図8　(a) PTCDA 及び(b) TCNQ の単結晶トランジスタの大気中伝達特性

わせて作製したデバイスについて得られた伝達特性を示す。薄膜トランジスタで報告されている大きなしきい電圧に比べて，TCNQ 単結晶トランジスタでは，しきい電圧がほとんど表れていない良好な特性を示している。また，TCNQ も PTCDA も薄膜トランジスタの場合には空気中でn型動作は得られていないので，単結晶デバイスの場合にはn型キャリアのトラップ密度を少なくできる効果がありそうである。今後，n型トランジスタについても単結晶デバイスを用いた評価によって，大気中安定なn型トランジスタのより詳細な設計指針が明らかになることが期待される。

4　おわりに

「有機単結晶シート」は，構造解析のために結晶成長した際に，これまでにもしばしば得られていたが，X線構造解析を目的とすると，体積が十分でないためにあまり顧みられることがなかった。今回，その分子スケールで平坦な表面を「貼り合わせる」ことによって優れた電子デバイスになることは，有機半導体材料に新たな価値を見出すことになった。電子密度の制御性を利用した電子デバイスを考慮したときに，「界面」の作製法を含んだ材料開発がバルク材料の開発と同一ではないことを示した一例とも言える。次世代のフレキシブルエレクトロニクスや低価格エレクトロニクスを目指した有機半導体トランジスタの開発研究は，新材料開発から伝導機構の研究，プロセス技術までの多面的かつ活発に進められている。新規有機半導体化合物の材料開発が急速に進展する現状によって，今後更なるトランジスタ性能の向上と新たな機能性界面の開発が期待される。

有機デバイスのための界面評価と制御技術

文　　献

1) J. Takeya, C. Goldmann, S. Haas, K.P. Pernstich, B. Ketterer, and B. Batlogg, *J. Appl. Phys.*, **94**, 5800 (2003)
2) J. Takeya, M. Yamagishi, Y. Tominari, R. Hirahara, Y. Nakazawa, T. Nishikawa, T. Kawase, T. Shimoda, and S. Ogawa, *Appl. Phys. Lett.*, **90**, 101120 (2007)
3) A. L. Briseno, S. C. B. Mannsfeld, M. M. Ling, S. Liu, R. J. Tseng, C. Reese, M. E. Roberts, Y. Yang, F. Wudl, and Z. Bao, *Nature*, **444**, 913 (2006)
4) R. W. I. De Boer, T. M. Klapwijk, and A. M. Morpurgo, *Appl. Phys. Lett.*, **83**, 4345 (2003)
5) J. Takeya, J. Kato, K. Hara, M. Yamagishi, R. Hirahara, K. Yamada, Y. Nakazawa, S. Ikehata, K. Tsukagoshi, Y. Aoyagi, T. Takenobu, and Y. Iwasa, *Phys. Rev. Lett.*, **98**, 196804 (2007)
6) M. Uno, Y. Tominari, and J. Takeya, *Organic Electronics*, **9**, 753 (2008)
7) V. Podzorov, V. M. Pudalov, and M. E. Gershenson, *Appl. Phys. Lett.*, **82**, 1739 (2003)
8) V. C. Sundar, J. Zaumseil, V. Podzorov, E. Menard, R. L. Willett, T. Someya, M. E. Gershenson, and J. A. Rogers, *Science*, **303**, 1644 (2004)
9) R. Zeis, T. Siegrist, and Ch. Kloc, *Appl. Phys. Lett.*, **86**, 022103 (2005)
10) K. Yamada, J. Takeya, K. Shigeto, K. Tsukagoshi, Y. Aoyagi, and Y. Iwasa, *Appl. Phys. Lett.*, **88**, 122110 (2006)
11) T. Yasuda, T. Goto, K. Fujita, and T. Tsutsui, *Appl. Phys. Lett.*, **85**, 2098 (2004)
12) T. Takahashi, T. Takenobu, J. Takeya, and Y. Iwasa, *Appl. Phys. Lett.*, **88**, 033505 (2006)
13) O. D. Jurchescu, M. Popinciuc, B. J. van Wees, and T. T. M. Palstra, *Adv. Mater.*, **19**, 688 (2007)
14) K. Yamada, J. Takeya, T. Takenobu, and Y. Iwasa, *Appl. Phys. Lett.*, **92**, 253311 (2008)
15) M. Yamagishi, Y. Tominari, T. Uemura, and J. Takeya, *Appl. Phys. Lett.*, **94**, 053305 (2009)

第6章 圧着法を用いたポリマー太陽電池の接合界面制御

但馬敬介*

1 はじめに

　有機物と有機物，あるいは有機物と金属の電気的接合界面の性質を理解し，それらを精密に制御することは，高性能の有機半導体デバイスを開発する上で非常に重要である[1]。低分子の有機半導体の場合，真空蒸着法などのドライ製膜プロセスを繰り返すことで，平坦な界面を持つ積層構造を比較的容易に作成することができる。一方でポリマー半導体材料の場合は，溶液からの塗布プロセスを用いるため，多層膜を作成する際には多くの制限が生じる。まず，溶液プロセスの繰り返しで積層する際は，用いる溶媒がそれまでのポリマー薄膜を溶解あるいは破壊しないという条件が必要となる。Poly(3, 4-ethylenedioxythiophene)poly(styrenesulfonate)（PEDOT：PSS）は現在広く用いられている導電性高分子材料であり，ほとんどの有機溶媒に不溶で，水中の分散液として使用されている。そのため多くのポリマー半導体と溶液プロセスで重ね塗りをすることが可能であり，有機エレクトロルミネッセンス（EL）デバイスやポリマー薄膜太陽電池においてバッファ層として広く用いられている。しかしこのような水溶性の導電性高分子材料の例外を除くと，芳香族系の半導体高分子のほとんどは有機溶媒に可溶，もしくは膨潤するため，多くの場合は単純な重ね塗りは困難である。これを克服するひとつのアプローチとして，ポリマー側鎖の架橋反応等によって薄膜を有機溶媒に不溶化し，重ね塗りによって多層化を達成している例が挙げられる[2,3]。しかしこの方法は新たな材料合成が必要であるため汎用性に乏しく，また架橋反応によって材料の性質自身が変化する可能性もある。さらに，溶液を重ね塗りすることによって得られる界面は，塗布プロセスや表面の濡れ性などの複雑な要因によって決定され，その性質を予測・分析するのは一般的に困難である。有機物と金属の界面形成については，現在主に真空蒸着によって行われているが，蒸着金属のポリマー薄膜への侵入[4,5]や表面での化学反応[6,7]も懸念されるため，制御された界面を構築するには不利であると考えられる。
　これらの点から考えると，ポリマー薄膜同士，またはポリマー薄膜と金属を物理的に接触させ，圧力や熱を加えて界面を形成する接着・圧着法を用いた界面形成は，高性能の電子デバイス作成

＊　Keisuke Tajima　東京大学　大学院工学系研究科　応用化学専攻　講師

において将来的に重要な役割を担うことが考えられる。具体的に圧着法は，以下の2点において従来の界面形成法よりも有利であると考えられる。ひとつは，接合界面状態の予測・制御が比較的容易であるという点である。低温で接着できる場合，平坦で制御されたポリマー薄膜のヘテロ界面が形成可能である。接着のために熱処理が必要な場合は，ポリマー界面における相互混合の可能性も考えられるが，逆にそれを利用して界面の混合形態を連続的に制御することも考えられる。また，それぞれの薄膜表面を様々な手法で分析した後に圧着しデバイスを形成することで，界面に関する情報と電子デバイスの性能との関連を探ることができる。さらに，金属や有機膜表面をあらかじめ修飾することによって，圧着界面におけるダイポール層やキャリアトラップなどの影響を詳細に検討することができる。このような基礎的な知見は，重ね塗り法による界面では得ることが困難であり，界面における電子移動プロセスの解明に役立つものと考えられる。

もうひとつの大きな利点は，作成プロセスの単純化によって，デバイス製造コストを大幅に下げることができる可能性を秘めている点である。ポリマー半導体を用いたデバイスは一般的に，塗布・印刷による製造によって達成される低コスト・大面積化が大きな利点として挙げられている。しかし，最終的に真空蒸着プロセスによって電極を導入する必要がある場合には，大面積化は困難であり，また製造コストが上がってしまう。ポリマーフィルムの圧着プロセスはこれまでに工業的に広く用いられており，特にフレキシブルな大面積プラスチック基板と組み合わせることで，連続プロセスに組み込むことができれば，製造コストの大幅な低減が期待できる。これによって有機半導体デバイスの特長を生かした応用が可能になると考えられる。

本章では，圧着法を用いた有機電子デバイス，特にポリマー薄膜太陽電池における最近の研究例を紹介し，基礎・応用の観点からこの方法の可能性について述べる。

2　圧着法を用いたポリマー太陽電池の作成

半導体ポリマーを用いた薄膜太陽電池は，原理的には塗布などによる製造が可能であるため，シリコン太陽電池に比べて劇的に製造コストを下げられる可能性を秘めている。また軽量であり，大面積化やフレキシブル化が可能であるなど多くの利点を持っており，近年注目を集めている[8〜10]。現在，ポリマーとフラーレン誘導体の混合薄膜を用いたバルクヘテロジャンクション構造が高効率化のために有力とされている（図1）。この構造ではドナー／アクセプター界面が広くなるために光誘起電荷分離が効率的に起こり，二層型の素子に比べて光電流が大きく増加した。一方で，生成した電荷の薄膜中の輸送に関しては必ずしも効率的であるとは言えず，高効率を達成するためには薄膜の熱処理などによって，材料の結晶化や混合形態を精密に制御する必要がある。現在までに，この構造を用いてポリ（3-ヘキシルチオフェン）（P3HT）とフラーレン

第6章　圧着法を用いたポリマー太陽電池の接合界面制御

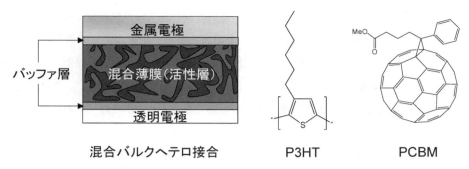

図1　混合バルクヘテロ接合デバイス構造の模式図（左）およびポリ（3-ヘキシルチオフェン）（P3HT）および可溶化フラーレン（PCBM）の分子構造（右）

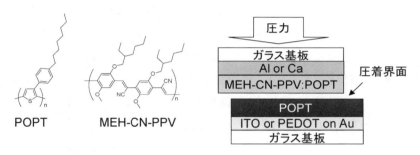

図2　ポリ（3-オクチルフェニル）チオフェン（POPT）とシアノ化ポリパラフェニレンビニレン誘導体（MEH-CN-PPV）の構造（左）と，圧着によって作成された2層型ポリマー太陽電池の模式図（右）

化合物（PCBM）の組み合わせで変換効率4-5％程度が報告されている[11]。しかし実用化を考えると変換効率はいまだ低く，その向上が最も重要な課題となっている。一方で，将来的にその利点を生かすためには，先に述べた製造プロセスの単純化は重要な課題である。また，デバイス中の接合界面における電荷の再結合は，変換プロセスの大きなロスとなりうるため，太陽光エネルギー変換の高効率化のためにもその制御が必要である。さらに，光吸収領域の拡大を狙ったタンデム化[12]・有機層の多層化の観点からも，圧着法を用いた有機太陽電池デバイスの作成は大きな可能性を持っていると考えられる。

　圧着法を用いた有機薄膜太陽電池の作成は，Friendらによって初めて報告された[13]。この系では，ドナーとなるポリチオフェン誘導体（POPT）層とアクセプターとなるフェニレンビニレン誘導体（MEH-CN-PPV）との2層の界面を熱圧着法によって作成している（図2）。それぞれのポリマーをITOおよび蒸着した金属電極上にスピンコートした後，基板を重ね合わせて200℃で軽く圧着することによってデバイスを作成している。興味深いことに，アクセプター層は，MEH-CN-PPV単層で用いるよりも，少量（5％程度）のPOPTを混合して用いたほうが高

い効率が得られた。これは，現在主流となっている混合型バルクヘテロ接合と同様に，電荷分離する界面を増やすことで電流値が増加したものと考えられる。圧着によって得られたデバイスは，480nmの単色光照射下で外部量子収率が29%と高い値を示した。圧着界面のTEM像からは，20-30nm程度の領域でポリマー層が相互に浸透していることが示された。この研究によって，圧着界面を用いたポリマー太陽電池の作成が可能であることが示され，その後様々な例が報告されている。

　Greenhamらは，電子アクセプター（F8BT）のポリマー薄膜をガラス基板から水面上に浮かした後，ITO上にコートしたドナー層（PFB）に転写することによって2層構造を作成し，最後に金属電極を蒸着してポリマー薄膜太陽電池を作成している（図3）[14]。先の例と異なり転写プロセスを室温で行っているため，界面での材料の混合が起こらないことが特長といえる。このような明確な2層構造は，スピンコートなどの溶液プロセスを繰り返すことによっては作成が困難である。このように平滑に制御されたヘテロ界面を用いて，蒸着金属を様々に変えることで，金属の仕事関数と2層型デバイスのV_{OC}の相関についてモデルに基づいた検討を行っている。

　Yangらは，スピンコートしたポリマー薄膜と真空蒸着した電極を粘着テープではがし取り，これを別のポリマー薄膜上に圧着するという簡単な手法でポリマーELデバイスを作成することに成功している[15,16]。また，導電性のPEDOT：PSSに粘着性の物質を加えることで，接着性の導電性フィルムとし，これを用いて熱圧着によってポリマーELを作成している[17]。最近になって，同じグループによってP3HT：PCBMのバルクヘテロ接合を用いた高効率太陽電池の圧着

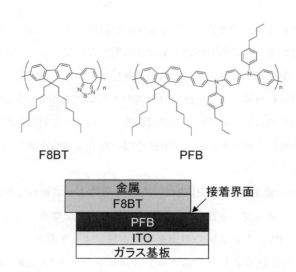

図3　ドナー（PFB）とアクセプター（F8BT）ポリマーの構造（上）と，ポリマー界面の接着によって作成したデバイス構造の模式図（下）

第6章　圧着法を用いたポリマー太陽電池の接合界面制御

法による作成が報告された[18]。圧着界面には，電気的接合を良くするために導電性の「のり」を用いている。具体的には，バッファ層として用いるPEDOT:PPSにD-ソルビトールを混合してスピンコートすることで，ポリマーとの界面における加熱時の接着力を高めている。その結果，プラスチック棒を手で表面を滑らせる程度の圧力をかけることで圧着を達成している。基板としてはITOガラスのほかにプラスチック基板上のITOを用いている。興味深いことに，ITO基板上にスピンコートしたCa_2CO_3膜をバッファ層として用いることでITO基板の仕事関数を変化させ，両方の基板にITOを用いることで，金属電極のないデバイスを作成している（図4）。この結果，光電変換に使用していない領域の光を透過する半透明のデバイスを作成することに成功している。擬似太陽光照射下での変換効率は3％と，一般的に金属蒸着で作成されるデバイスと遜色ない効率が得られている。

　Leeらは，ポリジメチルシロキサン（PDMS）スタンプを用いて金電極を表面に写し取り，スピンコートによって作成したP3HT:PCBMバルクヘテロ接合薄膜に圧着することによって，太陽電池デバイスを作成する手法を報告している（スタンプ転写法）[19]。P3HT:PCBM層はあらかじめ熱処理をしておき，金が転写されたPDMSスタンプを有機薄膜に押し付けるだけでデバイスを作成している。金そのものを電極として使った場合は変換効率が0.56％と低いが，金電極上に自己組織化単分子膜（SAM）を形成したり，PEDOT:PSSをスピンコートしてバッファ層として用いたりすることでデバイスのV_{oc}が改善し，1.6％の変換効率を達成している。このように，界面の修飾が可能であるという圧着法の利点が生かされた結果といえる。

　KimとHuckらは，PDMSスタンプによって半導体ポリマー層を転写する際，水に溶解するポリスチレンスルホン酸ナトリウム（PSS）を犠牲層として用いる手法を報告している。これを用いてポリマーの多層膜構造を作成し，ヘテロ接合を形成することに成功している[20]。転写プロセスの模式図を図5に示す。プロセスは常温で行われるため，ポリマー界面は材料の混合などが

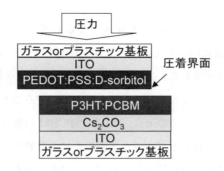

図4　圧着によって作成されたP3HT:PCBMバルクヘテロ接合型ポリマー太陽電池の模式図

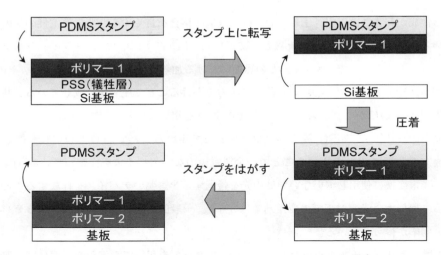

図5　PDMSスタンプ転写によるポリマーフィルムの多層化の模式図

起こらず平滑性が保たれていると考えられる。この手法を用いて，ホール輸送層（TFB）と電子輸送層（F8BT）の2層型のポリマーELの作成に成功している。またP3HTとPCBMを用いた同じく2層型の太陽電池デバイスにおいて，1.7％の変換効率を達成している。

Bradleyらも最近，PDMSスタンプを用いた同様のポリマー層の転写手法を報告している[21,22]。この手法を用いて，ポリマー：PCBMの混合薄膜を有機薄膜上に転写し，さらに金属を蒸着することによって太陽電池デバイスを作成している。P3HT層とバルクヘテロ層を積層することでデバイスの暗電流が低減し，ダイオード特性が改善することを報告している[21]。また，P3HTとPCBMの2層構造を転写によって構築した後，デバイスを熱処理することによって界面での混合を促進し，そのデバイス性能への影響を検討している。その結果，界面での混合が進行するにしたがいデバイスの電流値が大幅に向上することが観測された。界面における物質の混合によってバルクヘテロ接合に近い，より大きなドナー／アクセプター界面が達成できたためと考えられる[22]。

筆者らの研究室においては，最も単純な熱圧着による太陽電池デバイスの作成を検討してきた[23]。作成の方法を図6に模式図として示す。まず，ITOガラス上にスピンコートとゾルゲル法を用いて酸化チタン薄膜を形成した。この薄膜はデバイス中で電子輸送層（ホールブロック層）として働くことが知られている。また，硬く緻密な膜を形成することで，その後の圧着プロセスでの短絡を防ぐ役割も期待できる。その上に，P3HTとPCBMの混合薄膜をスピンコートによって製膜した。またもう片方の基板として，ガラス基板上に金薄膜を真空蒸着によって形成したものを用意した。これらを図6のように重ね合わせて，両側から圧力と熱を加えて圧着した。すべてのプロセスは空気中で行った。P3HTのガラス転移温度よりも低い温度（90℃程度）以下では

第6章　圧着法を用いたポリマー太陽電池の接合界面制御

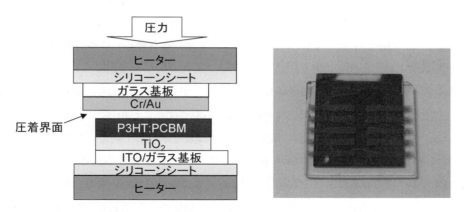

図6　熱圧着法によるP3HTとPCBMの混合バルクヘテロ接合太陽電池の作成の模式図（左）およびデバイスの写真（右）

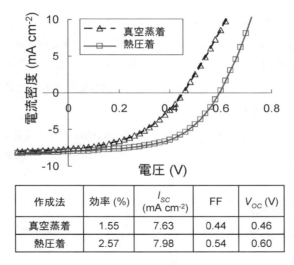

作成法	効率 (%)	I_{SC} (mA cm^{-2})	FF	V_{OC} (V)
真空蒸着	1.55	7.63	0.44	0.46
熱圧着	2.57	7.98	0.54	0.60

図7　真空蒸着および熱圧着によって作成したP3HTとPCBMの混合バルクヘテロ接合太陽電池の電流電圧特性（擬似太陽光 AM1.5 100mW/cm² 照射下）

接合は得られなかったが，100-150℃の温度では1MPa以上の圧力を加えることで，物理的および電気的な接合を達成することができた。得られた太陽電池デバイスの写真を図6右に示す。対照実験として，同様に作ったP3HT：PCBM薄膜に金を真空蒸着してデバイスを作成した。これらの太陽電池デバイスの擬似太陽光AM1.5照射下（100 mW/cm²）での電流－電圧特性を図7に比較した。この結果から明らかなように，熱圧着によって作成したデバイスの方が真空蒸着で得たデバイスよりも高い効率を示した。両者において用いたバルクヘテロ接合薄膜は全く同じであるため，この違いは金電極と有機薄膜の界面による影響であると考えられる。

この性能の違いの原因を明らかにするために，P3HT：PCBM 薄膜の表面組成の深さ方向分析を X 線光電子分光法（XPS）と Ar⁺プラズマエッチングの組み合わせによって行った。XPS による表面の硫黄と炭素の存在比率と，表面エッチング時間の関係を図 8 に示す。この結果を見ると，スピンコートした薄膜の表面では硫黄元素の存在比が高くなっており，薄膜内部では一定値に近づくことが明らかとなった。硫黄は P3HT にのみ存在することから，この結果はスピンコートの間に混合溶液から P3HT が表面に偏析していることを示唆している。この現象は，長いアルキル鎖を有する P3HT の低い表面エネルギーによって説明できる。さらにこの結論は，P3HT：PCBM 薄膜の表面における水接触角によっても確かめられた。すなわち，表 1 に示すように P3HT：PCBM 表面の接触角は P3HT のそれと近い値を示しており，P3HT の表面偏析を示唆している。XPS 測定のエッチング時間から見積もった P3HT 過剰な層の厚みは 2nm 程度以下と見積もられるため，最表面のみが P3HT 過剰になっていると考えられる。これらの結果から，図 7 における太陽電池特性における違いの原因として以下の仮説が考えられる。表面偏析した P3HT 層は圧着法では保持されるために，金表面でホール輸送層（電子ブロック層）として働き，界面における電荷再結合による V_{OC} の低下を抑制していると予想できる。一方で金を真空蒸着した場合には，蒸着した金によって薄い P3HT 層は破壊されるために，この効果が失われて効率が低下したことが考えられる。

このように，バッファ層の形成は太陽電池デバイスの性能に非常に重要であることがわかってきている。そこで，バッファ層としてよく用いられている PEDOT：PSS を界面に存在させて同

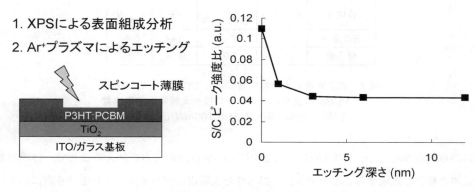

図 8 XPS による深さプロファイル測定の模式図（左）と硫黄／炭素ピーク強度比の深さプロファイル（右）

表 1 ポリマー薄膜表面における水接触角

薄膜	P3HT	PCBM	P3HT：PCBM
水接触角（°）	100.1 ± 1.5	78.7 ± 1.7	101.7 ± 0.8

第6章 圧着法を用いたポリマー太陽電池の接合界面制御

様に圧着法と真空蒸着法によるデバイスを比較した。デバイス構造の模式図と，電流－電圧特性の比較を図9に示した。このように両者の性能はほぼ同程度であり，またP3HT：PCBMを用いたデバイスとしても従来報告されている性能と遜色ない結果が得られた。この結果は，熱圧着法を用いても蒸着法と同程度の良好な電気的な接合をより簡単に達成できることを示唆している。

さらに筆者らは最近，この単純な熱圧着法が，ポリマー太陽電池の光吸収層の多層化にも利用できることを見出している[24]。異なる吸収を持つ2種類のポリマー（PDTPDTBT[25]とP3HT）を用いてPCBMとのバルクヘテロ接合をそれぞれ作成し，2層を熱圧着することで多層構造を

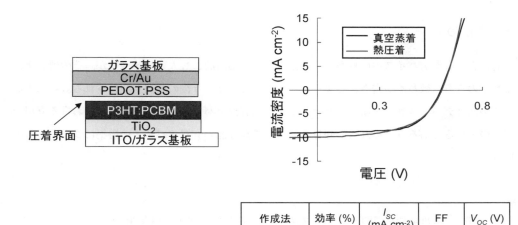

図9 PEDOT：PSSをバッファ層として用いたデバイスの模式図（左）と，真空蒸着および熱圧着によって作成したP3HTとPCBMの混合バルクヘテロ接合太陽電池の電流電圧特性（右）（擬似太陽光 AM1.5 100mW/cm² 照射下）

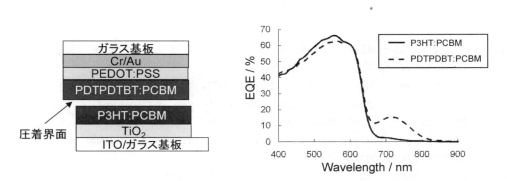

図10 多層構造を有するデバイスの模式図（左）と，単色光照射下における外部量子収率スペクトル（右）

持つポリマー太陽電池の作成に成功している（図10）。太陽電池の単色光照射下における外部量子収率スペクトルを見ると，P3HT：PCBM層のみを用いた場合には，P3HTの吸収端に相当する650 nmまでの波長の光に応答している。一方，より長波長の吸収を持つPDTPDTBT：PCBMと積層化すると，P3HTの吸収領域に加えて，PDTPDTBTの吸収に由来する650-820 nmの波長領域の光にも応答していることがわかる。この結果として，擬似太陽光照射下の短絡電流値も 8.83 mAcm^{-2} から 9.41 mAcm^{-2} へと増加した。このように，圧着法による多層構造の形成は様々な材料を組み合わせる際に非常に有用であり，更なる材料の検討によって変換効率の向上が期待できる。

3 まとめ

圧着による有機デバイス中の界面制御は基礎的にも応用的にも大変興味深いが，その研究例はここ数年のうちに数多く報告されるようになってきており，今後の展開が注目される。特に表面分析の手法とデバイス評価を組み合わせることで，有機デバイス中の様々な接合における有用な情報が得られるであろう。それらの知見を元にして高性能の有機デバイスの構築につながるものと期待できる。

謝辞

共同研究者である東京大学・JST-ERATOプロジェクトの橋本和仁教授，楊春和博士，周二軍博士，本稿で紹介した研究を行った中村元志氏と，本稿の執筆に協力していただいた研究室の学生の皆さんに深く感謝いたします。

文　献

1) H. Ishii, *et al.*, *Adv. Mater.*, **11**, 605 (1999)
2) C. D. Muller, *et al.*, *Nature*, **421**, 829 (2003)
3) S. Miyanishi, *et al.*, *Macromolecules*, **42**, 1610 (2009)
4) K. Suemori, *et al.*, *Appl. Phys. Lett.*, **85**, 6269 (2004)
5) K. Suemori, *et al.*, *J. Appl. Phys.*, **99**, 036109 (2006)
6) F. Faupel, *et al.*, *Materials Science & Engineering R-Reports*, **22**, 1 (1998)
7) J. Birgerson, *et al.*, *Synth. Met.*, **80**, 125 (1996)
8) B. C. Thompson, *et al.*, *Angew. Chem. Int. Ed.*, **47**, 58 (2008)
9) S. Gunes, *et al.*, *Chem. Rev.*, **107**, 1324 (2007)

第 6 章　圧着法を用いたポリマー太陽電池の接合界面制御

10)　P. W. M. Blom, *et al.*, *Adv. Mater.*, **19**, 1551 (2007)
11)　Y. Kim, *et al.*, *Nat. Mater.*, **5**, 197 (2006)
12)　A. Hadipour, *et al.*, *Adv. Funct. Mater.*, **18**, 169 (2008)
13)　M. Granstrom, *et al.*, *Nature*, **395**, 257 (1998)
14)　C. M. Ramsdale, *et al.*, *J. Appl. Phys.*, **92**, 4266 (2002)
15)　T. F. Guo, *et al.*, *Adv. Funct. Mater.*, **11**, 339 (2001)
16)　T. F. Guo, *et al.*, *Appl. Phys. Lett.*, **80**, 4042 (2002)
17)　H. Y. Ouyang, *et al.*, *Adv. Mater.*, **18**, 2141 (2006)
18)　J. S. Huang, *et al.*, *Adv. Mater.*, **20**, 415 (2008)
19)　J. Kim, *et al.*, *Appl. Phys. Lett.*, **92**, 133307 (2008)
20)　K. H. Yim, *et al.*, *Adv. Funct. Mater.*, **18**, 1012 (2008)
21)　L. C. Chen, *et al.*, *Adv. Mater.*, **20**, 1679 (2008)
22)　T. A. M. Ferenczi, *et al.*, *Journal of Physics-Condensed Matter*, **20** (2008)
23)　M. Nakamura, *et al.*, *Sol. Energy Mater. Sol. Cells* (2009)
24)　M. Nakamura, *et al.*, *Submitted*
25)　E. J. Zhou, *et al.*, *Macromolecules*, **41**, 8302 (2008)

〔電解重合〕

第7章　有機電解合成と界面電気化学現象

小野田光宣*

1　はじめに

　エレクトロニクス素子の超微細化を目指した分子素子の概念がF. L. Carterにより提唱されてからおよそ30年が経過した。すなわち，次世代素子として提案されたこの分子素子の概念は，「電子の流れを制御する機能を個々の分子に持たせ，分子サイズの電子素子を実現する」と言うもので，エレクトロニクス素子機能を分子で代行させようとする考えである。このような分子素子に要求される一般的な性質は，機能の多様性と超微細化構造による機能の集積化であり，これまでシリコン（Si）を始めとする無機半導体材料がその要求に答えてきた。しかし，機能要求が高度化するにつれて有機化合物の持つ優れた性質，例えば多種多様性，構造的準安定性などに期待が寄せられるようになってきた。特に，電子共役系の発達した分子を配列させると，導電性，光伝導性，非線形光学効果などの様々な機能が発現するが，その特性が構成単位の化学構造に大きく依存するのが有機材料の大きな特徴である。

　このような背景の中で，「分子素子」，「ナノテクノロジー」などをキーワードとする未来のエレクトロニクス，すなわち「分子エレクトロニクス」の実現に向けて極めて活発な基礎研究がなされている。

　分子は物質の究極の最小単位であり，固有の機能を持っている。分子機能は基本的にその電子状態の変化によって発現する。例えば，バクテリアの鞭毛モータは生物界で唯一の回転機構を持ち，水素イオン（H^+）の流れで電子状態を変化させ毎秒1,000回転することが可能である。したがって，生物に学ぶということが極めて重要になってくる。また，電子によって分子機能が引き起こされる典型的な例は，電子のトンネリングによるスイッチである。分子で考えられる情報伝達の担体としては，H^+，光子，励起子，電子，フォノン，ソリトンなどがあり，情報伝達距離は数十nm以下で従来のエレクトロニクス素子に比べて極めて小さいことが特徴であるが，分子による電子の流れの制御はまだ現実のものとは言えない。

　分子素子を実現するためには，次の4項目の克服が極めて重要となる。

　　(a)　機能分子の材料化

---

　*　Mitsuyoshi Onoda　兵庫県立大学　大学院工学研究科　電気系工学専攻　教授

第7章　有機電解合成と界面電気化学現象

(b)　機能分子の集積化
(c)　電子遷移を制御する分子系の組立
(d)　分子レベルでの構造制御

などである。(a)は電気化学重合法（電解重合法）に見られるように機能分子を分子論的に容易に取り込むことが可能で，エレクトロクロミズム，光電変換，センサなど種々の機能を持った機能性導電膜を得ることができ，既存の有機，無機高分子と複合化することが考えられる。(b)は(a)とも関係するが，分子機能材料を構築する上で機能分子そのものの機能集積化による多機能化は重要であり，アゾ基とキノン基を持つ化合物で高機能化を目指した報告がなされている。(c)は電子の流れを電界あるいは光などによって自由に制御できる分子系が人工的に構築できれば，情報変換機能，エネルギー変換機能などを有する分子素子が現実のものとなる。(d)は機能分子の持つ情報を的確に伝達，反映，制御するために超微細化素子の実現に重要な課題であり，具体的にはラングミュア・ブロジェット（LB）法（単分子，累積膜），自己組織化膜（単層膜，多層膜），光パターン（二次元，三次元）などが考えられ，分子論的な制御が必要である。

　現在，種々の有機機能材料が合成され，それらを用いた素子も種々提案されているが，いわゆる分子素子といわれるものは概念が先行しているとはいえ，少しずつ現実味をおびているように思える。例えば，これまでに初歩的ながら有機材料が本来有している電子光機能を具体化したものとして，電界発光素子[1]，分子膜メモリ素子[2]，アクチュエータ素子[3]などが提案されている。これらの主たる機能源としては，π電子，双極子，スピンおよび異性化，相転移などが考えられ，分子設計，合成技術などの進歩や有機／有機あるいは有機／無機界面における電子現象の解明によって今後この分野の大きな発展が期待される。

　1970年代の後半以降，ポリピロールやポリアニリンが電解液からの電気化学的重合法（電解重合法）により導電性薄膜として合成できることが報告され，有機化合物の電気化学的性質あるいは挙動に対して関心がもたれてきた[4]。電解重合法は，重合しようとするモノマーを適当な支持電解質を含む溶媒に溶解し，この溶液に浸漬した電極対に適当な電圧を印加して，モノマーを陽極表面で酸化あるいは陰極表面で還元して重合体を析出させる極めて簡単な手法である。通常，この重合体は均質なフィルム状で得られるが，ときには粉末状あるいは樹脂状（フラクタル状）の成長が観測されたり，全く生成物が得られないこともある。

　次節では，上述した分子素子を実現する上で最も基礎的で重要な4項目の中で，機能分子の材料化に焦点を当て，最も有効な手段となる電解重合法に注目して，機能性有機材料として最も期待されている導電性高分子の有機電解合成を中心に，電解重合法と反応機構，電解重合膜の機能応用例などについて述べ，界面電気化学現象の研究の現状を通じて分子エレクトロニクスに対する動的界面の重要性とその役割について指摘する。

2 電解重合法

電解重合法は通常図1に示す電解重合装置を用いて行なわれる。即ち，重合しようとする芳香族化合物モノマーを適当な支持電解質を含む溶媒に溶解し，この溶液に浸漬した電極対に適当な電圧を印加すると，モノマーは陽極表面で酸化あるいは陰極表面で還元されて膜状，粉末状あるいは時に樹脂状などの形態で重合する。特に，陽極表面でモノマーが酸化され重合する場合を電解酸化重合と称し，それに対し陰極表面でモノマーが還元され重合する場合を電解還元重合と呼んでいる。なお，必要に応じて参照電極を浸漬する場合がある。この重合法で最も重要な点は，電解液の組成，即ち溶媒の種類と支持電解質，モノマーの種類や濃度の違いなどが重合反応に大きな影響を及ぼす事である。同一モノマーを用いた場合でも電解液の構成が異なると生成物の形態も大きく異なり，時には全く生成物が得られない事もある。この様な電解重合反応の支配的因子としては，この他に印加電圧や電流密度の大きさ及び重合温度などが考えられ，場合によっては電極の材質，電極間距離なども大きく影響を及ぼす事がある。いずれにしても電解重合法で良質の導電性高分子を膜状で得るためには，これらの支配的因子を詳細に吟味して最適な電解重合条件を把握しなければならない。しかし，電極の形状で膜の形状を変える事ができ，重合時間の調整で厚さを制御できるという利点もある。また，電圧の印加方法としては一般に定電圧法ある

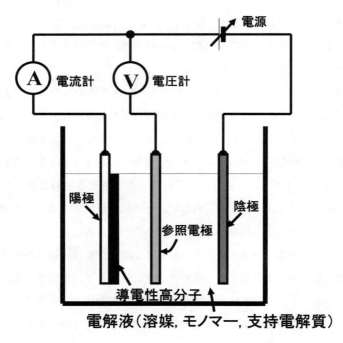

図1　通常用いられている電解重合装置の概略図

第7章　有機電解合成と界面電気化学現象

いは定電流法のどちらかが用いられており目的に応じて選ばれるが，この方法以外に交流電圧や三角波，パルス電圧などを印加する方法がある。

　電解重合法で得られる導電性高分子膜は電解酸化重合の場合，支持電解質の陰イオンを，そして電解還元重合の場合には支持電解質の陽イオンを取り込んでおり，これらがドーパントとして作用するため比較的高い導電率を示す。取り込まれたドーパントは電極間に重合電圧より小さな逆電圧を印加したり，電極間を短絡する事により導電性高分子体積内から取り出す事ができ，中性状態のフィルムが得られる。さらに，新たにドーパントをドーピングするには適当な溶媒にドーピングしたいイオンを含む電解質を溶解した電解液に，電極表面上に生成した導電性高分子と対向電極および必要に応じて参照電極を浸漬し，電極間に電圧を印加して行なわれる。例えば，陰イオンをドープしようとすれば導電性高分子が正電位になる様に電圧を印加し，逆に陽イオンをドープしようとする場合には導電性高分子が負電位になる様に電圧を印加する。ただし，陰イオンのドーピングは比較的容易に行なう事ができるが，陽イオン，特にLi^+，Na^+などのアルカリ金属イオンのドーピングは極微量水分の影響を受け易く，水分のない厳密に調整した条件の下で行なわないと容易ではない。この様に導電性高分子は電気化学的なドープ，脱ドープを可逆的に行なう事ができ，電圧を制御する事によりドーパント濃度を広範囲に調整し，任意の導電率を有する膜が得られる。

3　電解重合反応の機構

　電解重合法による導電性高分子合成の反応機構は，電解液の組成や電解条件などの種々の諸因子が非常に複雑に電極反応と関与しているため明確には解明されていない。したがって，重合反応条件は個々の導電性高分子について異なっており，最適条件が経験的に採用されている。しかし，定性的には次の様な反応機構が一般に受け入れられている。いずれにしても電解重合法では，電極と電解液界面において電子の授受を伴うモノマーと電解質イオン，それに溶媒が関与する分子のダイナミックな動きが生じている。通常，電解重合反応によって2〜2.5個の電子が消費され，そのうち2個は重合反応に，残りはドーピングに使われる。その結果，重合に使われた電子の数に相当するプロトンが重合液に蓄積することになる。したがって，重合反応はモノマーからの電子の引き抜きによって起こり，生成したラジカルカチオン（陽イオン）を活性種とするカップリングと脱プロトン反応が繰り返されて進行するものと考えられる。重合反応としては図2に示す反応1：親電子置換カップリング反応あるいは反応2：ラジカルカップリング反応のどちらかであると考えられるが（ここで，Mはモノマーを示す），得られた重合体が不溶不融で構造解析が困難なこと，また重合反応は電極近傍の限られた場所で進行する不均一系の反応で，その場

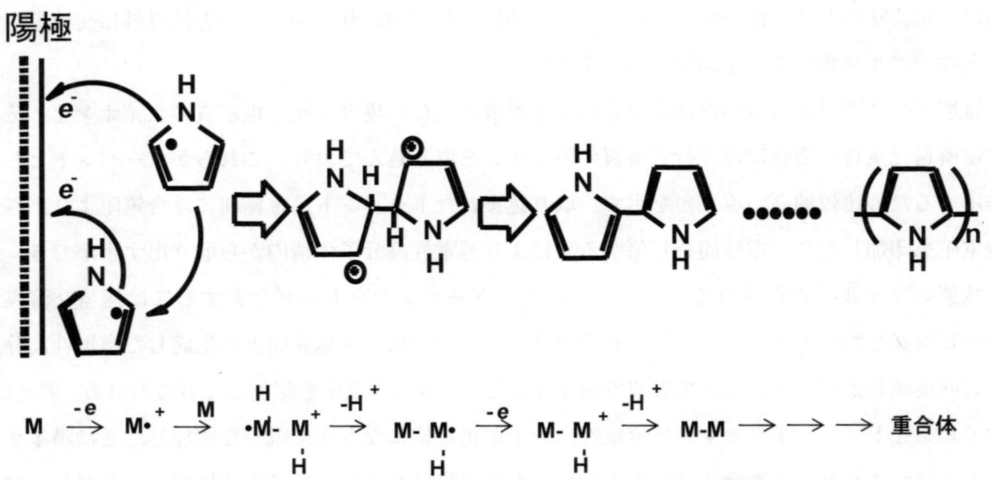

図2 予想される電解重合反応

(a) 親電子置換カップリング反応

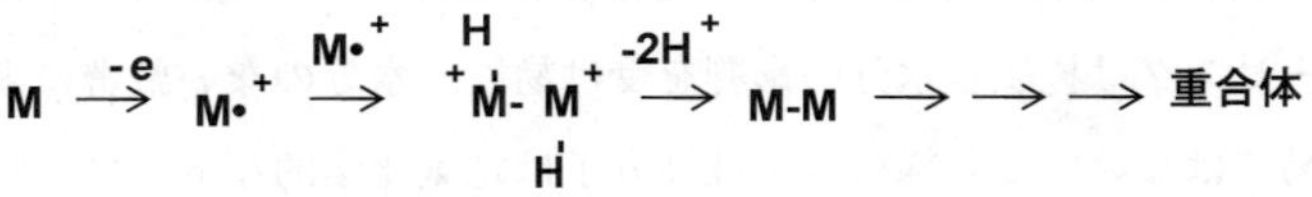

(b) ラジカルカップリング反応

所へのモノマーや電解質イオンの供給を考慮しなければならないため重合反応機構そのものが非常に複雑となり統一的な見解が得られているわけではない。即ち，電解重合は電圧印加による電解液中のモノマーの酸化反応あるいは還元反応により開始し，芳香族化合物のラジカルカチオンあるいはラジカルアニオンが生成され，その後カップリング反応と脱プロトン化を繰り返して重合が進行すると考えられる。電解重合反応に及ぼす溶媒，支持電解質，重合電圧，重合温度など種々の支配的因子の影響については充分に明らかになっていないが，例えばモノマーより低い電圧で溶媒が電気化学反応を開始するのは避けなければならない。したがって，重合しようとするモノマーの種類によって溶媒のドナー数を考慮して選ぶ必要がある。

例えば，電解重合反応では溶媒の塩基性（親核性）がモノマーのそれより小さければ重合体が得られるが，モノマーの塩基性を越える溶媒を用いるとラジカルカチオンは溶媒と相互作用し重合反応は進まないことが分かっている。即ち，用いる溶媒の極性は電解質の解離とラジカルカチオンの安定性に影響し，その塩基性が重合体形成の有無に関係している。また，電解重合を定電流で実施した場合，単位時間当たりのラジカルカチオンの発生量は一定となるので，ラジカルカップリング反応を仮定すると反応活性種の濃度はモノマー濃度に無関係で電流効率（通過電荷量に対する重合体生成に使用された電荷量の割合）は変わらないと考えられる。しかし，チオ

第7章 有機電解合成と界面電気化学現象

フェン,ピロール,ベンゼンなどを重合する場合,電流効率に対するモノマー濃度の影響を調べると電流効率の増大が観測される場合がある。例えば,ベンゼンはニトロベンゼンのような低塩基性の溶媒では重合反応が進み,ベンゾニトリルのような塩基性溶媒を用いた場合には重合物は得られない。しかし,ベンゼンの定電流電解重合における電流効率のモノマー濃度依存性を調べてみると,極めて高いモノマー濃度で突然ポリ(p-フェニレン)が高い電流効率で重合できることが分かっている。これは溶媒によって安定化されたラジカルカチオンの溶媒和が,モノマーの濃度を増加することにより破れ,反応確率が増すためと考えられている。したがって,親電子置換カップリング反応が支配的であると考えられる。

4 陰極還元重合による導電性高分子

電解重合は通常アロマティックあるいはヘテロアロマティック化合物の陽極酸化により,導電性の導電性高分子をフィルム状で得られる比較的簡便な合成法である。しかし,一部の化合物は陰極還元反応を利用して導電性高分子の重合が可能である事が報告されている。この陰極還元による重合反応はハロゲン化アロマティック化合物をモノマーとして,適当な電解液中で電解還元を行なうと陰極表面上で脱ハロゲン化反応が進行し重合すると考えられる。例えば,1,2-ビス(ジフェニルホスフィノ)エタン Ni(II)クロライドを触媒として 1,4-ジブロモベンゼンを$-2.5V$で電解還元するとポリ(p-フェニレン)が合成される事が報告されている[5]。またα, α, α', α'-テトラブロモ-p-キシレンの電解還元を行なうとポリ(p-フェニレンビニレン)が合成できる事も報告されており[6],電解液の組成など重合条件を詳細に検討して溶媒にテトラヒドロフラン,支持電解質としてホウ弗化テトラブチルアンモニウムを用いた電解液から$-3V$(vs. Ag/Ag$^+$)の重合電圧を印加して陰極還元により柔軟性に富んだ良質のポリ(p-フェニレンビニレン)フィルムを合成している。この重合反応は $Cr(CO)_6$, $Mo(CO)_6$ などを電解液に添加すると比較的速く進行する様である。この他,本節で紹介するアロマティック導電性高分子とは若干趣が異なっているが,ヘキサクロロブタ-1,3-ジエンの陰極還元によりグラファイト状の高分子が合成される事も報告されている[7]。陰極還元による導電性高分子の合成に関しては,まだ報告例が少なく重合反応機構,重合条件など余り詳細な検討はなされていない。しかし,今後の展開によっては陰極還元による電解重合法は導電性高分子を合成するための重要な地位を占める可能性がある。

5 電解重合膜の機能応用例

5.1 導電性高分子—無機物質複合体

導電性高分子にその合成過程あるいは合成後,さらには成型過程において無機物質を取り込み,導電性高分子-無機物質複合体を形成し,導電性高分子だけでは達成できない性能,機能を発現させる試みが種々なされている[8]。取り込まれる無機物質としては金属原子,金属粒子,金属酸化物,半導体,強誘電体,セラミックス粒子,超微粒子など様々である。また逆に無機物質中に導電性高分子を混入し,新たな機能の発現をねらった研究もある。ここではこれら導電性高分子-無機物質複合体の研究例をいくつか簡単に紹介する[9,10]。

まず,導電性高分子-無機物質複合体として最初に報告されたのは,電解重合法によるポリピロールフィルム作製過程で酸化鉄(Fe_2O_3),四酸化鉄(Fe_3O_4)を始め各種遷移金属酸化物を取り込む研究であり[9],これにより導電性高分子の導電性,光機能性と無機物質の強磁性,フェリ磁性などの性質を併せ持った複合体が報告されている。もちろん,この複合体は高い導電率を示すと共に,図3に示す様な磁化-磁界曲線にヒステリシスを有し,磁性材料としての性質を兼ね

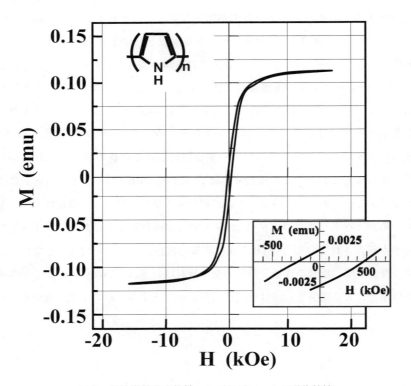

図3 磁性微粒子を担持したポリピロールの磁化特性

第7章 有機電解合成と界面電気化学現象

備えている。もちろん，電解重合法以外の方法を用いても同様の複合体形成が可能であり，遷移金属酸化物の磁性体の他，酸化チタン（TiO_2）などの光触媒能を持つ物質，半導体，微粒子，超微粒子を取り込む事も容易にでき[11]，おのおの特徴的な性能を有するフィルムなどの複合体が作製される。

逆にゾル-ゲル法で無機ガラスを形成する過程で導電性高分子を取り込む，あるいはモノマーを取り込んだ後，高分子化させるなどの方法でガラス-導電性高分子複合体が形成された例があり，特に光学的性質に特徴を有する複合体が得られている[10]。また，シリカゲルとポリピロールを複合化する試みもなされている[12]。さらに，セラミック超伝導体と導電性高分子を複合化した報告もある[13]。

この様な無機物質と導電性高分子の複合体には非常に多くの組み合わせがあり，個別に論ずるときりがない程であるが，実用上極めて重要な意義を持つものも多い。特に無機超微粒子と導電性高分子の複合体をプロセス上の数々の利点，期待される画期的な性能から注目すべきと考えている。

5.2 人工筋肉，駆動素子

上述した界面電気化学現象の例に見られるように，動的な界面電子現象には種々の要因が関与するため極めて複雑でまだ充分解明されていないのが現状である。しかし，界面の電気化学という観点から有機物の機能応用を見た場合，動的な界面現象を利用した素子が提案されている。

自然界の中で最も高度な機能を有しているのは人類であるが，植物や動物からなる生物の持つ優れた機能を真似るという考えは当然の姿であろう。生体内では官能基の受けた刺激を協奏反応により増幅して巨視的挙動を制御できる機能が備わっている。したがって，生体機能としての分子シンクロナイゼーションを人工的に構築することができれば，人工筋肉の実現も可能であると考える。

導電性高分子，高分子ゲル，イオン交換樹脂などは電気化学反応（電解）により形態変化し生体筋肉と類似の働きをすることから，この膨張，収縮を直接，屈曲や回転などの運動に変換できれば人工筋肉や分子機械などへの応用が期待され，これら駆動体の動作機構解明には大きな関心が寄せられている。例えば，図4の装置を用いて電解重合法により作製した円筒状ポリピロールは，分子凝集状態やモルフォロジーなどの違いにより厚さ方向に密度勾配が形成され導電率に異方性を示し，ある種の傾斜機能材料が形成されていることを見出し，図5に示すように電気化学的酸化還元反応によりある決まった方向のみに湾曲する異方性駆動素子が提案されている[14]。湾曲の機構としては，(i)嵩高いカチオンの出入り，(ii)ドーパントの存在による静電反発などに起因するPPyの膨張と収縮などが提案されており，ポリピロール／電解液界面における電荷の授受

有機デバイスのための界面評価と制御技術

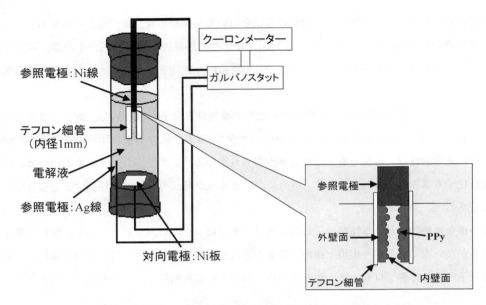

図4　特殊電解重合装置の概略図（円筒状導電性高分子繊維合成用）

図5　異方性ポリピロール駆動素子の湾曲の様子

とそれに溶媒が関与した分子のダイナミクスが大きく関与している[15]。また，電源を切るとその時の状態を保持し，メモリ効果も有している。ポリピロール体積内へはアニオンではなくカチオンが出入りすることにより湾曲し，カチオンの大きさも湾曲と密接に関係している[15]。さらに，ポリピロール体積内でのカチオンの濃度分布が発生応力の分布と関係し，湾曲に異方性を示す。

図6はポリピロール繊維駆動素子先端の液面到達時間の逆数とカチオン半径の関係を示す。カチオン半径が大きくなるほど液面到達時間は長時間を要し，約3.5Å以上になると室温では体積内に出入りできにくくなり，湾曲現象は認められない。すなわち，湾曲機構の主たる原因としてカチオンの出入り，静電反発，形態変化などによるポリピロールの膨張と収縮に関係している[15]。

一方，カチオン種の異なる電解液中でポリピロール繊維駆動素子先端の液面到達時間を種々の温度下で測定した結果を図7に示す。カチオン半径が大きくなるほど液面到達時間は長時間を要

第 7 章　有機電解合成と界面電気化学現象

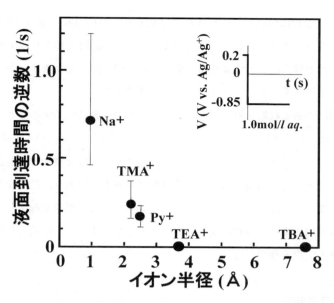

図6　異方性ポリピロール駆動素子先端の液面到達時間の
逆数とカチオン半径の関係

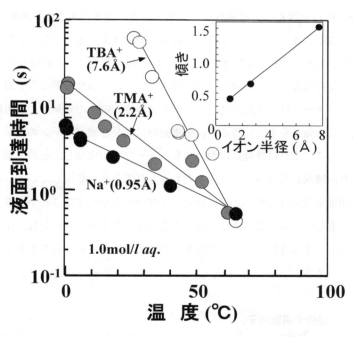

図7　異方性ポリピロール駆動素子先端の液面到達時間と温度の関係

しているが，高温になるにつれて液面到達時間は短くなり湾曲現象は極めて明瞭に観測される。また，60℃以上になるとカチオンの大きさに関係なく液面到達時間は1秒以下の短い時間で湾曲が観測される。同図の挿入図に示すように，液面到達時間の傾きとカチオン半径の間には線形関係が認められ，湾曲現象を利用したイオン認識が可能である。

このように有機物の膨張収縮を直接，屈曲や回転などの運動に変換することにより駆動素子だけでなく，人工筋肉，分子機械，分子センサなどへの応用が期待され，バイモルフ型の駆動素子，線形駆動素子など様々な提案がなされている。これらは基本的に有機物と電解液界面における電気化学的な酸化，還元反応に起因する形態変化を利用するものであり，動的な界面電子現象の解明が急務である。また，外部刺激に対して協奏的に発生した反応現象を経由して湾曲させ，任意に形態制御できる筋肉のように多数の素子の集合で力を発生すれば，構造の単純化や微小化を含めた有機駆動素子の実現も夢ではない。

5.3 分子機械，分子素子

導電性高分子の外場，外的因子による伸縮制御は，生物の筋肉運動機構などと関連して興味深いが，神経の構造パターン，学習とも対比できる。導電性高分子を適当な条件（電解質　温度，電圧などの重合条件）を選んで電解重合法で作製すると，図8のような特徴的なフラクタルパターンで成長させることができる[16]。これは，数学のフラクタルと関連しても興味深い問題で，条件により1次元，2次元，3次元など成長の次元性も制御できる。この成長パターンは自然界の色々なところで見られるが，神経線維，特にニューロンの先端部の形とも類似している。電解重合のフラクタルパターンは，拡散律速凝集モデルに濃度，電圧の効果などを考慮に入れると理解されるが，逆にこの知見をもとに特定の枝を選択的に成長させパターンの先端どうしを接触させることも可能である。これは神経系においてもニューロンが成長し，その先端どうしが相互作用することにより回路網が形成され，記憶などもなされることと類似している。電解重合において電圧パルスの印加を繰り返し行い，導電路ネットワークを形成することができ，ある種の学習効果としての面も有している。このような電解重合のフラクタルパターンは，生物での神経回路網形成を理解する上でも参考になり，この現象そのものをニューロン機能を有する分子素子へと発展させることもできる。

5.4 分子ワイヤ，超格子構造素子

ナノテクノロジーとは原子や分子をナノメートルスケールで操作，制御し，新規な機能を発現させる技術である。この技術は半導体分野ではもちろんのこと情報通信，バイオ，材料，環境など様々な分野で極めて重要な基盤技術と認識されている。特に，有機分子の単位はナノメトリッ

第7章　有機電解合成と界面電気化学現象

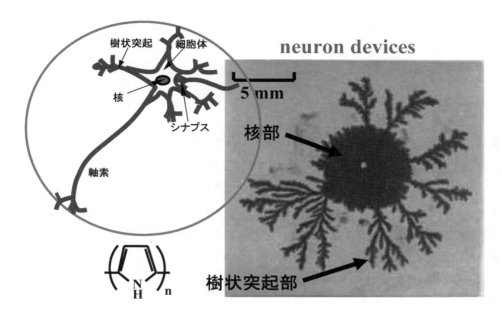

図8　電解重合法で得られたフラクタルパターン状のニューロン型導電性高分子（ポリピロールの例）

クのオーダであり，ナノテクノロジーの標的物質でもある。生物の有する機能や能力は有機分子を構成単位とする組合せから実現されており，情報の伝達や処理を実に巧妙に行なっているので，その機構を解明するとともに，生物を模倣した情報処理を人工的に実現することができれば全く新しい産業分野を構築すると考えられる。

1974年に初めてナノ分子素子の可能性が提案されて以来，単一分子の電気特性に関する実験的，理論的研究が盛んに行なわれており，分子一個でスイッチングを行なう分子素子の実現に向けた分子エレクトロニクスと呼ばれる学問体系が着実に進展しつつある。例えば，単一分子を用いた分子エレクトロニクスは，ナノメートルスケールで高機能分子を合成し，それを機能単位として集積化し，高密度，高光速の素子を実現しようというものである。このような単一分子エレクトロニクス素子の実現に不可欠な導電性ナノ分子ワイヤを電解重合法により構築しようとする試みがなされている。また，薄膜作製技術は素子機能を最大限に発揮させるために極めて重要である。特に，個々の有機分子を規則正しく配列したり，種々の異なった機能を有する分子を個々の有機層に組み込んだ超分子構造の薄膜は，特徴的な電子的，光学的性質を分子レベルで制御でき，有機層の厚さが分子オーダに近づくにつれて量子効果を実現でき，更に超薄層の層数が多くなると界面の特徴的な性質がバルクの性質を凌駕し素子全体の性質として発現できる。電解重合

法は電位を時間的に走査することにより重合組成を膜厚方向に変調できるので，傾斜機能を有する超格子構造薄膜の構築が可能である。

6 まとめ

有機／有機あるいは有機／電極の界面は，電子現象を把握したり有用な特性を実現する上で極めて重要であり，ナノ界面では実にさまざまで複雑な現象が生じていることが理解できたと思う。電気化学における界面は，電極と電解質イオンの共存系であり，この界面を介した電位勾配のある場での電荷の移動，化学種の変化や吸着，移動が起こり，それに溶媒が関与する不均一系での反応であるため，界面自体が化学変化することも予想されるので非常に複雑となるが，将来この方面の発展の可能性を見極めて充分に解明されていなかった問題を浮き彫りにするとともに，界面電子物性の電気化学的評価技術の一例を紹介した。

未来エレクトロニクス技術へ向けた有機薄膜の作製，評価とそれらを用いた薄膜素子の構築が極めて重要であることが指摘されている。機能の多様性と超微細加工による機能の集積化には，構造的にも準安定状態を多く持ち，多種多様性に富んでいる有機材料に多くの期待がよせられ，電子の流れを制御する機能を個々の分子に持たせ，分子サイズの素子を実現する分子エレクトロニクスへの期待は大きい。今後，有機分子およびそれらで構成される構造体の持つ性質と特徴を電気電子工学分野で活用するために必要となる工学体系として「有機分子素子工学」の展開が必要である。米国のクリントン元大統領が発表した「国家ナノテクノロジー戦略」により，我が国でも総合科学技術会議が国としてナノテクノロジーに力を注ぐことを決めている。ナノメートルの世界を任意に制御することで，全ての産業分野に技術革新をもたらす可能性が広く認識されるようになった。有機機能性薄膜素子は，インターネットを中心とする高度映像情報化社会を支える新技術として，今後一層その重要性が増すと考える。

有機超薄膜の電子素子，デバイス応用を考えた場合，有機分子を規則正しく配列制御することにより電気的，光学的性質などを分子レベルで制御でき，有機層の厚さが分子スケールに近づくにつれて界面の特異な性質が反映されるなど，従来予想もつかなかった機能を有する素子，デバイスを実現できる可能性を秘めている。機能を発現するということは，電界，光，熱などの外部刺激や不純物などの外的因子と，有機分子内のπ電子，双極子などが受動的，能動的に相互作用することを意味しており，界面電子現象が機能発現の"からくり"と深く関与していると言える。有機分子素子工学では，電子光機能発現の源の追求がミクロな観点から極めて重要となり，分子コンピュータを目指した単電子トランジスタや分子電子素子などナノテクノロジーと深く関連している。特に，生体超分子の大きさはnm〜μmであり，生物の巧みな機能や能力はナノメー

第7章　有機電解合成と界面電気化学現象

トルオーダの分子の組合せからなっており，生物は巨大なナノマシンの集合体と考えられる。21世紀中頃までには，生物における情報処理をナノサイエンスから人工的に実現できると確信している。

文　　献

1) 例えば，小野田光宣, Semiconductor FPD World, p.30, プレスジャーナル (2002)
2) 岩本光正, 真島　豊, 応用物理, **59**, 1346 (1990)
3) 金藤敬一, 金子昌充, 高嶋　授, 応用物理, **65**, 803 (1996)
4) A. F. Diaz, K. Kanazawa and G. P. Gardini, *J. Chem. Soc., Chem. Commun.*, 635 (1979)
5) J. F. Fauvarque, M. A. Petit, F. Pfluger, A. Jutatand, C. Chevrot, and M. Troupel, *Makromol. Chem., Rapid Commun.*, **4**, 455 (1983)
6) H. Nishihara, M. Tateishi, K. Aramaki, T. Ohsawa and O. Kimura, *Chem. Lett.*, **16**, 539 (1987)
7) H. Nishihara, K. Ohashi, S. Kaneko, F. Tanaka, and K. Aramaki, *Synth. Metals*, **41-43**, 1495 (1991)
8) K. -S. Lee, *Synth. Metals*, **55-57**, 3992 (1993)
9) K. Yoshino, R. Sugimoto, N. Teshima, and S. Konishi, *Jpn. J. Appl. Phys.*, **24**, L687 (1985)
10) T. Ohsawa, M. Onoda, S. Morita, and K. Yoshino, *Jpn. J. Appl. Phys.*, **30**, L1953 (1991)
11) H. Yoneyama, N. Takahashi and S. Kuwabara, *J. Chem. Soc., Chem. Commun.*, 716 (1992)
12) M. Onoda, T. Matsuda and H. Nakayama, *Jpn. J. Appl. Phys.*, **35**, 294 (1996)
13) K. Kaneto and K. Yoshino, *Jpn. J. Appl. Phys.*, **26**, L1842 (1987)
14) M. Onoda, T. Okamoto and K. Tada, *Jpn. J. Appl. Phys.*, **38**, L1070 (1999)
15) T. Okamoto, K. Tada and M. Onoda, *Jpn. J. Appl. Phys.*, **39**, 2854 (2000)
16) 岩本光正, 小野田光宣, 臼井博昭, 杉村明彦, 応用物理, **75**, 1120 (2006)

第Ⅲ編

界面制御とデバイス特性

［トランジスタ］

第1章　全印刷プロセスによる有機TFTアレイ化技術

八瀬清志*

1　はじめに

　液晶ディスプレイ（LCD）やプラズマディスプレイパネル（PDP）などの平面型パネルディスプレイ（FPD）の大型化・薄膜化および低消費電力化が進められている。その一方で，新規な発光・表示素子として，有機電界発光（EL：Electroluminescence）や電気泳動型（EPC：Electrophoretic）マイクロカプセルなどを用いたディスプレイが市場に出てきている。これらの表示素子の特徴は，プラスチックなどの基板上に搭載が可能であり，次世代のディスプレイとしてのフレキシブルディスプレイとして注目を浴びている。

　LCD，ELおよびEPCマイクロカプセルにおいては，100-300μm角の画素ごとにスイッチまたは電荷注入用のトランジスタ（Thin Film Transistor：TFT）が必要である（図1）。TFTの構造は，基板表面に順に，ゲート（G）電極，絶縁膜，ソース・ドレイン（S-D）電極，半導体および素子の安定化のための封止膜の積層構造となっている。現在，電極，半導体および絶縁・封止などの電気的性質の異なる部材をインク化することで，プラスチック基板上にパターンを形成する試みが行われており，これにより初めて表示パネルのフレキシブル化が可能となる[1,2]。

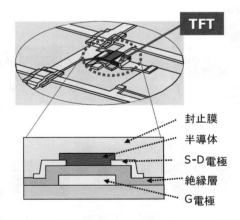

図1　画素制御用薄膜トランジスタ（TFT）と断面構造

　＊　Kiyoshi Yase　㈱産業技術総合研究所　光技術研究部門　副研究部門長

印刷法としては，インクジェット法やスクリーン印刷法が知られているが，それらの印刷精度（分解能）は 10μm といわれている。ただし，事前にフォトリソグラフィーを用いた基板表面の凹凸構造およびその親水・疎水処理を施すことにより，インクジェット法を用いて微細なパターンの形成が試みられている。

現在までのところ，直（じか）印刷で μm 以下の精度・分解能で印刷可能な技術は，シリコーンゴム（PDMS：Poly-dimethylsilane）を版（スタンプ）としたマイクロコンタクトプリント法（μCP：microcontact print）である。この手法は，1994 年にハーバード大学のホワイトサイド教授のグループが「ソフトリソグラフィー」法として提案したもので，1nm 厚さの単分子膜をマスクとしたエッチングや親水・疎水処理により，20-50nm の分解能でのパターニングに成功している[3,4]。しかし，これらの手法は，高々10-25mm 径の PDMS 版を用いたものであり，大面積化は検討されていなかった[5]。

2　マイクロコンタクトプリント法による大面積・高精細有機 TFT パターニング

マイクロコンタクトプリント（μCP）法においては，図2(a)に示すように，まず，シリコンウェーハまたはガラス基板表面に所望の凹凸パターンを電子線描画またはフォトリソグラフィー法により形成する。そのマスター基板上に熱可塑性のシリコーンゴム前駆体（プレポリマー）を滴下し，固化させることで微細な表面構造を写し取る。ここまでの手法は，ナノインプリント法

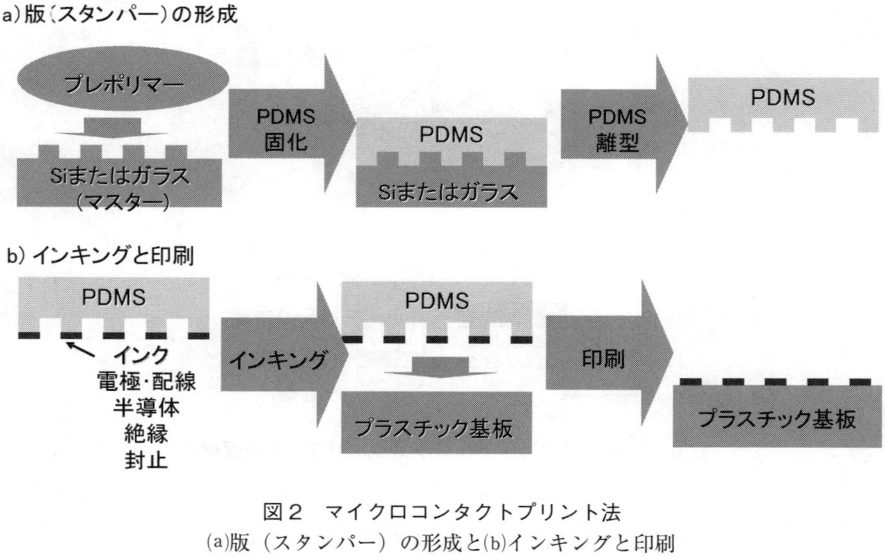

図2　マイクロコンタクトプリント法
(a)版（スタンパー）の形成と(b)インキングと印刷

第1章　全印刷プロセスによる有機TFTアレイ化技術

として知られているものである。このPDMSを版（スタンパー）として，表面に，導電性材料（電極，配線），絶縁材料および半導体材料のインクをPDMS版の表面にコーティングし，所定の被印刷物（フラスチック基板）に転写する（図2(b)）。

　基本的には，凸版印刷と同様な手法であるが，凸版印刷の版胴が金属であるのに対し，このμCP法では，柔軟性に富むシリコーンゴムを用いている。また，インクの粘性に加え，印刷時の圧力およびインクの乾燥状態を精緻に制御することにより，凸版の幅に対応した線幅の印刷（図3(a)面転写）や，エッジ部分での転写（図3(b)）および中央部分だけの転写（図3(c)）も可能である。このように，粘性の低いインクを用いるフレキソ印刷やインクジェット法の場合には印字部の広がりやにじみが問題となるが，本手法においては，凸版の幅よりも狭い（分解能の高い）印刷が可能である。さらには，通常のフォトリソグラフィーではレジスト膜などのエッチングを伴う減算式ではなく，必要な部材を必要なところに必要なだけ製膜する加算式印刷によるものであり，材料の無駄がない（100％の素材活用）ことに特徴がある。

　電極および配線用部材としての銀ナノ粒子を用いて細線および微小パターンを印刷した結果を図4および図5に示す[6]。図4においては，幅5μmと2μmの細線が，厚さ600nmと十分な厚さで印刷されており，その表面および端面の平滑性に加え，伝導性も十分である。一方，高精細印刷という点では，厚さは60nmと非常に薄くなっているが，幅1μmの細かなパターニングが達成されている（図5）。特に，図5の「AIST」（産総研の略称）の「A」の文字の中央が抜けている点が，印刷技術として十分な精度を有していることを証明している。

　これまで，大面積化は困難と考えられてきたが，印刷装置そのものの開発に加え，版（スタンパー）としてのPDMSの最適化，インク部材の可溶性，PDMSへの膜形成と基板への転写性，

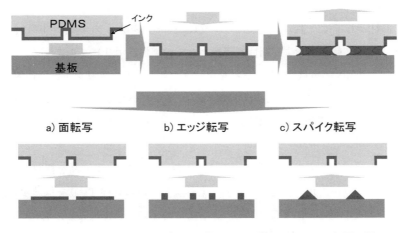

図3　マイクロコンタクトプリント法における精細なパターン転写の例

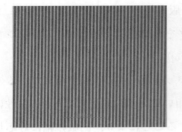

図4 銀ナノ粒子の細線印刷の例

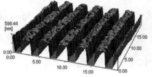

図5 銀ナノ粒子の微小印刷の例

および印刷に適した回路パターンの設計により，15cm角全域で高精細の有機TFTアレイの印刷を行った（図6）[7,8]。また，A4サイズへの印刷にも成功している[9]。

有機TFT部材としては，半導体としてのポリ(3-ヘキシルチオフェン：P3HT)，電極および配線用の銀ナノ粒子，絶縁層および層間絶縁膜としての架橋性ポリビニルフェノール（PVP）のそれぞれのインクを用い，有機TFTの部材をマイクロコンタクトプリント法で作製した（図7）。図7においては，画素サイズが254μmの100ppi（1インチあたりの画素数で100個）のパターニングの結果である。G電極と画素電極，S-D電極および半導体も正しい位置に印刷されている。

さらに，フロントパネルとしてのポリマーネットワーク（PN）型液晶を搭載するにあたり，液晶の固化（ネットワーク化）のために必要な紫外線照射から有機TFTを保護するための保護および封止膜の工夫を行った。具体的には，2層構造の保護・封止膜とし，有機TFTの直上に保護膜としてのフッ素系樹脂を，その上に封止効果も有する遮光材料を塗布した。これにより，

第 1 章　全印刷プロセスによる有機 TFT アレイ化技術

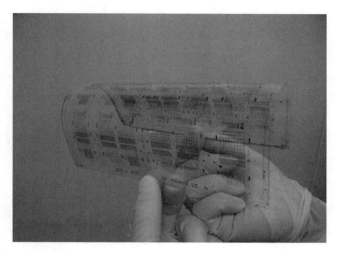

図 6　15cm 角のプラスチック基板上に全印刷法により作製した有機 TFT アレイ

図 7　100ppi（画素サイズ：254μm）の有機 TFT アレイの例

保護・封止膜の形成前後において移動度，on/off 比ともに，$10^{-3}cm^2/Vs$ および 10^5 と特性に変化がないことを確認した（図 8）[10]。

3　全印刷有機 TFT による液晶パネルの駆動

　保護・封止膜まで全印刷により作製した 10×10 画素（画素サイズ：1mm 角）の上にポリマーネットワーク（PN）型液晶パネルを貼り付け，駆動実験を行った[10]。図 9 左は表示結果の写真で，縦のソースラインに一つおきに点火している様子が見える。白い部分が off を，茶色および黒い部分が on 状態を示している。また，図 9 右はその一画素の反射率のゲート電圧依存性で，4%

211

有機デバイスのための界面評価と制御技術

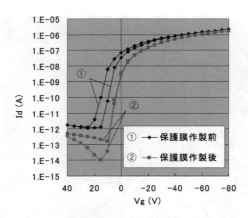

図8　全印刷有機 TFT の特性（①および②は，封止・保護膜形成前後の伝達特性）

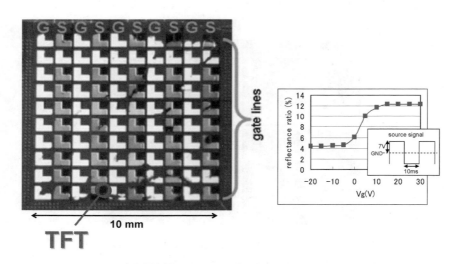

図9　全印刷有機 TFT による液晶表示パネルの駆動の実証
駆動しているパネルの外観と反射率の変化

から12％にコントラストが3倍変化している。さらに，図中にはトランジスタの10ミリ秒での駆動の様子をグラフ中に挿入した。

4　おわりに

プラスチック基板上の全印刷有機 TFT の作製と，それによるフレキシブルディスプレイは，真空を用いない電子デバイスの製造に大きな一歩を示すとともに，ユビキタス情報化社会の実現

第 1 章　全印刷プロセスによる有機 TFT アレイ化技術

に近づいたといえる。

　以下にフレキシブル・プリンタブル有機エレクトロニクスの展望を，既存のシリコンを用いたエレクトロニクスとの比較を示す。

- 材料：シリコン単結晶を除き製膜材料の 90％は除去　⇔　必要な部材を必要なところに（省資源プロセス）
- プロセス：フォトリソグラフィー（多段工程），真空・高温　⇔　印刷（高速化も可能），大気中・室温（省エネ・短時間プロセス）
- 製品：剛直，落とすと壊れる　⇔　ソフト，軽い，曲げることができる，落としても壊れない
- 初期投入資本：フォトリソグラフィー・真空ラインおよび高品質クリーンルームは高額　⇔　印刷装置は電子線描画装置などに比べて安く，装置内のみのクリーン化で十分

　最後に，本研究は，新エネルギー・産業技術総合開発機構（NEDO）から委託を受け，化学技術戦略推進機構（JCII）との共同研究の「超フレキシブルディスプレイ部材技術開発プロジェクト」の成果である。

文　　献

1) 横山正明，鎌田俊英監修，「プリンタブル有機エレクトロニクスの最新技術」，シーエムシー出版（2008）
2) 「プリンタブル・エレクトロニクス技術開発最前線—材料開発・応用技術編—」，技術情報協会（2008）
3) A. Kumar and G. M. Whitesides, "Features of gold having micrometer to centimeter dimensions can be formed through a combination of stamping with an elastomeric stamp and an alkanethiol "ink" followed by chemical etching", *Appl. Phys. Lett.*, **63** (14), pp.2002-2004 (1993)
4) A. Kumar, H. A. Biebuyck and G. M. Whitesides, "Patterning self-assembled monolayers：Applications in materials science", *Langmuir*, **10**, pp. 1498-1511 (1994)
5) 八瀬清志，「有機分子デバイスの製造技術Ⅱ　印刷法」，応用物理，**77** (2), pp.173-177 (2008)
6) S. Handa, T. Takahashi, H. Mogi, A. Yaginuma, H. Ushijima and F. Sato, "An Approach to Six Inches Wafer Size of Microcontact Printing", 2007 Fall Meeting of MRS, **KK10.52**, Dec. 2007（Boston）

7) 産総研プレスリリース,「フレキシブル基板へ有機薄膜トランジスタアレイを印刷―全印刷法による有機半導体デバイス作製に向けて―」
 (http://www.aist.go.jp/aist_j/press_release/pr2008/pr20080609/pr20080609.html)
8) O. Kina, M. Koutake, K. Matsuoka, A. Takakuwa and K. Yase, "Flexible organic thin film transistors fabricated by all wet and printing process", 11th International Conference on Electrical and Related Properties of Organic Solids (ERPOS 2008), **P012**, July, 2008 (Poland)
9) H. Fujita, M. Nagae, T. Takahashi, H. Mogi, H. Ushijima and K. Yase, "Development of a microcontact printer for an A4-sized sheet", The 7th International Conference on Nanoimprint and Nanoprint Technology (NNT' 08), **14B1-5-20**, Oct. 2008 (Kyoto)
10) K. Matsuoka, O. Kina, M. Koutake, K. Noda, H. Yonehara and K. Yase, "Polymer Network LCD Driven by Printed OTFTs on Plastic Substrate : Printed Electronics Toward the Realization of Flexible Display", 15th International Display Workshop (IDW08), **AMD1-4L**, Dec. 2008 (Niigata)

第2章　イオン液体電解質を用いたトランジスタの製造と界面

小野新平[*1], 竹谷純一[*2]

1　はじめに

　将来の民生分野でのエレクトロニクス産業の更なる拡大，ユビキタス社会の構築に向けて，現在低コスト，省エネ化が期待できる有機エレクトロニクスの研究が盛んに行われている。また最近の材料開発と界面作製技術の著しい進歩により，有機材料を用いた電界効果トランジスタ（FET）の電荷移動度は大きく向上し，多結晶薄膜では3cm^2/Vs程度を[1]，単結晶材料では20～40cm^2/Vsを実現している[2,3]。この値は，シリコン単結晶の移動度100～1000cm^2/Vsにこそ及ばないもののアモルファスシリコンの移動度（1cm^2/Vs）を凌駕しているため，低価格のエレクトロニクス素子やフレキシブルディスプレイ用素子の活性半導体材料として，有機半導体への期待がさらに高まっている。

　有機半導体材料の移動度を向上させたうえで，高い性能の有機FET特性を実現するために，様々な試みが行われている。特に，有機FETを薄型ディスプレイの駆動素子などとして多数同時に安定動作させるために，数十Vの電圧供給を想定する場合が多いので，高誘電率材料や単分子絶縁膜を利用するなど，より低電圧におけるFET駆動を目指した研究が進められている。本章では，上記の課題を解決する手段としてゲート絶縁層にイオン液体電解質を利用する新しい有機FETを紹介する。イオン液体電解質をゲート絶縁層に用いることで，有機FETは，1V以下の低電圧駆動において十分大きな電流が得られる。また有機単結晶を用いた場合，電荷移動度は10cm^2/Vsを越え，イオン液体電解質を用いた有機FETは非常に高性能な電流増幅を実現することが明らかになった[4～6]。

[*1]　Shimpei Ono　㈶電力中央研究所　材料科学研究所　主任研究員
[*2]　Junichi Takeya　大阪大学　理学研究科　化学専攻　准教授

2 イオン液体電解質を用いた有機単結晶 FET の構造と作製法

2.1 高性能の有機 FET の実現

有機 FET の電流の増幅率は $dI_D/dV_G = (w/L) \mu C_i V_D$ で表すことができる。I_D, V_G, V_D は，それぞれドレイン電流，ゲート電圧，ドレイン電圧を示す。増幅率の高い有機 FET を実現するには，(1)高い電荷移動度 μ を実現する有機半導体材料を利用する，(2)チャネル幅 w を大きくし，またチャネル長 L を短くする，(3)高いキャパシタンス C_i のゲート絶縁層を利用することが必要になる。(1)に関しては，様々な有機分子系材料の研究が行われ，薄膜に関してはペンタセン[1]，単結晶材料としてはルブレンなど[2,3]の材料が有機半導体材料に適していることが明らかになっている。(2)に関しては，デバイス構造を工夫した研究が行われている。例えば3次元の構造を作製することで，チャネル幅を極端に大きくし，高さ方向であるチャネル長を短くすることで$2\mu A$ 程度の大きなドレイン電流を得ることに成功している[7]。また微小なチャネルを作製することで，チャネル長を短くした有機 FET も報告されている[8]。(3)のキャパシタンス $C_i = \varepsilon \varepsilon_0/d$ は，比誘電率 ε，真空の誘電率 ε_0 及び誘電体の厚み d で表すことができる。そこでゲート絶縁層の高いキャパシタンスを実現するためには，ゲート絶縁層の比誘電率 ε が大きく，また厚み d を薄くすることが必要となる。従来の有機 FET では，有機単結晶に接合するゲート絶縁層には，通常，酸化シリコン（SiO_2）やポリマーなどの固体の誘電体を用いている。通常この誘電体の厚みが数 100nm 程度あるため，キャパシタンスは，$5 \sim 30 nF/cm^2$ 程度に留まる。例えば，移動度の高い単結晶シリコンに数 V のゲート電圧を加えるのと同じ電流増幅を得るためには，有機 FET では絶縁破壊ぎりぎりの 100V の電圧を印加して，$10^{13}/cm^2$ 程度のキャリアを注入する必要がある。界面にかかる電界を可能な限り大きくするため，ゲート絶縁層の厚みを薄くする試みがなされているが，リーク電流の少ない信頼性の高い極薄絶縁膜を得ることは一般に容易な技術ではない。またゲート絶縁層として，SiO_2 よりも高い比誘電率をもつ Si_3N_4，Al_2O_3 や Ta_2O_5 などを使った有機 FET も開発されている。その場合，比誘電率の上昇と共に，電荷移動度が下がる傾向があり，低電圧駆動と高い電荷移動度の両立をはかることが困難であることが報告されている[9,10]。

2.2 電解質を用いた有機 FET

一方，非常に低電圧で駆動する有機 FET の新たな手法として，電解質を使った有機 FET の研究が，進められているので，その原理を次に解説する。図1に電解質を用いた有機 FET の概念図を示す。電解質を有機半導体とゲート電極の間に挟み込む。そしてこの電解質に電圧を印加するとイオンの移動が起こり，電解質と結晶，及びゲート電極の間の界面に陽陰イオンが蓄積さ

第2章　イオン液体電解質を用いたトランジスタの製造と界面

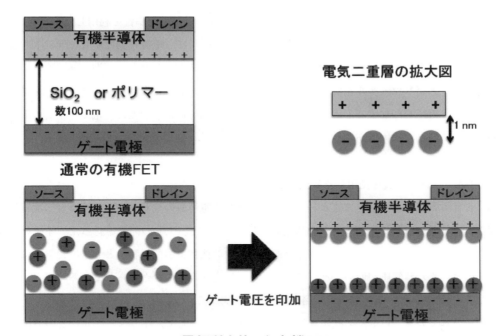

図1　通常の有機FETとイオン液体電解質を用いた有機FETの比較
イオン液体電解質に電圧を印加するとイオンの移動が起き電気二重層ができるが，この電気二重層に注目すると，電界は電極から約1nmの距離に集中するため，高電界印加が可能になる。

れた両電荷層（電気二重層）ができる。ゲート電極に印加した電圧は，最終的には電気二重層のみにかかるが，この場合電気二重層の厚さが1nm程度と固体の誘電層と比べて極めて薄いため，微弱な電圧を印加するだけでも，高電界を有機半導体／電解質界面に印加することができる。例えば，1Vの電圧を電解質に印加すると，電気二重層には10MV/cmという高電界を印加することができ，この高電界が有機半導体表面で終端されるため，低電圧においてより多くの電荷を有機半導体に注入することが可能になる。

歴史的には，まずLiやKイオン，もしくはイオン液体電解質の入ったポリマーゲル電解質の電気二重層をゲート絶縁層として利用した有機FETの研究が行われた[11〜16]。ポリマーゲル電解質のキャパシタンスを測定すると，0.1Hzでは約 $15\mu F/cm^2$ 程度あり，1.2Vの電圧を印加しただけでも，$5\times10^{13}/cm^2$ のキャリアを注入することができることが明らかになった。この値は，SiO_2 を使ったゲート絶縁層で注入できる最大キャリア量の5倍のキャリアを，わずか1V程度の電圧で注入できることを意味する。実際に，ポリマーゲル電解質の大きなキャパシタンスを利用することで，1V以下の小さいゲート電圧でも，ドレイン電流の増加が観測され，有機FETを

低電圧で駆動できることが示された。しかしながらポリマーゲル電解質を利用した有機FETでは，SiO$_2$をゲート絶縁層として利用した有機FETと比較して，電荷移動度が0.1cm^2/Vs程度と低く，またゲート電圧の掃引の前後で，大きなヒステリシスがあるなどの問題があった。これは有機半導体層とポリマーゲル電解質の間の界面が，ポリマーゲル電解質によりダメージを受ける事や，ゲート電圧を印加するとポリマーゲル中のイオン伝導度が遅いため，電気二重層の形成に時間がかかることが原因である。

2.3 イオン液体電解質を使用した有機FET

第二世代の電解質トランジスタとして，ポリマーゲル電解質の代わりに，リチウム二次電池の研究などで注目されているイオン液体電解質を利用した有機FETの開発を行った。イオン液体電解質は，陽陰イオンからなる有機液体である。イオン液体電解質の特徴として，化学的に安定であること，また蒸気圧が低いこと，またイオン伝導度が高いことが知られている。現在までに1000種類以上のイオン液体電解質が開発され，リチウム二次電池，電気二重層キャパシターなどに利用されている[17]。イオン液体電解質を使うメリットとして，ポリマーゲルなどの溶媒を使用していないため，イオン伝導度が高く，高周波でも電気二重層の形成が可能であること，また液体であるので，有機半導体層の表面形状に関係なく，簡単に良好な固体／液体界面の形成が可能であることがあげられる。またイオン液体電解質の組み合わせの種類を変更する事で，キャパシタンスの大きさ，粘度などを制御することも可能である。イオン液体電解質をゲート絶縁層に用いることで，有機FETは，低電圧駆動だけでなく，高速駆動や，高い電荷移動度を実現可能であることが明らかになった。

3 イオン液体電解質の性質

ここでは，現時点で最高性能を示すイオン液体電解質である N-methyl-N-propyl pyrrolidinium bis(trifluoromethanesulfonyl)imide（［P13］［TFSI］）を例に，イオン液体電解質の性質，またイオン液体電解質を用いたデバイス構造，デバイスの特性について紹介を行う。図2にイオン液体電解質［P13］［TFSI］の構造式を示すが，［P13］というカチオンと［TFSI］というアニオンから構成されている。室温では無色透明な液体である。図3に［P13］［TFSI］

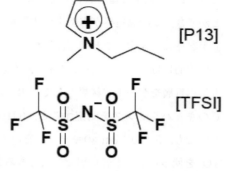

図2　イオン液体電解質 N-methyl-N-propyl pyrrolidinium bis(trifluoromethanesulfonyl)imide（［P13］［TFSI］）の化学式

第2章　イオン液体電解質を用いたトランジスタの製造と界面

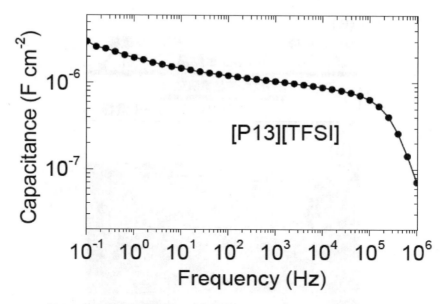

図3　イオン液体電解質［P13］［TFSI］のキャパシタンスの周波数依存性

のキャパシタンスの周波数依存性を示す。キャパシタンスは周波数の減少と共に増加していき，0.1Hzでは$1.3\mu\text{F/cm}^2$程度まで上昇する。したがって，［P13］［TFSI］に2V印加すると，SiO_2をゲート絶縁膜として利用した場合の最大値に匹敵するキャリア量$10^{13}/\text{cm}^2$を注入することができる。特に注目すべき点は，キャパシタンスが0.1Hzから1MHzまで幅広い周波数について，高い値を維持し，ほとんど周波数依存性を示さないことである。ポリマーゲル電解質のキャパシタンスを測定すると，0.1Hz程度の低周波数では高い値を示すが，0.1MHzではキャパシタンスが3桁も減少することとは対照的である。これは，イオン液体電解質を用いると，1MHz近い高周波においても電気二重層の形成を行う事ができることを示している。電気二重層を形成することができれば，有機半導体にキャリアを注入することができるので，イオン液体電解質を用いた有機FETでは高速なスイッチング性能を示すポテンシャルを持っているといえる。

4　デバイスの構造

イオン液体電解質を用いた有機FETは，有機単結晶を，図4に示す井戸型構造をもつポリジメチルシロキセン（PDMS）で構成されるイラストマー基板に貼り合わせて作製する。インプリント法をもちいて，PDMS基板に約$20\mu\text{m}$程度の深さのくぼみを作製し，そこにゲート，ソース，ドレインの電極を蒸着し，さらに有機単結晶を貼付けることで，空気ギャップを利用した有

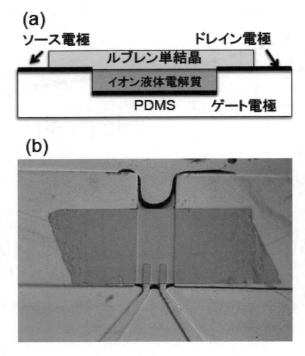

図4 (a)実験で使用したデバイスの構造及び(b)実際のデバイス

機FETができる。この空気の部分に，イオン液体電解質を毛細管現象により導入することでイオン液体電解質を用いた有機FETを作ることができる。この方法を用いると，同一有機単結晶を用いた界面準位などの問題を含んでいない有機半導体／真空界面と，有機半導体／イオン液体電解質界面の比較を行うことができ，イオン液体電解質を用いた有機FETのポテンシャルを知ることが可能になる。

5 イオン液体電解質を用いた有機単結晶FETの特性

ここでは，上記の方法で作製した有機単結晶FETの特性を，空気ギャップデバイスと比較しながら説明し，イオン液体電解質を用いた界面ドーピング技術について紹介する。有機半導体としては，p型半導体であるルブレン単結晶を用いた。ルブレン単結晶を用いた有機FETは，電荷移動度が20～40cm^2/Vsを実現しており[2,3]，再現性よく，また安定したデバイスを作製することができる。我々の作製したルブレン単結晶を用いた空気ギャップを利用した有機FETの伝達特性を図5(a)に示す。負のゲート電圧及びドレイン電圧で，ドレイン電流が増加することからも，ルブレン単結晶はp型であることが分かる。またこの伝達特性の傾きより電荷移動度を求

第2章 イオン液体電解質を用いたトランジスタの製造と界面

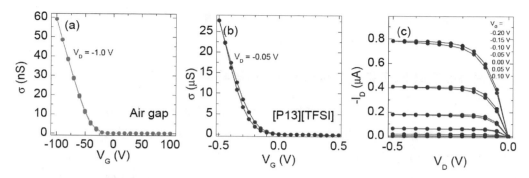

図5 ルブレン単結晶有機 FET の空気ギャップの時の(a)伝達特性,イオン液体電解質［P13］［TFSI］を
ゲート絶縁層として用いたルブレン単結晶有機 FET の(b)伝達特性及び(c)出力特性

めたところ,電荷移動度は $10 \sim 37 \mathrm{cm}^2/\mathrm{Vs}$ 程度と非常に高い。この値は現在報告されているル
ブレン単結晶の有機 FET の最大値に匹敵する値である。

これらの高い電荷移動度を示すデバイスを用いて,今度はイオン液体電解質［P13］［TFSI］を
導入して,イオン液体電解質をゲート絶縁層として用いた有機 FET の特性を評価した。図5(b)
及び(c)にそれぞれイオン液体を用いた有機 FET の伝達特性及び出力特性を示す。伝達特性は,
試料の形状を考慮し,ドレイン電流を伝導度に変換して縦軸に示している。0.2V 以下の非常に
小さなゲート電圧及びドレイン電圧で,ドレイン電流の大幅な増加が観測された。空気ギャップ
のデバイスと比較して,100～500分の1程度の電圧でトランジスタが動作することが分かる。
またゲート電圧が-0.5V の時の伝導度を空気ギャップの場合と比較すると,3桁も向上してい
る。このことよりイオン液体電解質の電気二重層を利用することで,ルブレン／イオン液体に高
密度キャリア注入を行うことができ,非常に低電圧で有機 FET を駆動することができることが
明らかになった。また伝達特性,出力特性ともに 0.1V/s で電圧の掃引を行ったがほとんどヒス
テリシスのない振る舞いが得られた。したがってイオン液体電解質では,ポリマーゲル電解質と
比べてイオン伝導度が高く,速いゲート電圧の掃引に追随して電気二重層が形成されることで,
ヒステリシスがほとんどないと考えられる。

次に,伝達特性の傾きから電荷移動度を見積もると,$12.4 \mathrm{cm}^2/\mathrm{Vs}$ と空気ギャップのデバイス
の電荷移動度の約半分程度の値が得られた。この値はアモルファスシリコン FET の電荷移動度
を凌駕し,これまでに報告されている有機半導体の電荷移動度の中で,非常に高い部類である。
空気ギャップの場合,界面準位などの問題を含んでいないため単結晶が本来持っている電荷移動
度に近い値が得られると考えられるが,空気ギャップの電荷移動度の半分の値が得られること
は,イオン液体電解質を用いても,ほとんど乱れのない良好な液体／有機半導体界面が得られる
ことを意味する。このように,イオン液体電解質を用いた極めて高性能の有機 FET が得られた

のは，実効的なゲート絶縁層が薄くなっても高い移動度が維持されていることによる。

6　高性能有機FETに必要なイオン液体電解質

イオン液体電解質は，現時点で報告されているだけでも数1000種類以上ある。この中で有機FETのゲート絶縁層として最適なイオン液体電解質はどれなのか，またイオン液体電解質のどの性質が高い電荷移動度を実現するのかが課題として残されている。そこで，系統的にイオン液体電解質の種類を変更した際のデバイスの評価が行われた[5]。イオン液体電解質は，イミダゾリウム系のカチオンである 1-ethyl-3methylimidazolium[emim] に固定し，5種類のアニオン bis(fluorosulfonyl)imide[FSI]，bis(trifluoromethanesulfonyl)imide[TFSI]，bis(pentafluoroethanesulfonyl)imide[BETI]，tetrafluoroborate[BF_4]，dicyanamide[DCA] を組み合わせたイオン液体電解質を使用している。図6にイミダゾリウム系のイオン液体電解質の化学式と，それぞれのイオン液体電解質のキャパシタンスの周波数依存性を示す。アニオンを変えただけでも，キャパシタンスは2桁以上も変化する。例えば一番キャパシタンスが大きい [emim][DCA] は，0.1Hzにおいてキャパシタンスは$170\mu F/cm^2$であり，たった1Vを印加しただけでも$5.3\times10^{14}/cm^2$ものキャリア注入が可能である。したがってイオン液体電解質の種類を選ぶことで，より低電圧で有機FETを動作させることが可能になる。

図7にそれぞれのイオン液体電解質を用いた有機FETの伝導度の傾きより電荷移動度を見積もり，イオン液体電解質のキャパシタンスの大きさと比較した結果を示す。電荷移動度は，イオン液体電解質のキャパシタンスが小さいほど上昇していく傾向が現れる。したがって高い電荷移

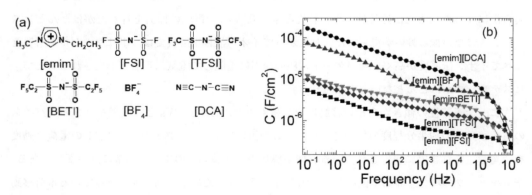

図6　(a)実験に用いた5種類のイオン液体電解質の化学式，(b)イミダゾリウム系のイオン液体電解質の静電容量の周波数依存性
(a)カチオンは [emim] に固定し，上記の5つのアニオンとの組み合わせによって性質を変化させる。
(b)イオン液体の組み合わせによって，キャパシタンスは100倍程度変化する。

第 2 章　イオン液体電解質を用いたトランジスタの製造と界面

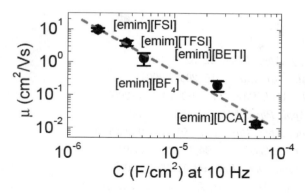

図 7　イミダゾリウム系のイオン液体電解質のキャパシタンスと電荷移動度の関係

動度を持つ有機 FET を実現するためには，より小さいキャパシタンスのイオン液体電解質を用いれば良いことを示している。逆にこのことは，イオン液体電解質を用いた場合，有機 FET の低電圧駆動と高い電荷移動度の両立がはかれないことを意味する。ただし現時点で最高の電荷移動度を示す［P13］［TFSI］に関しても，通常の絶縁層を用いた場合と比較しても格段に低い 0.5V 以下の電圧で駆動する。したがって有機 FET で必要とされる性能に応じて，イオン液体電解質の種類を選択する必要がある。

7　今後の展開

　イオン液体電解質を用いることで，低電圧駆動，高周波応答，高電荷移動度を備えた高性能有機 FET を実現することが明らかになった。n 型有機半導体でもトランジスタは動作し，p 型と n 型を組み合わせた低電圧駆動が可能な論理回路の動作も報告されている。イオン液体電解質を用いることで，有機半導体の形状に係らずキャリア注入を行うことができるので，更に研究の幅は広がると考えられる。また有機半導体以外でも，物性研究にイオン液体電解質は用いられ，無機酸化物にキャリア注入を行い，絶縁体を金属や超伝導まで変化させる研究も行われている[18,19]。しかし，イオン液体電解質／有機半導体界面の電気二重層が実際にはどのように形成されているのか，実際にどれだけのキャリアが有機半導体に注入されているのか分かっていない部分は多い。これらの問題を解明することが，低電圧で動作する優れた IC タグや有機フレキシブルディスプレイの駆動素子などの実用化に向けた基盤技術になると考える。

文　　献

1) H. Klauk et al., *J. Appl. Phys.*, **92**, 5259 (2002)
2) E. Menard et al., *Adv. Mater.*, **16**, 2097 (2004)
3) J. Takeya et al., *Appl. Phys. Lett.*, **90**, 102120 (2007)
4) S. Ono et al., *Appl. Phys. Lett.*, **92**, 103313 (2008)
5) T. Uemura et al., *Appl. Phys. Lett.*, **93**, 263305 (2008)
6) S. Ono et al., *Appl. Phys. Lett.*, **94**, 063301 (2009)
7) M. Uno et al., *Appl. Phys. Lett.*, **93**, 173301 (2008)
8) T. Kawanishi et al., *Appl. Phys. Lett.*, **93**, 023303 (2008)
9) A. F. Stassen et al., *Appl. Phys. Lett.*, **85**, 3899 (2004)
10) I. N. Hulea et al., *Nature Mat.*, **5**, 982 (2006)
11) M. J. Panzer and C. D. Frisbie, *Appl. Phys. Lett.*, **88**, 203504 (2006)
12) J. Takeya et al., *Appl. Phys. Lett.*, **88**, 112102 (2006)
13) H. Shimotani et al., *Appl. Phys. Lett.*, **89**, 203501 (2006)
14) J. Lee et al., *J. Am. Chem. Soc.*, **129**, 4532 (2007)
15) R. Misra et al., *Appl. Phys. Lett.*, **90**, 052905 (2007)
16) J. H. Cho et al., *Nature. Mat.*, **7**, 900 (2008)
17) S. Seki et al., *J. Phys. Chem. B*, **110**, 10228 (2006)
18) H. Shimotani et al., *Appl. Phys. Lett.*, **91**, 082106 (2007)
19) K. Ueno et al., *Nature Mat.*, **7**, 855 (2008)

〔太陽電池〕

第3章 ナノ・ヘテロ界面構造の制御による
有機色素増感太陽電池の高効率化

原　浩二郎*

1　はじめに

　近年，次世代太陽電池の一つとして色素増感太陽電池が注目されており，高効率化ならびに実用化へ向けた大面積モジュール化や基板のプラスチック化などの研究開発が国内外で活発におこなわれている。この色素増感太陽電池は，スイス・ローザンヌ工科大学のGrätzel教授のグループが，ルテニウム・ビピリジル錯体により増感した酸化チタンのナノ結晶から成るナノポーラス薄膜電極，ならびにヨウ素イオンを含むレドックス電解液を用いて7～10％の高い太陽エネルギー変換効率を報告して以来[1,2]，世界中で注目されるようになった。最近では，11％を越える変換効率が報告されている[3,4]。

　図1には，色素増感太陽電池の発電メカニズムと構成要素を表した模式図を示す。半導体薄膜電極には，通常，粒子径が10～20nmのナノ結晶酸化チタン微粒子により形成されたナノポーラス電極（膜厚は，約10μm）が用いられる[2]。酸化チタン電極上に吸着した色素分子が光を吸収し励起されると，励起電子が酸化チタン電極の伝導帯へ移動する。酸化チタン電極への電子移動により生成した色素カチオンは，電解液中のヨウ素イオン（I^-）により還元され，色素の基底状態が再生する。酸化チタン電極中の電子は，拡散により透明電極（TCO，フッ素ドープ酸化スズをコートしたガラスなど）に達し，回路を経て対極（白金やカーボン電極）に達する。対極上ではヨウ素レドックスイオン（I_3^-）の還元が起こり，I^-イオンが再生する。

　以上のように，色素増感太陽電池では，まず半導体電極・色素・電解液の界面において，色素による光吸収，電子注入過程，色素カチオンの再還元による電荷分離過程が起こる。その後の半導体電極中での電子輸送過程中に，電子とヨウ素レドックスイオンとの再結合過程が起こる場合があるが，それも半導体電極・色素・電解液の界面において起こる。以上のことから，半導体電極・色素・電解液からなるナノ・ヘテロ界面が色素増感太陽電池の特性を決定するといっても過言ではなく，半導体の種類や電極表面の構造や状態，色素の分子構造や吸着状態，電解質や溶媒

---

*　Kohjiro Hara　㈱産業技術総合研究所　太陽光発電研究センター　有機新材料チーム　主任研究員

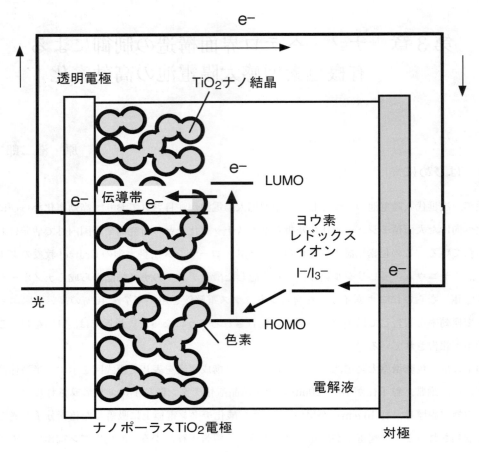

図1 色素増感太陽電池の構造と発電メカニズム

の種類などの観点から、どのように界面を制御するかが高効率を実現する上で極めて重要であるといえる。本章では、有機色素を用いた色素増感太陽電池におけるナノ・ヘテロ界面構造の制御による高効率化の例について紹介する。

2　高性能有機色素の分子構造

　色素増感太陽電池の構成要素のなかで光増感剤である色素分子は、光吸収ならびに半導体電極への電子移動という光電変換における最初の素過程に寄与し、さらに太陽電池の分光感度特性を決定するという点から、色素増感太陽電池の性能を決める最も重要な要素のうちの一つである。これまで、高効率の光増感剤としては、紫外から近赤外領域にわたる広い吸収特性を有するルテニウム錯体が用いられてきた。これに対して、ルテニウムなどの貴金属を含まない有機色素も色

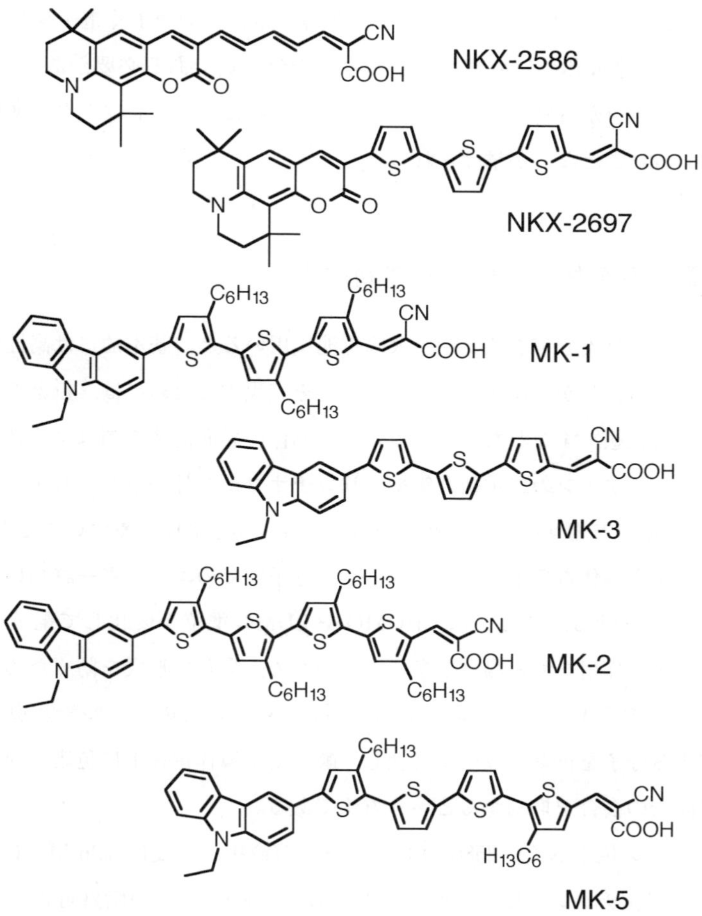

第3章　ナノ・ヘテロ界面構造の制御による有機色素増感太陽電池の高効率化

図2　色素増感太陽電池に用いる有機色素の分子構造式

素増感太陽電池の光増感剤として用いることができる[5~9]。最近では，色素増感太陽電池用に様々な分子構造の有機色素が設計，合成され，それらを用いた太陽電池の光電変換特性も大幅に向上してきている。有機色素は，ルテニウム錯体に比べて資源的制約が少ない，光吸収係数が大きい，分子構造の制限が少なく，多様な分子設計による高効率化のための高機能化が可能であるといった利点を有している。

　図2には，我々が開発した高性能色素増感太陽電池用の有機色素の分子構造式を示す。高性能の太陽電池用有機色素分子として求められる条件は，(1)酸化物半導体電極上に吸着するために，カルボキシル基などの吸着基を有する，(2)ドナー・アクセプター構造やπ電子共役系の拡張などにより，紫外から近赤外領域にわたり強い光吸収特性を有する，(3)効率よく電子移動反応を起こすために，適切なエネルギーレベルの最高占有電子軌道（HOMO）と最低非占有電子軌道

(LUMO) を有する（すなわち，図1のように，半導体電極に効率よく電子移動するために，色素のLUMOレベルは半導体の伝導帯端準位よりも十分に負である必要があり，色素のHOMOレベルは，ヨウ素イオンから効率よく電子を受け取るためにヨウ素レドックス準位よりも十分に正である必要がある）ことなどが挙げられる。

3 有機色素の会合体抑制による高効率化

上述の条件を満たす色素分子を色素増感太陽電池に用いると，基本的には高性能の色素として作用することができる。しかしながら，より高性能を実現するためには，色素の分子構造や物性に加えて，その吸着状態，すなわち色素・酸化物半導体の界面構造を制御する必要がある。例えば，図2に示したオレフィンの二重結合鎖やオリゴチオフェン骨格などを有する有機色素は，一般的にπ-πスタッキング相互作用により分子間での会合体を形成しやすいことが知られている。このような会合体が半導体電極上に形成されると，分子間でのエネルギー移動により半導体への電子注入効率を低下させる，あるいは，HOMOやLUMO準位が変化して電子移動効率が低下するなどのマイナスの作用をする場合が多い。そのため，会合体形成を防ぐために共吸着体が用いられる。例えば，デオキシコール酸（DCA，図3(b)中）などのコール酸誘導体のようなバルキーな構造を有する分子を色素溶液中に添加し，酸化物半導体電極上に色素と同時に吸着させることにより色素同士の会合を抑制するという方法である。

図3には，クマリン色素NKX-2586のエタノール溶液中（濃度は0.3mM）にDCA濃度を変化させて添加し，酸化チタン薄膜上に吸着させた後のNKX-2586の紫外可視吸収スペクトルを示した。この図のように，DCA濃度を増加させると吸光度の減少から，NKX-2586の吸着量は減少し，DCAが40mMの場合では約3分の1まで減少したことがわかる[10]。また，図3(b)のように，吸収スペクトルを規格化して比較すると，DCAを添加した場合にはDCAがない場合に比べて，スペクトルがシャープに変化していることがわかる。このことから，DCAが一部の色素に代わり酸化チタン上に吸着し，色素間のπ-πスタッキング相互作用を弱め，会合を抑制しているものと結論した（図4）[10]。

図5には，異なるDCA濃度で吸着させたNKX-2586吸着酸化チタン電極を用いた太陽電池の外部量子効率（Incident photon-to-current conversion efficiency, IPCE）の波長依存性を示した。興味深いことに，図3(a)のように，DCA濃度の増加により色素吸着量が減少しているにもかかわらず，IPCE特性は逆に増加した[10]。すなわち，DCAなしの場合には，光電変換に寄与していない色素が存在することを意味する。これらの結果は，色素を半導体電極上にただ吸着させればよいのではなく，会合などを抑制したような，適切な吸着状態で吸着させることが太陽電

第3章 ナノ・ヘテロ界面構造の制御による有機色素増感太陽電池の高効率化

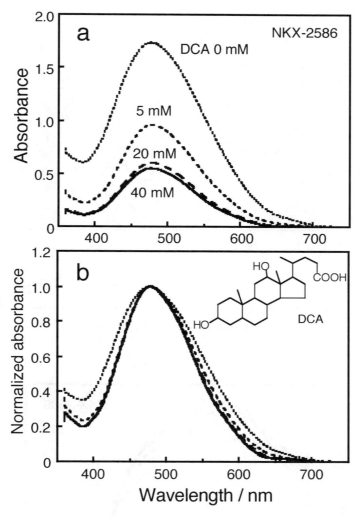

図3 酸化チタン上に吸着した NKX-2586 の紫外可視吸収スペクトルの DCA 濃度依存性

池特性に重要であることを強く示している。共吸着体による太陽電池性能の向上は，他のクマリン色素や会合体を形成しやすいルテニウム錯体，ポルフィリン色素，フタロシアニン色素などを用いた色素増感太陽電池においても報告されている。一方で，会合体でもJ凝集を示すメロシアニン色素などは，太陽電池においても高性能を示すことが知られており[11]，色素や会合体の構造にも大きく依存することを示している。このことから，会合体の影響もより複雑であると考えられる。

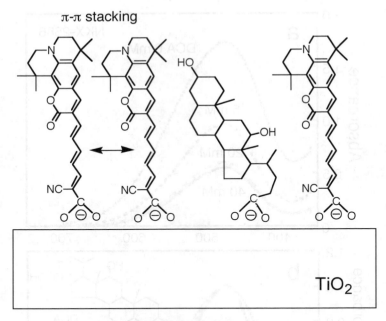

図4 NKX-2586とDCAの共吸着のイメージ図

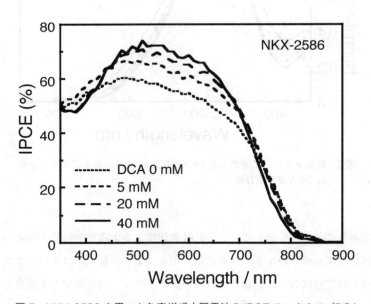

図5 NKX-2586を用いた色素増感太陽電池のIPCEスペクトル(DCA濃度依存性)

第3章　ナノ・ヘテロ界面構造の制御による有機色素増感太陽電池の高効率化

4　有機色素の分子構造による再結合抑制

　前述のように，色素から酸化チタンへ移動した電子は，拡散により酸化チタンナノ粒子からなる電極中を移動し，透明電極に達する。この際に，効率よく電子を電流として取り出すためには，電子が色素カチオンやヨウ素レドックスイオンと再結合反応せずに透明電極に到達する必要がある（図1）。その際の電子の移動度は下記(1)式の拡散長として定義される。

$$L = \sqrt{D \cdot \tau} \tag{1}$$

ここで，D は電子の拡散係数，τ は電子寿命である。この拡散長が短いと電子の再結合が起こりやすく，太陽電池の光電流や開放電圧が低下することになる。一般的に，クマリン色素などの有機色素を用いた色素増感太陽電池では，ルテニウム錯体を用いた太陽電池に比べて開放電圧が低いため変換効率が低い傾向が見られている。それぞれの太陽電池における電子の拡散係数と電子寿命を評価した結果，電子寿命は色素の種類で大きく異なり，ルテニウム錯体に比べてクマリン色素の場合は電子寿命が短いことがわかった[12]。この原因の詳細については省略するが，これらの結果から，クマリン色素を用いた場合の短い電子寿命が拡散長や開放電圧，最終的に変換効率に影響しているものと考えられ，この短い電子寿命を改善するような新しい有機色素の分子設計について検討した。

　我々は従来の有機色素の短電子寿命を解決するために，新規のカルバゾール色素（MK色素）を分子設計，合成した（図2）[13,14]。その特徴は，リンカー基であるオリゴチオフェンにヘキシル基を有することである。その分子設計戦略として，ヘキシル基によりオリゴチオフェン骨格同士による π–π スタッキング相互作用による会合体形成を抑制すること，立体的に酸化チタン中の電子とヨウ素レドックスイオンとの再結合を抑制することが挙げられる。図6には，各種の有機色素を用いた色素増感太陽電池における酸化チタン電極中の電子寿命を電子密度に対してプロットしたものを示した。この図のように，同じ電子密度の条件で比較した場合に，アルキル基をもつMK-1の電子寿命は，アルキル基がないクマリン色素NKX-2697やカルバゾール色素MK-3の電子寿命に比べて長いことがわかる。この長い電子寿命により，アルキル基がない色素を用いた太陽電池に比べて開放電圧が大きく向上した[13]。酸化チタン電極表面上の色素の吸着量を減少させた場合には，アルキル基がない色素では電子寿命が変化しなかったが，アルキル基をもつ色素は電子寿命が減少した[15]。これらの結果から，アルキル基自身の立体効果により，酸化チタン中の電子とヨウ素レドックスイオンとの再結合が抑制されたことにより，電子寿命が増加したものと考えている。以上の結果から，色素自身の分子構造によるナノ界面構造の制御も，太陽電池の高効率化に重要であるといえる。

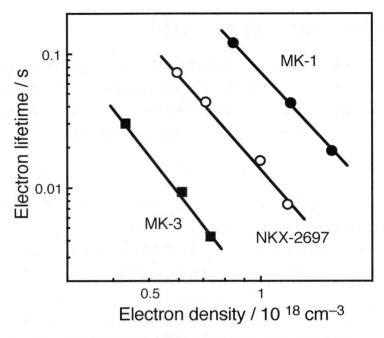

図6 有機色素増感太陽電池における酸化チタン電極中での電子寿命

5 アルキル基による吸着状態や太陽電池特性の変化

MK色素では,アルキル基の数によっても酸化チタン電極上の色素吸着状態が大きく変化することがわかった。図7には,MK-2（ヘキシル基が4本）とMK-5（ヘキシル基が2本）の酸化チタン薄膜上での紫外可視吸収スペクトルを示した。2つの色素は,図2のように同じカルバゾール・オリゴチオフェン・シアノアクリル酸基の構造をもつが,MK-2は比較的シャープな吸収スペクトルを示したのに対して,MK-5では,短波長側にブロードの吸収を示した（図7）[14]。この結果は,同じπ共役系の分子構造でも電子状態が大きく異なることを示している。例えば,オリゴチオフェンは,アルキル基の数や長さにより結晶におけるパッキングが大きく異なることが報告されている[16]。これらの結果から,ヘキシル基が2本のMK-5の場合,分子同士のパッキングがMK-2よりも密であり,分子間のπ-πスタッキング相互作用が強くなり,吸収スペクトルがブロードに変化したものと考えられる。実際に,酸化チタン電極上（膜厚1μm）の色素吸着量は,MK-2が1.9×10^{-8} mol cm^{-2}なのに対して,MK-5では6.2×10^{-8} mol cm^{-2}と三倍以上であった[14]。このことも,ヘキシル基の数で分子同士のパッキング構造が大きく異なり,MK-5では少ないヘキシル基により高密度のパッキングで酸化チタン電極上に吸着していることを示唆している。また,太陽電池特性を評価した結果,吸着量が多いMK-5を用いた太陽電池

第 3 章　ナノ・ヘテロ界面構造の制御による有機色素増感太陽電池の高効率化

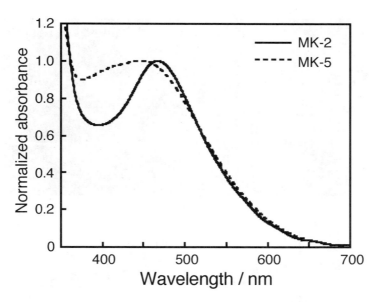

図 7　酸化チタン上に吸着した MK-2 と MK-5 の紫外可視吸収スペクトル

では，開放電圧は比較的高いが，光電流と形状因子フィルファクターが減少した。MK-5 の多量吸着により，酸化チタン中の電子とヨウ素レドックスイオンとの再結合が立体的に抑制され開放電圧が向上するものの，多量吸着により酸化チタン電極のナノ細孔を埋めることにより，ヨウ素レドックスイオンの拡散を阻害したことにより光電流が減少，直列抵抗の増加によりフィルファクターが減少したものと結論している[14]。

図 8 には，単結晶酸化チタン（110）面上に吸着させた MK-2 の AFM 像を示した[14]。図 8(b) のように，酸化チタン表面上には直径が 10 ～ 100nm の粒子が生成していることがわかる。これは，MK-2 分子の会合体であると考えられる（MK-2 の分子長は約 3nm）。また，部分的には，粒子層の上にも直径 40 ～ 100nm の粒子が生成していることがわかる。このことは，色素が酸化チタン表面上に多層吸着していることを示している。実際に，MK-2 を吸着させたナノ結晶酸化チタン薄膜を用いた蛍光測定では，約 16％の収率で蛍光が観測された[14]。蛍光は，色素の励起電子が酸化チタンに注入せずに基底状態に失活する際に見られることから，このことも多層吸着により酸化チタンに電子注入していない色素が電極表面上に存在していることを示している。MK-2 分子では，π-π スタッキング相互作用に比べて，ヘキシル基同士の相互作用が強いと考えられ，それにより別の会合体形成や多層吸着が起こりやすいものと考えられる。MK-2 を用いた色素増感酸化チタン太陽電池では，最高で 8.3％の高い太陽エネルギー変換効率が得られている[14]。しかしながら，上記の結果から，酸化チタン電極上の色素吸着状態の制御は，まだ改善の

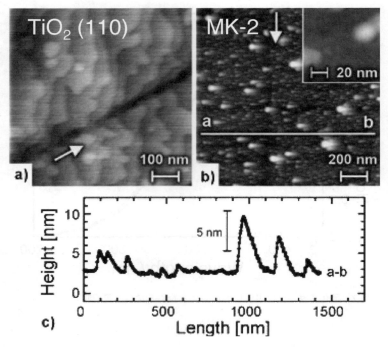

図8 酸化チタン単結晶（110）面上に吸着した MK-2 の AFM 像

余地があり，多層吸着を防ぐ分子設計や吸着状態の制御により，さらなる高効率化が実現できるものと考えられる。これらのことも，色素増感太陽電池においては，色素・酸化物半導体電極のナノ・ヘテロ界面構造の制御が重要であることを示している。

6 おわりに

以上のように，有機色素増感太陽電池における色素・半導体界面のナノ・ヘテロ界面構造の制御による高効率化に関するいくつかの例を紹介した。色素自身の構造や物性のみならず，それらの色素をいかに適切な構造や状態で制御して吸着させるかが太陽電池特性にも極めて重要であるといえる。界面での電子移動や再結合のメカニズムも含めて，まだ明らかになっていない点も多く，このナノ・ヘテロ界面構造の解明とその制御により，色素増感太陽電池のさらなる高効率化が実現できるものと期待している。

なお，本節の内容は，産業技術総合研究所内外の多くの共同研究者，ならびに独立行政法人新エネルギー・産業技術総合開発機構（NEDO）の研究支援による成果であり，関係各位に感謝する。

第3章　ナノ・ヘテロ界面構造の制御による有機色素増感太陽電池の高効率化

文　献

1) B. O' Regan, M. Grätzel, *Nature*, **353**, 737 (1991)
2) A. Hagfeldt, M. Grätzel, *Acc. Chem. Res.*, **33**, 269 (2000)
3) M. K. Nazeeruddin, F. De Angelis, S. Fantacci, A. Selloni, G. Viscardi, P. Liska, S. Ito, B. Takeru, M. Grätzel, *J. Am. Chem. Soc.*, **127**, 16835 (2005)
4) Y. Chiba, A. Islam, Y. Watanabe, R. Komiya, N. Koide, L. Han, *Jpn. J. Appl. Phys.*, **45**, L638 (2006)
5) T. Horiuchi, H. Miura, K. Sumioka, S. Uchida, *J. Am. Chem. Soc.*, **126**, 12218 (2004)
6) K. Hara, Z. -S. Wang, T. Sato, A. Furube, R. Katoh, H. Sugihara, Y. Dan-oh, C. Kasada, A. Shinpo, S. Suga, *J. Phys. Chem. B*, **109**, 15476 (2005)
7) S. Kim, J. K. Lee, S. O. Kang, J. Ko, J. -H. Yum, S. Fantacci, F. De Angelis, D. Di Censo, Md. K. Nazeeruddin and M. Grätzel, *J. Am. Chem. Soc.*, **128**, 16701 (2006)
8) Z. -S. Wang, Y. Cui, Y. Dan-oh, C. Kasada, A. Shinpo, K. Hara, *J. Phys. Chem. C*, **111**, 7224 (2007)
9) G. Zhang, H. Bala, Y. Cheng, D. Shi, X. Lv, Q. Yu, P. Wang, *Chem. Commun.*, 2198 (2009)
10) K. Hara, Y. Dan-oh, C. Kasada, Y. Ohga, A. Shinpo, S. Suga, K. Sayama, H. Arakawa, *Langmuir*, **20**, 4205 (2004)
11) K. Sayama, S. Tsukagoshi, K. Hara, Y. Ohga, A. Shinpo, Y. Abe, S. Suga, H. Arakawa, *J. Phys. Chem. B*, **106**, 1363 (2002)
12) K. Hara, K. Miyamoto, Y. Abe, M. Yanagida, *J. Phys. Chem. B*, **109**, 23776 (2005)
13) N. Koumura, Z. -S. Wang, S. Mori, M. Miyashita, E. Suzuki, K. Hara, *J. Am. Chem. Soc.*, **128**, 14256 (2006)
14) Z. S. Wang, N. Koumura, Y. Cui, M. Takahashi, H. Sekiguchi, A. Mori, T. Kubo, A. Furube, K. Hara, *Chem. Mater.*, **20**, 3993 (2008)
15) M. Miyashita, K. Sunahara, T. Nishikawa, Y. Uemura, N. Koumura, K. Hara, A. Mori, T. Abe, E. Suzuki, S. Mori, *J. Am. Chem. Soc.*, **130**, 17874 (2008)
16) Azumi, R.; Götz, G.; Debaerdemaeker, T.; Bäuerle, P. *Chem. Eur. J.*, **6**, 735 (2000)

第4章　界面制御技術による高性能固体太陽電池作製に関する研究開発動向

早瀬修二*

1　はじめに

　色素増感太陽電池（DSSC）は色素を結合させたナノチタニア粒子層とヨウ素レドックスを含む液体電解液からなる[1]。ヨウ素は固体であり有機溶剤に溶かして用いられる。したがって，DSSCは揮発性溶剤を含んだ電解液成分で構成されており，揮発性成分を含まない固体化が望まれていた。色素増感太陽電池の固体化として電解液を固体有機ホール輸送材料，無機ホール輸送材料で置き換える方法が検討されている。現在4-5％の効率が得られているが，効率は液体電解液型DSSCの10-11％には及ばない[2]。固体ホール材料をチタニアナノポアに如何にうまく充填するかが問題として残されている。さらに，チタニア／ホール輸送層界面では逆電子移動が起こりやすく（後で詳細を述べる），太陽電池性能の低下をもたらしている。一方，これを解決できる手段として，擬固体色素増感太陽電池が提案されており，液体系電解液の効率を低下させずに擬固体化できる。以下にそれぞれの現状と問題点を解説する。

2　色素増感太陽電池の発電機構

　固体化の問題点を理解するにはDSSCの発電機構を理解する事が必要である。発電機構を大まかに解説する。色素増感太陽電池の構成と発電機構を図1に示す。透明導電膜から入射した光はチタニア／色素層に吸収され電荷分離される（①）。電子はチタニア中を拡散し（②）透明導電膜に集電される。外部回路を通り対極に達した電子は対極表面の白金触媒の助けを借りて，電解液中のヨウ素に電子を受け渡す。ヨウ素は電子を受けてヨウ素イオンとなり電解液中を拡散し（③），酸化状態の色素に電子を与える。チタニア内の電子が逆方向のヨウ素に向かって流れる電子移動は逆電子移動と呼ばれ（④），電池性能を大きく低下させる。幸い，チタニアから電解液中のヨウ素への逆電子移動は抑制されている。これは対極からヨウ素に電子を受け渡す際にも白金触媒の助けを借りなくてはならないことからも容易に推測できる。より詳細なセル構造を図2

　　＊　Shuzi Hayase　九州工業大学　大学院生命体工学研究科　教授

第4章　界面制御技術による高性能固体太陽電池作製に関する研究開発動向

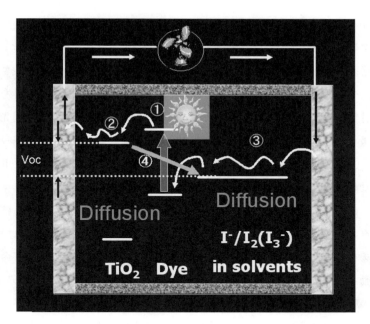

図1　液体型色素増感太陽電池（DSSC）の構造と発電機構

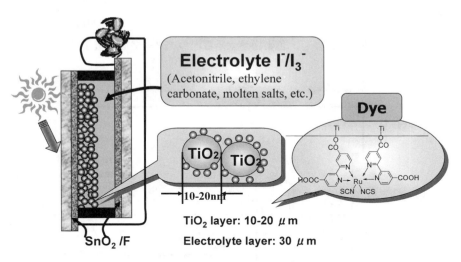

図2　色素増感太陽電池の詳細構造

に示す。色素増感太陽電池はナノサイズの酸化物半導体（20μm程度，通常はチタニア）の集積体，色素分子，ヨウ素を含む電解液から成る。チタニア層はチタニアナノ粒子がネッキングし葡萄の房のように繋がっており，電子を集電基板（透明導電膜）に集める役目を担う。色素はナノチタニア粒子の表面に単分子層でエステル結合している。色素が太陽光を吸収し，励起された

237

色素から電子がチタニアナノ粒子に注入される。直接チタニアに結合していない色素は光を吸収してもチタニアに電子を注入しないため，光電変換効率を低下させる。したがって高効率化には単分子吸着が必須である。太陽電池特性は電圧と電流の関係を表わすグラフで表される。しかしそれだけでは十分に太陽電池の特性を評価することができず，図3に示す諸物性を評価して初めて太陽電池の特性が明らかになる。太陽光発電効率の向上を図るためには①太陽光を効率よく吸収し，②効率よく電荷分離し，③さらに効率よく電荷を電荷分離界面から電極基板に集めることが必須である。②の電荷分離に関する研究は，色素や色素カチオンの吸収スペクトルの時間分解特性を調べ，励起状態の寿命，エネルギー移動の仕方が推測できる。一方，色素増感太陽電池の電荷移動（③）は濃度拡散であるとされており，電子の寿命，拡散係数に関する情報は重要である。電子はチタニア中の電子トラップをホッピングしながら移動すると考えられている。図3に示すように，チタニア中の電子の寿命と拡散定数は実験的に測定できる。電子寿命と拡散定数から，電子が移動することができる電子拡散長が求まる。有効に電子を集めるためには，電子拡散長はチタニアの膜厚よりも長くなくてはならないが，チタニア－色素－ヨウ素系レドックスからなる色素増感太陽電池の電子拡散長は20-50ミクロンに達し，可視光を十分吸収できるチタニアの膜厚10-20ミクロンよりも十分に長い。したがって，チタニア／色素界面で電荷分離した電子を十分に集電基板まで高効率で集めることが可能である。n型の有機半導体薄膜の電子拡散長は0.1ミクロン以下であることが多く，色素増感太陽電池のチタニア層の電子拡散長の長さは異様

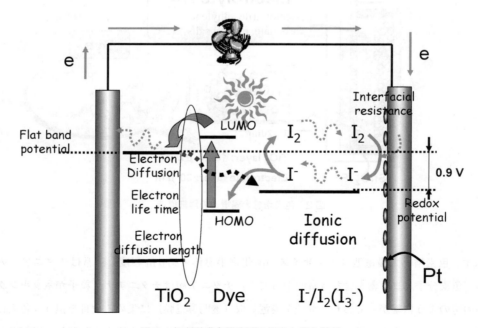

図3　色素増感太陽電池の構造と動作機構

第4章 界面制御技術による高性能固体太陽電池作製に関する研究開発動向

である。この長い電子拡散長はナノ空間に入り込んだ電解質との相互作用によって説明されており，アンバイポーラー拡散と呼ばれる[3]。電解液中のカチオンがチタニア表面に吸着し，チタニア中を移動する電子を外部から遮蔽し，拡散をスムーズにすると考えられている。したがって電解液の組成によって電子拡散長は大きく変化する。例えば，カチオンの種類，大きさを変えるとチタニア中を流れる電子の拡散定数が変化する[4]。色素増感太陽電池の高い性能は③のナノ空間が関与するアンバイポーラー拡散の存在なしには実現できない。

3 液体型DSSCとホール輸送固体型DSSCの発電機構の違い

図4には，ホール輸送材料で全固体化した場合の発電機構を示す。発電機構は類似している。電子はチタニア／色素層で吸収され電荷分離される（⑤）。電子はチタニア層（⑥）を，ホールはホール輸送層を移動し（⑦），ホール，電子がそれぞれ集電基板に収集される。液体型DSSCのチタニア層の電子拡散係数は数十ミクロンに達する。これはDSSCのチタニア層中の電子がアンバイポーラー拡散と呼ばれるメカニズムで拡散するためである。アンバイポーラー拡散は電子がイオンとの相互作用することによって安定に移動することができるメカニズムであり，これが有効に働くためには電解液に囲まれたナノチタニア層という環境が必要である。したがってチタニア層の膜厚を10ミクロン以上と厚くして，色素が十分光を吸収できるようにセルの設計が

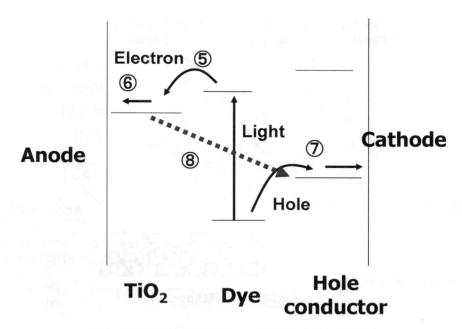

図4 固体形色素増感太陽電池（DSSC）の構造と発電機構

できる。一方，電解液を含まず，イオン成分を持たない全固体 DSSC はチタニア層の電子拡散が十分ではなく，チタニア膜厚を厚くできない。またホール移動媒体中のホール移動距離も一般的には非常に短い。チタニアの膜厚を厚くできないため，チタニアの表面に吸着している色素が光を十分吸収することができないという問題がある。解決しなければならない二つ目の問題として，全固体 DSSC はチタニアからホール輸送層への逆電子移動が非常に起こりやすいという点である。したがって，チタニア界面には逆電子移動をブロッキングする薄膜が必須である。最後に，全固体 DSSC には固体ホール輸送層とチタニア層とのコンタクトが十分ではないという欠点がある。チタニア層のナノポアに固体ホール輸送材料を流し込まなければならず，またホール輸送層が結晶性の場合，結晶化のためにチタニア界面とのコンタクトが悪くなるという欠点がある。これらの問題点を解決すれば，液体系 DSSC と同等以上の変換効率が望める。以下に，これらの問題点を如何に克服しようとしているかを例を用いて解説する。

4 有機ホール輸送層を用いた固体 DSSC

図5には，Grätzel らが報告したセルを示す[5]。彼らは，非晶性のスピロ型ホール輸送層を用いて，結晶性がもたらすチタニア層とホール輸送層の界面コンタクト不良に関する問題を解決しようとした。固体化に伴うチタニア層中の電子拡散長，ホール輸送層中のホール拡散長の減少の

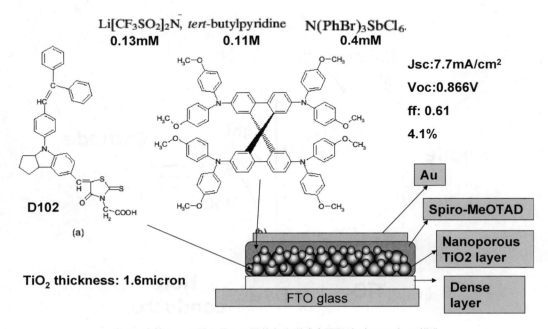

図5　有機ホール層を用いた固体色素増感太陽電池（DSSC）の構造

第4章　界面制御技術による高性能固体太陽電池作製に関する研究開発動向

ために，Ru色素よりも吸光度が10倍高い有機色素を用い，チタニア層を薄くしても十分な光が吸収できる仕組みを導入している。さらに，チタニア層内の電子拡散距離を長くするために，ホール輸送材料の中にLiイオンを添加し，またチタニア層内の電子がホール移動層中のホールと再結合すること（逆電子移動反応）を抑制するために，ターシアリーブチルピリジンをホール輸送層に添加している。さらに，ホール輸送層中のキャリア密度を上げるために，Sb錯体を添加している。これらの添加剤により効率は大きく改善され，4-5％程度の効率が報告されている[5c]。しかし，最近のレポートによると依然として逆電子移動反応が顕著であり，これが太陽光変換効率の向上を妨げていると結論づけている。今後さらに効率を高めるためには，更なる逆電子移動防止のための電子ブロッキング層の開発やホール輸送層とチタニア層のコンタクトを十分に取れるようにする工夫が必要である。一方，チタニア／色素／p型半導体ポリマ（ポリチオフェン誘導体）からなる全固体DSSCも報告されている。ポリマは分子量が大きくチタニア層ナノポアに充填できないため，チタニア層内でモノマーから重合する手法が用いられている。紙面の都合で詳細は省略するが，論文を参照していただきたい[6]。

V_{oc}の最大値はフラットバンドポテンシャルと酸化還元電位（Redox potential）の差であり，チタニアとヨウ素を使う限りその最大値は0.9V程度である（図3）。V_{oc}を低下させる最大の原因はRu色素を使う場合には図1，3の点線で示したチタニアから電解液への逆電子移動である。逆電子移動は，図6に示すようにチタニアの界面トラップに捕まった電子が電解液中のヨウ素へ移動する過程と，チタニア伝導帯から直接ヨウ素へ移動する過程があると報告されている[7]。界

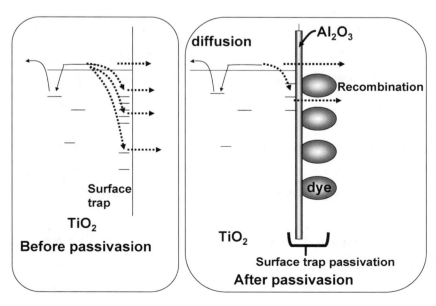

図6　逆電子移動のメカニズムと界面トラップパッシベーション

面トラップからヨウ素に逆電子移動する過程は界面トラップをパッシベーションすることにより防止できる。酸化物半導体であるチタニアナノ粒子表面には広い表面積がゆえに多くの界面準位が存在する。界面準位はチタニア層の熱刺激電流（TSC）を測定することにより相対的に比較できる[8]。低温でポーラスチタニア層のトラップに電子を詰めた後，徐々に基板温度を昇温させるとトラップに詰まっていた電子が脱トラップし電流として検出できる。したがって低温で観察される電流は浅いトラップ，高温で観察される電流は深いトラップに相当する。190Kに存在するTSCピークが色素を吸着させることにより減少することより，界面準位の濃度を減少させるためにはチタニア表面に色素に代表される有機物を吸着させればよいということがわかった。その後の研究により，チタニア界面のTi-OHと結合する化学種（有機物，無機酸化物）でパッシベーションすることにより，TSCピーク強度が減少し（つまり，界面トラップ濃度が減少），チタニア層中の電子拡散係数，電子寿命が増大することが確認された[8]。界面トラップ濃度が減少することにより，電子再結合センター濃度が減少，逆電子移動反応が抑制され電子寿命が延びたと考えられた。

膜厚が15ミクロンに達するチタニア膜中の無数に存在する直径20nm程度のナノポア表面を有効に色素分子でパッシベーションすることは難しい。我々は加圧二酸化炭素中でナノポーラスチタニア層表面を有効にしかも速やかに色素吸着させることに成功した[8a,c]。色素吸着時間はルテニウム色素の仲間であるブラックダイを使った場合吸着が飽和に達するまで2-3日程度かかるが，加圧二酸化炭素中では2時間で終了できた。しかも色素中にチタニアを長時間浸漬することによって起こる，高効率化に不都合な色素会合を防止することができ，性能向上を図ることができた。図7に通常の浸漬法で作製したセルと加圧二酸化炭素中で作製したセルの太陽電池特性を示す。これらの結果は，加圧二酸化炭素中で色素分子の拡散が加速されたこと，および加圧二酸化炭素中ではチタニア表面が二酸化炭素で活性化され，色素との反応性が著しく向上（二桁程度）したことで説明できる。ナノポーラスチタニア中の界面トラップ密度を下げることにより，電子拡散定数，電子寿命を向上させることができ，高いJ_{sc}, V_{oc}を得ることができた。この技術を利用して，我々はブラックダイを用い10.4%の効率を達成した。図6に示すとおり逆電子移動はチタニアの伝導帯からも起こり，この逆電子移動が主に起こる場合には電子拡散係数が大きくなると電子がチタニア界面に到達する時間が早くなるために逆に電子寿命が短くなる現象が起こることも報告されている。

我々は，ATO／ITO透明導電膜基板／チタニア緻密層（ホールブロッキング層）／ポーラスチタニア膜／色素／ポリチオフェン／PEDOT-PSS（電子ブロッキング層）／Auからなる全固体色素増感太陽電池（図8）を試作し，ポーラスチタニア層と色素界面に逆電子移動防止層としてのアルミナ薄膜を形成し，その影響を調べた[8b]。アルミナ薄膜でポーラスチタニア界面をパッシ

第4章　界面制御技術による高性能固体太陽電池作製に関する研究開発動向

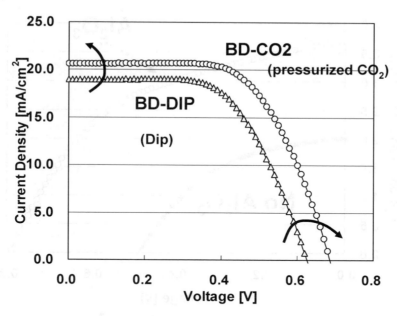

図7　浸漬と二酸化炭素加圧中で作製した太陽電池の特性比較

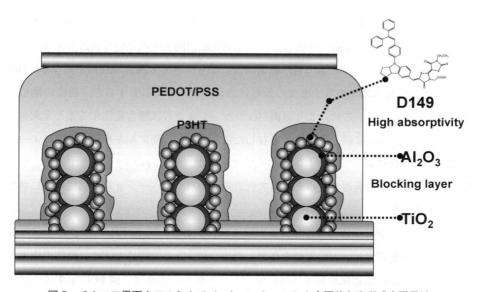

図8　チタニア界面をアルミナでパッシベーションした全固体色素増感太陽電池

ベーションすることにより熱刺激電流値が大きく減少することがわかった[8b]。トラップ密度が減少し，逆電子移動反応が抑制され，短絡電流，開放電圧とも大きく向上することを見出した（図9）。このように，固体色素増感太陽電池にとって，チタニア／ホール輸送界面の制御はもっと重

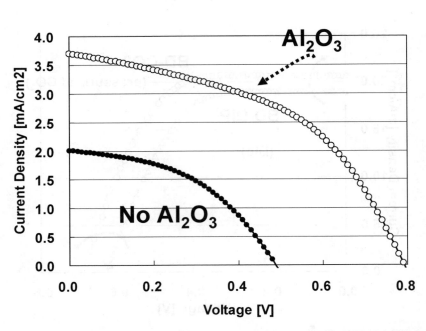

図9 チタニア界面をアルミナでパッシベーションした前後の全固体色素増感太陽電池

要な研究課題の一つである。例えば，固体色素増感太陽電池に使う色素分子に長鎖アルキル基を置換させ，逆電子移動反応を抑制すると，太陽電池性能が向上するという報告もある。

同じ吸収領域を持っている色素でも，色素構造により大きく太陽電池性能が異なる。HOMO-LUMOの位置，励起状態での電子密度の分布状態などが大きく影響するが，色素の構造によって色素吸着状態が異なり，これにより界面パッシベーションの状態も変化することも大きな要因と考えられる。我々は既に同じ母体構造を有した色素でも，置換アルキル基の長さによって吸着状態が異なり，これによってチタニア中の電子拡散係数，電子寿命，J_{sc}, V_{oc} が変化してくることを報告している。色素構造を含めチタニア色素界面のパッシベーションは高性能化に必須の研究課題となっている。

色素のダイポールが電圧に影響を与えるという報告がある。図10には，チタニアに吸着させた色素の表面電位を測定し，太陽電池を作製した場合の V_{oc} との関係を示す。色素の表面ポテンシャルがプラスであるほど開放電圧は高い傾向が見られる。これは，図11に示すように色素のダイポールがチタニアの伝導帯の真空準位を変化させ，チタニアフェルミレベルとヨウ素レドックスの酸化還元電位との差が表面電位がプラスであるほど大きくなるためと考えられた[9]。同様の結果は全固体色素増感太陽電池でも見られた（図12）。しかし，電解液中ではチタニアのフェルミレベルは変化しないという報告もあり，更なる研究が必要である。

第4章　界面制御技術による高性能固体太陽電池作製に関する研究開発動向

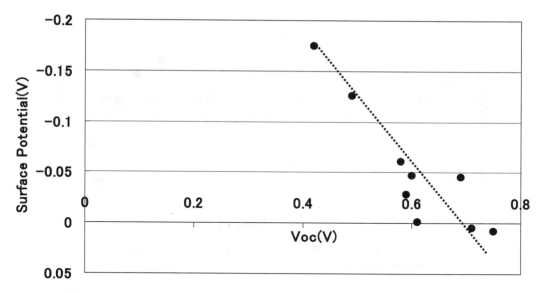

図10　チタニアに吸着させた色素の表面ダイポールと太陽電池の開放電圧 V_{oc} の関係
（液体電解液型太陽電池）

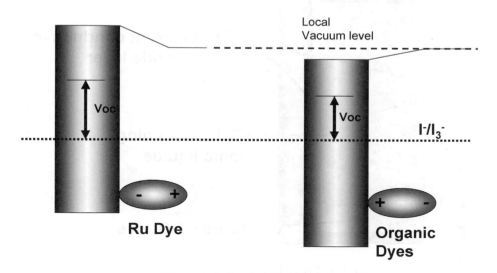

図11　色素ダイポールと V_{oc} の関係

5　無機ホール輸送材料を用いた固体DSSC

図13には，無機ホール輸送材料であるCuIを使った固体DSSCの構造を示す。CuIをアセトニトリルに溶解しチタニア層ナノポアに注入する。CuIは結晶性であるため結晶が成長すると

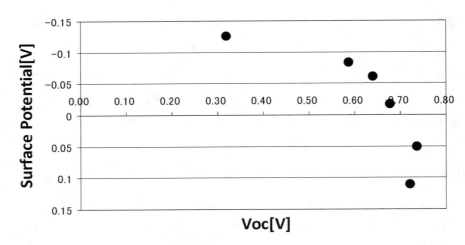

図12 チタニアに吸着させた色素の表面ダイポールと太陽電池の開放電圧 V_{oc} の関係
（固体型太陽電池）

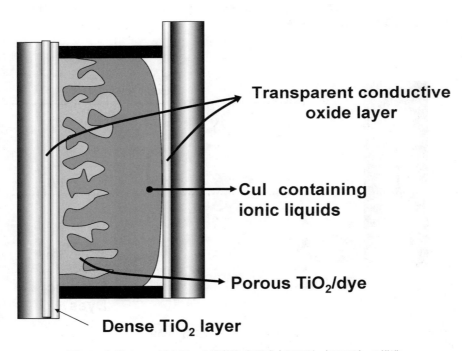

図13 無機ホール層を用いた固体色素増感太陽電池（DSSC）の構造

CuIの結晶の形が現れ，チタニア界面とのコンタクトが低下する。これを防止するために，イオン性液体を添加している[10]。また，チタニア層からCuIへの逆電子移動を防ぐためにチタニア表面に金属酸化物薄膜（例えばMgO）を形成する方法が有効であると報告されている[10c]。これ

第4章　界面制御技術による高性能固体太陽電池作製に関する研究開発動向

らの方法を使うことにより，4-5%の効率が報告されている。

6　擬固体 DSSC

液体はナノポーラスチタニア界面と最も優れた電荷分離界面を作ることができる。この性質と固体化を併せ持つものが擬固体 DSSC である。擬固体化する前の電解液には不揮発性のイオン液体が使用される。有機溶剤を使用する場合には，擬固体化後にも揮発性が残り固体化の意味が半減する。固体化を揮発成分防止，漏液防止を考えるならば，イオン液体型擬固体化は全固体化と同等の意味を持つ。擬固体 DSSC は二つに分けられる。一つは電解液バルク層を固体化し，わずかにしみこんでいるチタニア層内のイオン液体はそのまま残す方法，およびチタニア層内，電解液バルク層も含めて，擬固体化する方法である。前者のほうが容易であるため報告例が多い。図 14 に我々が検討している構造を示す[11]。バルク電解液部分は，無機，有機マトリックスとイオン液体の複合フイルムである。本報告では，表裏に直線状のナノ貫通穴を有するポーラスアル

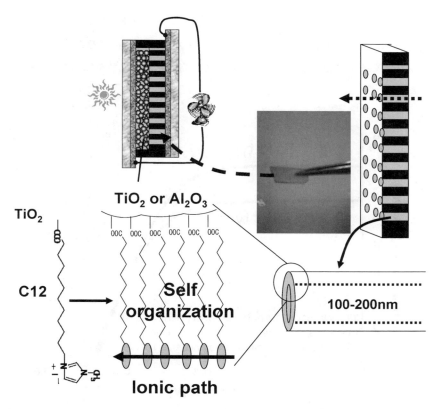

図14　擬固体色素増感太陽電池（DSSC）の構造の一例

ミナ膜（直径100-200nmの細孔）を用いた。ナノポア内部の表面には自己組織化イミダゾリウム塩が結合しており，その界面にヨウ素レドックス種が濃縮して存在する。これによりヨウ素レドックス種自体が拡散しなくても玉突きのように電荷が運べるGrotthussタイプの電荷移動が実現でき，固体化しているにも係わらず，高い導電性を維持できた。一方，相対的にチタニア層内のナノポアに存在するヨウ素レドックス種の濃度が下がり，チタニア層からレドックス種への逆電子移動を防止している。このため，図15に示すように擬固体化した後でも，太陽電池性能は低下しない。バルク部分はヨウ素濃度を高くして導電性を向上させ，一方チタニア薄膜中のナノポア中のヨウ素濃度を減らし，逆電子移動を防止することを実現した電荷移動媒体の二層構造（図16）は，イオン液体に代表される高粘度液体を有する色素増感太陽電池の高効率化に非常に有効である。図2には我々が実証している他のナノ界面修飾を利用した電荷移動媒体二層構造を示している[11a～11c]。

後者の場合，分子の大きなマトリックス（ポリマーマトリックス）はチタニア層内には拡散しないため，図17に示すように，モノマーを含む電解液をチタニア層内に拡散させた後，チタニア層内で重合することにより，チタニア層内およびバルク層も含めて固体化する[12]。ヨウ素はビニル重合，エポキシ環重合を阻害するため，我々はヨウ素レドックスによって重合を阻害されない付加反応を選択した。また，ポリマーマトリックスがヨウ素の拡散を阻害しないようにポリマーマトリックスをミクロ相分離させた。これにより高いイオン拡散を保ちながら擬固体化することができた。

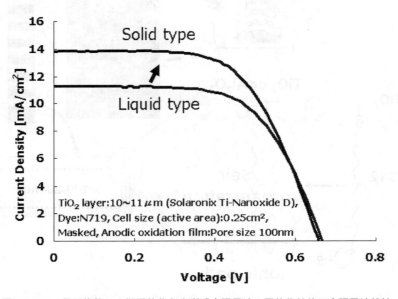

図15　ナノ界面修飾した擬固体化色素増感太陽電池の固体化前後の太陽電池特性

第4章　界面制御技術による高性能固体太陽電池作製に関する研究開発動向

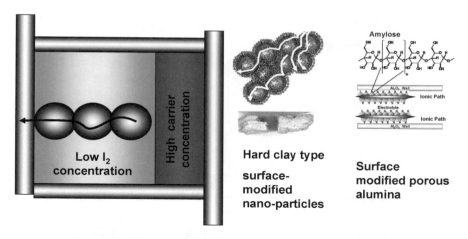

図16　電荷移動媒体二層構造の概略とそれを実現できるナノ界面修飾例

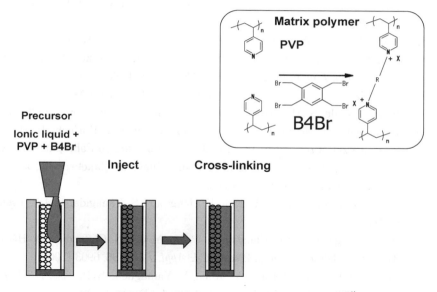

図17　擬固体色素増感太陽電池（DSSC）の構造の一例[9]

7　まとめ

　固体DSSCには，チタニア／有機ホール移動層型，チタニア／無機ホール移動層型，チタニア／擬固体電解質型がある。効率では擬固体電解液が一歩リードしているが，全固体という観点から考えると，前者二つにも大きな魅力がある。前者の高効率化のためには，チタニア層ナノポアへのホール輸送材料の高密度充填，チタニア層からホール輸送材料への逆電子移動の抑制，さ

249

有機デバイスのための界面評価と制御技術

らにチタニア層およびホール移動層の電荷拡散距離の増大が必要であり，このためには電荷分離界面，電荷輸送界面の制御技術が必須である。

文　　献

1) B. O' Regan and M. Grätzel, *Nature.*, **353**, 737 (1991)
2) a). Y. Chiba, A. Islam, Y. Watanabe, R. Komiya, N. Koide and L. Han, *Jpn. J. Appl. Phys.*, **45**, L638 (2006)　b). M. K. Nazeeruddin, P. Pechy, T. Renouard, S. M. Zakeeruddin, R. Humphry-Baker, P. Comte, P. Liska, L. Cevey, E. Costa, V. Shklover, L. Spiccia, G. B. Deacon, C. A. Bignozzi, M. Grätzel, *J. Am. Chem. Soc.*, **123**, 1613 (2001)　c). Z.-S. Wang, T. Yamaguchi, H. Sugihara, H. Arakawa, *Langmuir.*, **21**, 4272 (2005)
3) N. Kopidakis and E. A. Schiff, N. -G. Park, J. van de Lagemaat, and A. J. Frank, *J. Phys. Chem. B*, **104**, 3930 (2000)
4) a). S. Nakade, Y. Saito, W. Kubo, T. Kanzaki, T. Kitamura, Y. Wada and S. Yanagida, *Electrochem. Commun.*, **5**, 804 (2003)　b). Shogo Nakade, Taisuke Kanzaki, Yuji Wada, and Shozo Yanagida, *Langmuir*, **21**, 10803 (2005)　c). Nakade, S.; Kanzaki, T.; Kubo, W.; Kitamura, T.; Wada, Y.; Yanagida, S. *J. Phys. Chem. B*, **109**, 3480 (2005)
5) a). L. Schmidt-Mende, S. M. Zakeeruddin and M. Grätzel, *Appl. Phys. Lett.*, **86**, 013504 (2005)　b). L. Schmidt-Mende, U. Bach, R. Humphry-Baker, T. Horiuchi, H. Miura, S. Ito, S. Uchida, M. Grätzel, *Adv. Mater.*, **17**, 813 (2005)　c). Francisco Fabregat-Santiago, Juan Bisquert, Le Cevey, Peter, Chen, Mingkui Wang, Shaik M. Zakeeruddin, and Michael Graetzel, *J. Am. Chem. Soc.*, **131**, 2, 558-562, (2009)
6) J. Xia, N. Masaki, M. Lira-Cantu, Y. Kim, K. Jiang, and S. Yanagida, *J. Am. Chem. Soc.*, **130**, 1258 (2008)
7) F. Fabregat-Santiago, J. García-Cañadas, E. Palomares, J. N. Clifford, S. A. Haque, J. R. Durrant, G. Garcia-Belmonte and J. Bisquert, *J. Appl. Phys.*, **96**, 6903 (2004)
8) a). Y. Ogomi, S. Sakaguchi, T. Kado, M. Kono, Y. Yamaguchi, S. Hayase, *J. Electrochem. Soc.*, **153** (12), A2294 (2006)　b). Y. Noma, T. Kado, D. Ogata, Y. Hara and S. Hayase, *Jpn. J. Appl. Phys.*, **47**, 505 (2008)　c). Y. Ogomi, Y. Kashiwa, Y. Noma, Y. Fujita, S. Kojima, M. Kono, Y. Yamaguchi, and S. Hayase, *Solar Energy Materials & Solar Cells*, **93**, 1009 (2009)
9) Shohei Sakaguchi, Shyam S. Pandey, Keisuke Okada, Yoshihiro Yamaguchi1, and Shuji Hayase, *Applied Physics Express*, **1**, 105001-105003 (2008)
10) a). Q. -B. Meng, K. Takahashi, X. -T. Zhang, I. Sutanto, T. N. Rao, O. Sato and A. Fujishima, *Langmuir*, **19**, 3572 (2003)　b). G. R. A. Kumara, A. Konno, K. Shiratsuchi, J. Tsukahara and K. Tennakone, *Chem. Mater.*, **14**, 954 (2002)　c). A. Konno *et al.*, *J. Photochem. Photobiol. A: Chem.*, **164**, 183 (2004)

第 4 章　界面制御技術による高性能固体太陽電池作製に関する研究開発動向

11)　a). T. Kato and S. Hayase, *J. Electrochem. Soc.*, **154**, B117 (2007)　b). Takeshi Kogo, Shuzi Hayase, Tatsuo Kaiho, and Mitsuru Taguchi, *J. Electrochem. Soc.*, **155**, (9), K166-K169 (2008)　c). K. Kogo, M. Ogomi, T. Ogomi and S. Hayase, Molecular Catalysts for Energy Conversion; 251-262, Springer series in materials science 111 (2008), T. Okada, M. Kaneko Editors.

12)　Sinji Murai, Satoshi Mikoshiba, Hiroyasu Sumino, Takashi Kato, and Shuzi Hayase *Chem. Commun.*, 1534 (2003)

第5章　塗布法により作製した高分子系有機薄膜太陽電池と界面

山成敏広[*1]，當摩哲也[*2]，吉田郵司[*3]

1　はじめに

　地球温暖化や環境破壊を引き起こす化石燃料エネルギーの代替となるクリーンエネルギーの候補として太陽光発電に期待が寄せられている。シリコン系太陽電池が現在主流であるが，より一層の普及のためには，低コスト化が不可欠であるといわれている。この観点から，CIGS などの無機半導体材料を用いた太陽電池に加えて，有機材料を用いた太陽電池が次世代太陽電池の候補として挙げられるようになってきている。

　有機薄膜太陽電池は有機材料の半導体的性質に基づく固体型の太陽電池である。類似した材料・構造により形成される有機半導体デバイスの一つである有機電界発光（EL）素子が，現在，携帯電話や情報端末（PDA）のフルカラーディスプレイとして実用に供されるようになっている。そのため，有機半導体素子研究分野の最大関心事が有機 EL 素子の研究開発から有機電界効果トランジスタ（FET）や有機薄膜太陽電池といった新規デバイスの研究開発へ移行しつつある。このような追い風の状況の下で活発な研究が行われ，最近，エネルギー変換効率（PCE）が5％を超えるセルが公式な記録として認定されている[1]。とはいえ，無機系太陽電池や色素増感太陽電池と比べると変換効率は低いため，更なる性能向上が望まれる。また耐久性に関しては未知な部分が多い。

---

* 1　Toshihiro Yamanari　㈱産業技術総合研究所　太陽光発電研究センター　有機新材料チーム　研究員
* 2　Tetsuya Taima　㈱産業技術総合研究所　太陽光発電研究センター　有機新材料チーム　研究員
* 3　Yuji Yoshida　㈱産業技術総合研究所　太陽光発電研究センター　有機新材料チーム　チーム長

第5章　塗布法により作製した高分子系有機薄膜太陽電池と界面

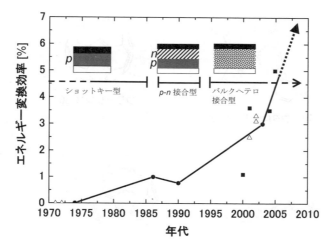

図1　有機薄膜太陽電池の変換効率の変遷

2　有機薄膜太陽電池研究の歴史

　有機薄膜太陽電池研究の歴史は1970年代にまで遡ることができる（図1）。当初はp型有機半導体として振舞う色素薄膜を仕事関数の異なる金属電極ではさんだ構造のショットキー接合型が主流であったが，エネルギー変換効率がなかなか向上せず，停滞が続いた。1980年代後半に有機EL素子の研究開発がはじまり，有機半導体へのヘテロ接合が導入されるようになったが，この技術を適用することで単純積層p-n接合型有機薄膜太陽電池が作製され，約1％のエネルギー変換効率が得られるようになった[2]。

　現在主流となっている有機薄膜太陽電池はバルクヘテロ接合構造をとっているが，これはp型半導体分子とn型半導体分子を混合することで三次元的なp-n接合を形成した構造[3,4]である。p-n接合型有機薄膜太陽電池では，分子レベルでのp-n接合界面における光誘起電子移動により電荷分離が起こり，発生した電子とホール（正孔）がn型とp型半導体中を電極まで拡散して外部に電流として取り出される。つまり単純積層p-n接合型太陽電池では，電荷分離の起こる光電変換層の厚みが分子レベル（ナノオーダー）しかなく，そのために入射した光のごくわずかしか利用できないでいた。この問題を解決したのがバルクヘテロ接合構造である。p-n接合界面が二次元的な単純積層p-n接合型構造と比べて光電変換に寄与する面積が飛躍的に増大するため，より多くの光電流を取り出すことができるようになり，変換効率が向上した。

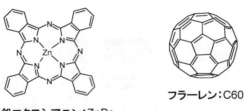
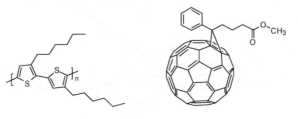

亜鉛フタロシアニン：ZnPc　　フラーレン：C60

ポリチオフェン：P3HT　　C60フラーレン誘導体：[60]PCBM

図2　有機薄膜太陽電池で用いられる主な材料分子

3　有機半導体材料

　有機薄膜太陽電池で用いられる主な材料を図2に示す。有機EL素子や有機トランジスタ用に開発された分子が多く，他分野で有用な分子をとりあえず太陽電池に転用しているのが現状である。特に，n型半導体材料に関しては良好な太陽電池特性の得られている材料は，フラーレンとその誘導体しかない。太陽電池用途を目的とした本格的な材料開発は今後の大きな課題の一つである。2007年以降，従来の有機薄膜太陽電池の性能を超える材料の報告が増えてきており[5,6]，さらに高性能化が進むと期待される。

4　高分子塗布系有機薄膜太陽電池

　有機薄膜太陽電池はその作製方法から低分子蒸着系と高分子塗布系の2つに大別できる。低分子蒸着系太陽電池は低分子材料を真空蒸着により製膜するもので，高分子塗布系太陽電池は共役系高分子などの可溶性分子を溶液に溶かして塗布により製膜するものである。高分子塗布系太陽電池では，p型材料とn型材料を予め混合した溶液を塗布するだけでバルクヘテロ接合構造を持った光電変換層を作ることができ，プロセスが非常に簡便である。光電変換層だけでなく，すべての作製プロセスを塗布法により行えるようになれば，製造コストを大幅に削減できると期待されるため，低コスト・低環境負荷な太陽電池として高分子塗布系有機薄膜太陽電池の研究開発

第5章　塗布法により作製した高分子系有機薄膜太陽電池と界面

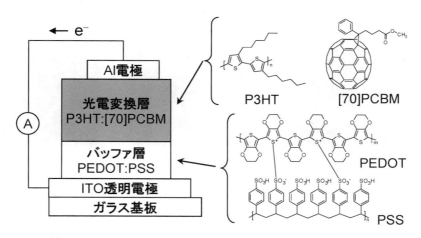

図3　典型的な高分子塗布系有機薄膜太陽電池（P3HT：[70]PCBM）の構造

が欧米を中心に，全世界で活発化してきている。

図3はp型の共役系高分子P3HTとn型であるC_{70}フラーレンの溶解度を高めるために置換基をつけた[70]PCBMを用いた太陽電池（セル）の例である。我々のグループによるセルの試作では，P3HTと[70]PCBMの混合比が重量比で1：0.7の溶液をスピンコート製膜し，光電変換層の厚みが90 nmのときにエネルギー変換効率3.8 %が得られている[7]。

以下，本稿では最近の我々のグループの研究トピックスとして，①低コスト製造を指向した作製技術と，②セルの経時劣化のメカニズムに関する研究について紹介する。

5　低コスト作製技術の検討

将来の実用化を考えた場合，現在研究レベルで有機薄膜太陽電池の作製に用いられているスピンコート法は，バッチ式であり，かつ材料溶液の利用効率が悪く，実用化には不向きである。低コスト・大面積・高スループットな製造技術としてはロールツーロール（R2R）法がある。このR2R法に向けた作製技術の検討として，ブラシ法[8]と引き上げ法によるセル作製を行い，従来のスピンコート法と比較した。

光電変換層であるP3HT：[60]PCBM（ブラシ法についてはP3HT：[70]PCBM）層の作製をスピンコート法のほか，ブラシ法，引き上げ法で行った。スピンコート法では，P3HTと[60]PCBMを混合したクロロベンゼン溶液をスピンコートすることで，製膜した。引き上げ法では，クロロホルム溶液から基板を引き上げることで製膜した。ブラシ法では，テフロン製のブラシを用いて，加熱した基板上にP3HTと[70]PCBMを混合したクロロベンゼン溶液を直接塗布する

有機デバイスのための界面評価と制御技術

図4　各種製膜法により作製したセル（1cm角）の写真

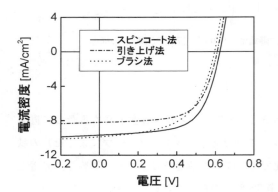

		スピンコート法	引き上げ法	ブラシ法
作製条件	P3HT：PCBM 混合比	1：0.7	1：1.3	1：0.7
	溶媒	クロロベンゼン	クロロホルム	クロロベンゼン
	セル面積[cm²]	1.0	1.0	0.04
太陽電池特性	J_{SC}[mA/cm²]	9.26	8.20	9.88
	V_{OC}[V]	0.60	0.61	0.60
	FF	0.64	0.64	0.56
	PCE[％]	3.6	3.2	3.3

図5　各種作製法によるセルの太陽電池特性

ことで製膜した．

　図4に各種製膜法により作製した1cm角セルの写真を示す．スピンコート法と引き上げ法では均一なセルの作製に成功した．一方，ブラシ法では1cm角の面積で均一な塗布膜を作製することができず，再現性の良い太陽電池特性が得られなかった．2mm角セルでは比較的再現性の良い結果が得られており，塗布に用いたテフロン製ブラシの問題であると考えられる．用いるブラシを工夫することでより大きい面積のセル作製も可能であろう．ブラシ法の結果については，2mm角のセルで比較を行った．各種作製法により作製したセルの太陽電池特性の比較を図5に示す．ブラシ法および引き上げ法ともに，スピンコート法で作製した太陽電池と同等な3％を超える高い変換効率を有するセルを作製することができた．この結果は作製条件を最適化すれば，どの製膜方法でも同等の高い変換効率が得られることを示している．また，インクジェット法，ドクターブレード法でも同様の高い変換効率のセルの作製に成功したとの報告もあり[9]，低コスト製造技術であるR2R法の適用可能性は高いと言える．

　各種製膜法で作製したセルで最適な作製条件（P3HTと［60］PCBMの混合比，使用した溶媒）

第5章 塗布法により作製した高分子系有機薄膜太陽電池と界面

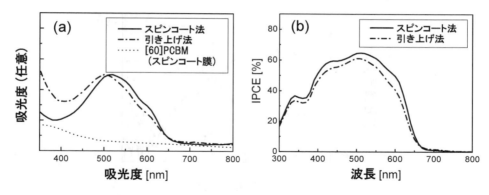

図6 各種作製法によるセルの(a)吸収スペクトルと(b)分光感度（IPCE）

が異なるため，有機発電層の組成や内部構造が異なっていることが懸念された。そこで，スピンコート法と引き上げ法で作製したセルについて，より詳細な比較を行った。なお，ブラシ法については均一な膜が作製できなかったため，比較から除外した。分光感度（IPCE）スペクトルと吸収スペクトルを各製膜法で比較した結果を図6に示す。吸収スペクトルは短波長領域での吸収が引き上げ法で高かった。これは［60］PCBMの混合比が引き上げ法で高濃度条件であったことと一致している（図5参照）。しかしながら，分光感度については，そのスペクトル形状が同じであった。このことは，発電層中のP3HTと［60］PCBM存在比は分光感度に大きな影響を与えず，発電に寄与すると考えられるP3HTと［60］PCBMの接触界面の面積は，各製膜方法で条件を最適化した結果，同じになっていると予想される。

また，有機層の深さ方向の組成解析を斜め切削TOF-SIMS法により行った。引き上げ法で作製したセルのAl電極を粘着テープにより剥離した後に，光電変換層とバッファ層を斜めに切削して，その切削面をTOF-SIMSにより組成解析した結果を図7に示す。光電変換層とバッファ層の界面に注目すると，［60］PCBM由来のC_{60}^-信号の減少よりも浅い領域で，S^-信号の低下が見て取れる。このことは，バッファ層との界面付近では［60］PCBM/P3HT比が大きくなっていることを示している。また，PSS由来の$C_8H_7SO_3^-$信号が光電変換層でも観測されており，PSSが光電変換層へと浸透していると考えられる。この結果は，山本らによって報告されているスピンコート法によって作製されたP3HT：［60］PCBMセルの解析結果[10]と同じであり，セルの内部組成分布は製膜方法によらないと考えられる。これは高い効率が達成できるように製膜条件を最適化すると，結果として実現される光電変換層の内部構造は非常に似ているという予想を支持するものである。

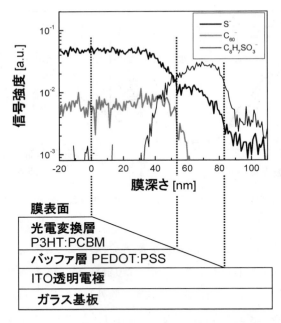

図7 引き上げ法で作製したセルの斜め切削 TOF-SIMS 法による深さ方向組成解析

6 セルの経時劣化のメカニズム

　有機薄膜太陽電池の実用化において高耐久化は不可欠の技術要素であるが，セルの劣化機構そのものがまだ十分に解明されておらず，必要な封止のレベルといった高耐久化への明確な指針を示すことが困難なのが現状である。そこで，現在最も多くの研究者に研究されている P3HT と PCBM を用いたセルの大気中暗所保存したときの劣化挙動について調べた。

　図8は大気中暗所保存したときの J-V 特性の変化である。V_{OC} は変化せず，J_{SC} が低下している。一般に，高い変換効率が得られているセルではバッファ層として PEDOT：PSS が用いられているが，高い吸湿性をもつことから大気中では水分を吸収してバッファ層の抵抗が高くなることでセル特性を低下させるとの報告がある[11]。また，PEDOT：PSS 中の PSS は強酸性材料であるため，Al 電極を酸化させている可能性もある。そこで，PEDOT：PSS の代わりに酸化モリブデンをバッファ層として用いたセルと，バッファ層を持たないセルを作製して，大気中暗所下での3種類のセルの安定性を比較した（図9）。どのセルでも開放電圧（V_{OC}）は変化せずに短絡電流密度（J_{SC}）が低下する傾向が見られ，J_{SC} の低下に伴って PCE が低下した。バッファ層が PEDOT：PSS であるセルは，初期性能は高いけれども他と比べて劣化が顕著に早かった。レーザービーム誘起光電流（LBIC）測定による光電流分布の2次元マッピングを行ったところ，バッ

第5章　塗布法により作製した高分子系有機薄膜太陽電池と界面

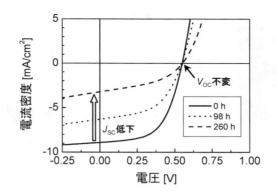

図8　大気中暗所に保存したセルの
J–V 特性の経時変化

ファ層が酸化モリブデンのセルとバッファ層の無いセルでは，小さいスポット状の発電しない領域が観測された。一方，バッファ層がPEDOT：PSSであるセルでは大きなスポット状の発電しない領域と発電領域が端から縮小している様子が観測され（図10），大気中の水分を吸湿することでAl電極を酸化させてセルの劣化を促進していると考えられる。Al電極の酸化状態を調べるためにArイオンエッチングによる深さ方向のX線光電子分光（XPS）分析を行った結果，セルの劣化に伴ってAl電極と光電変換層との界面でAlの酸化が進行していることを確認した（図11）。J–V特性やLBIC像の観察と同様に，バッファ層がPEDOT：PSSであるセルでAlの酸化が顕著であり，PEDOT：PSSがセルの劣化を促進していることを示している。

　金属と有機層の界面での金属電極の酸化がセルの劣化の大きな要因であること

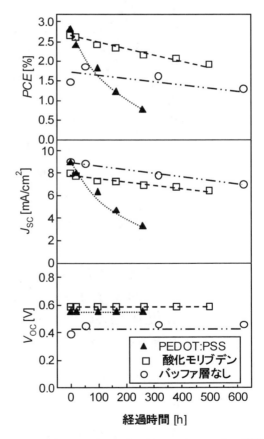

図9　大気中暗所下での劣化に対するバッファ層の影響

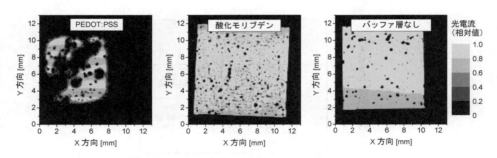

図10　大気中暗所保存（約300時間）で劣化したセルの光電流分布

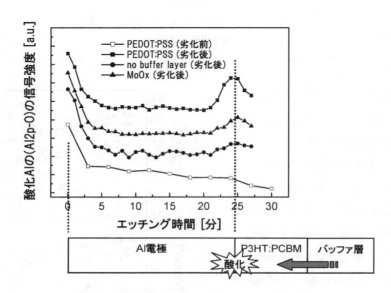

図11　XPS分析によるAl電極の酸化状態の解析

が明らかとなった。また，現在高い変換効率が得られている高分子系有機薄膜太陽電池には例外なくバッファ層としてPEDOT：PSSが用いられているが，セルの長期安定性を考えると必ずしも適切な材料であるとはいえない。実用化に向けて，封止技術の開発とともにセルに用いる材料（光電変換材料だけでなくバッファ層も含む）の開発にもまだまだ課題が残っていると言える。

7　おわりに

以上，塗布により作製する高分子系有機薄膜太陽電池の作製技術の開発・高耐久性セルの開発に関する研究について紹介した。有機薄膜太陽電池では，高効率化のための新規材料の探索からタンデム化などの素子構造の最適化・高度化，そして実用化を視野に入れた低コスト作製技術の

第5章　塗布法により作製した高分子系有機薄膜太陽電池と界面

開発・高耐久性化のための劣化要因の解明など，まだまだ研究開発の課題が多く残されている。この分野の研究はこれまで欧米を中心に行われてきが，国内でもここ2, 3年で非常に活発化してきており，さらに多くの研究者が参加することで研究が大きく進展し，近い将来，有機薄膜太陽電池が製品として世に出ることを願っている。

謝辞
　ここで紹介した研究成果はパナソニック電工㈱　阪井淳氏と東レ㈱　塚本遵氏との共同研究によるものである。また本研究は，経済産業省のもと，㈳新エネルギー・産業技術総合開発機構（NEDO）から委託され実施したもので，関係各位に感謝する。

文　　献

1) M. A. Green *et al.*, *Prog. Photovolt: Res. Appl.*, **17**, pp.85-94 (2009)
2) C. W. Tang, *Appl. Phys. Lett.*, **48**, pp.183-185 (1986)
3) M. Hiramoto *et al.*, *Appl. Phys. Lett.*, **58**, pp.1062-1064 (1991)
4) N. S. Sariciftci *et al.*, *Appl. Phys. Lett.*, **62**, pp.585-587 (1993)
5) J. Peet *et al.*, *Nature materials*, **6**, 497 (2007)
6) 北澤ほか，第56回応用物理学関係連合講演会　講演予稿集　講演番号 30a-ZF-4 (2009)
7) T. Yamanari *et al.*, *Jpn. J. Appl. Phys.*, **47**, pp.1230-1233 (2008)
8) S.-S. Kim *et al.*, *Adv. Mater.*, **19**, pp.4410-4415 (2007)
9) C. N. Noth *et al.*, *Nano Lett.*, **8**, pp.2806-2813 (2008)
10) 山本ほか，第55回応用物理学関係連合講演会　講演予稿集 講演番号 27p-C-1 (2008)
11) K. Kawano *et al.*, *Sol. Energy Mater. Sol. Cells*, **90**, pp.3520-3530 (2006)

〔有機 EL〕

第6章　フラーレン層挿入によるナノ界面制御

加藤景三[*]

1　はじめに

　近年，有機電界発光（EL）素子（OLED）や有機電界効果トランジスタ（OFET），有機太陽電池などの有機電子デバイスの研究開発が非常に盛んに行われている。その中でも OLED は，現在，フラットパネルディスプレイとしての実用化も進んでいる。これらの有機電子デバイスは，金属あるいは導電性酸化物の電極と有機多層膜から成っており，電極／有機界面や有機／有機界面がデバイス特性に非常に重要となっている。OLED は，電圧（電界）印加により，陰極と陽極からそれぞれ電子と正孔が注入され，注入されたこれらのキャリヤが有機層内で再結合され，その再結合エネルギーにより励起子が生成され，この励起子の発光再結合が有機層（発光分子層）で生じることにより EL が得られるものである。このため，電極からのキャリヤの注入効率や注入されたキャリヤの発光分子までの輸送効率，電子 – 正孔の再結合確率，再結合後の発光効率などを高めることが，高効率のデバイス開発につながる。そのため，これらに関して種々の研究が行われている。

　OLED の構造としては，界面やキャリア閉じ込め層でのキャリヤの効率的な再結合を可能とするような正孔輸送層／発光層／電子輸送層，あるいは正孔輸送層／発光・電子輸送層などとする積層構造が良く知られている。また，陽極や陰極からのキャリヤ注入障壁の低減は，電極からのキャリヤの注入効率や低電圧駆動のために非常に重要であり，電極と有機層界面へのバッファ層の挿入などが行われており，挿入したバッファ層をキャリヤ注入層として機能させている。陽極には，一般に光を取り出すために ITO（indium tin oxide）透明電極が用いられ，ガラス基板の他，最近ではフレキシブルなポリマー基板なども用いられている。また，電極からの正孔注入を促進するために，陽極バッファ層としては銅フタロシアニン（CuPc）[1]などが広く用いられている。陰極には発光層に効率よく電子を注入するために，マグネシウム（Mg）やカルシウム（Ca）などの仕事関数の小さな金属が用いられるが，これらの金属は酸化されやすいので，安定な金属との積層構造や合金の電極が用いられる。例えば，陰極としてアルミニウム（Al）などを用い，陰極バッファ層としてリチウム（Li）[2]やストロンチウム（Sr）[3]などの仕事関数の小さな金属や

　　＊　Keizo Kato　新潟大学　大学院自然科学研究科　教授

第6章 フラーレン層挿入によるナノ界面制御

フッ化リチウム（LiF）[4,5]などのフッ化物などが用いられている。さらに，陰極金属と電子輸送層との界面をナノ構造制御した素子[6,7]では，キャリヤ注入障壁の低下により陰極からのキャリヤ注入の増大が示され，EL特性の改善がなされている。また，電子輸送層と正孔輸送層との有機／有機界面にルブレン分子層を挿入した素子[8]についても検討がなされ，EL特性の改善の検討がなされている。このように，様々なナノ界面制御でキャリヤ注入やキャリヤ輸送などを改善し，EL特性の高効率化を目指した研究が行われている。

ここでは，OLEDの電子輸送層と正孔輸送層との有機／有機界面にフラーレン（C_{60}）層を挿入し，ナノ界面制御した素子の特性[9〜11]について述べる。

2 フラーレン（C_{60}）層挿入によるOLEDの特性

C_{60}は炭素同位体で，図1に示すようにサッカーボール型をした特異な形状をしている。そして，C_{60}分子は電子受容性が非常に強く，光導電性を有し，成膜時に熱分解しないという特徴を有していることなどから，現在，様々な分野での研究が行われている[12]。

図2にC_{60}層挿入OLEDの構造[10]を示す。陽極としてITOガラス基板，陽極バッファ層としてCuPc，正孔輸送層としてトリフェニルアミン誘導体（TPD），電子輸送層および発光層としてアルミニウムキノリール錯体（Alq_3），陰極バッファ層としてLiF，陰極としてAlが使用されている。図2(a)はTPD/Alq_3界面にC_{60}層を挿入した構造の素子でC_{60}層の膜厚を0.2-1.0 nmとして制御している。図2(b)は0.8 nmの膜厚のC_{60}層をTPD/Alq_3界面からAlq_3層内に0-10.0 nmの位置に挿入した構造の素子である。以下では，C_{60}層の膜厚依存性と挿入位置依存性について調べられた結果について述べる。

C_{60}の吸収帯は，Alq_3の電界発光帯と大きな重なりはなく，ホトルミネセンス特性の測定では，C_{60}からの発光はほとんど観測されていない[9]。さらに，C_{60}層を挿入した素子と挿入しない素子の発光スペクトルの違いもなく，いずれもピーク波長が540 nmであり，Alq_3からの発光である

図1 フラーレン（C_{60}）の構造

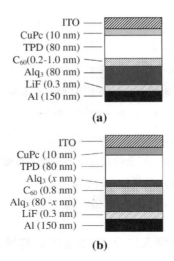

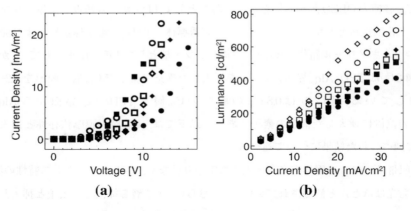

図2 C_{60} 挿入 OLED の構造
(a) C_{60} 層の膜厚依存性測定用の構造,(b) C_{60} 層の位置依存性測定用の構造。

図3 C_{60} 層挿入 OLED の C_{60} 層の膜厚依存性
[C_{60} 層の膜厚;●:0 nm(C_{60} 層なし),◆:0.2 nm,■:0.4 nm,○:0.6 nm,◇:0.8 nm,□:1.0 nm]
(a) J-V 特性,(b) L-J 特性。

ことが確認されている[9]。すなわち,C_{60} 層を挿入しても発光スペクトルを変化させないことが明らかとなっている。

 TPD/Alq_3 界面に種々の膜厚の C_{60} 層を挿入した素子の特性を図3に示す[10]。図3(a)は電流密度-電圧(J-V)特性で,図3(b)は発光輝度-電流密度(L-J)特性である。J-V 特性および L-J 特性の両方とも,C_{60} 層を挿入した素子の結果はいずれの膜厚に対しても●で示された C_{60} 層を

第6章 フラーレン層挿入によるナノ界面制御

挿入していない素子よりも特性の向上が観測されている。図3(a)のJ-V特性の膜厚依存性は明確ではないが，駆動電圧についてはC_{60}層を挿入したときの結果はいずれの素子でも●で示されたC_{60}層を挿入していない素子より低電圧になっていることがわかる。C_{60}層を挿入した素子では，駆動電圧はC_{60}層を挿入していない素子より最大4V程度低減されている。図3(b)のL-J特性の膜厚依存性はかなり明確になっており，0.8nmの膜厚で最大の発光輝度が得られていることがわかる。そして，0.8nmの膜厚のC_{60}層を挿入した素子は，C_{60}層を挿入していない素子の約2倍の発光輝度が得られている。

EL電流効率のC_{60}層の膜厚依存性の結果を図4に示す[10]。C_{60}層の膜厚が0.8nmの素子は，C_{60}層を挿入していない素子の約2倍の効率を示していることがわかる。この結果より，C_{60}層の直径が約0.7nmであることから，C_{60}単分子層がTPD/Alq_3界面に形成されたときに効率が最も向上するものと考えられる。

C_{60}分子と同様にローダミンB(RhB)分子を用いて，TPD/Alq_3界面にRhB層を挿入したOLEDを作製しEL特性を測定した結果を図5に示す[11]。図5(a)はJ-V特性で，図5(b)はL-J特性である。図5(a)，(b)には，RhB層の膜厚を0.5nmおよび1.0nmとした素子の特性が示されているが，どちらの素子の特性もRhB層を挿入しない素子の特性より悪くなっていることがわかる。

図2(b)の構造の素子を作製して，C_{60}層の挿入位置依存性について検討した結果を図6に示す[10]。このときのC_{60}層の膜厚は，図4に示された効率が最も最大を示した0.8nmとしている。図6(a)はJ-V特性で図6(b)はL-J特性である。図3(a)，(b)に示されたTPD/Alq_3界面にC_{60}層

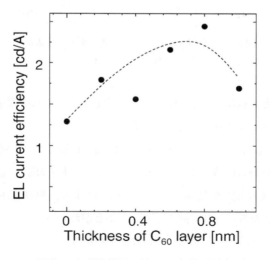

図4　C_{60}層の膜厚に対するEL電流効率

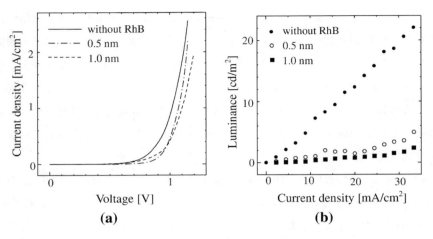

図5 ローダミンB (RhB) 挿入 OLED の特性
(a) J-V 特性, (b) L-J 特性。

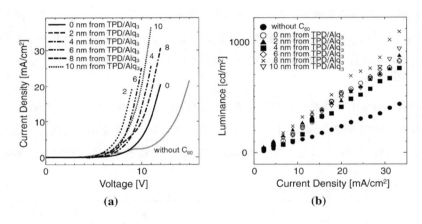

図6 C_{60} 層挿入 OLED の C_{60} 層の挿入位置依存性
(a) J-V 特性, (b) L-J 特性。

を挿入した素子の結果と同様に，Alq_3 内に挿入した場合も，いずれの素子も C_{60} 層を挿入していない素子より特性の改善がなされていることがわかる。

図7は電流密度 $20\ mA/cm^2$ における EL 特性の 0.8 nm の膜厚の C_{60} 層の挿入位置依存性の結果である[10]。図7(a)は駆動電圧特性で，C_{60} 層を挿入しない素子の駆動電圧に対する電圧比を示しており，図7(b)は発光輝度特性を示している。図7(a)より，駆動電圧は C_{60} 層の挿入位置が TPD/Alq_3 界面から遠ざかるにつれて減少していることがわかる。一方，図7(b)より，発光輝度は C_{60} 層の挿入位置によりほとんど変化のないことがわかる。

上述のように，C_{60} 層を挿入した素子は C_{60} 層を挿入しない素子より EL 特性が向上すること

第6章　フラーレン層挿入によるナノ界面制御

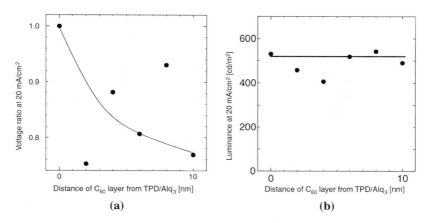

図7　C_{60} 層挿入 OLED の EL 特性（電流密度 20 mA/cm^2）の C_{60} 層挿入位置依存性
(a)駆動電圧，(b)発光輝度。

が明らかとなっている。これについて，図8に示したエネルギーバンドモデル[11]により簡単に考察する。C_{60} の HOMO と LUMO レベルをそれぞれ -6.8 eV と -4.6 eV とする[13]と，TPD/Alq$_3$ 界面や TPD/Alq$_3$ 界面近傍の Alq$_3$ 層内に C_{60} 層を挿入した素子に電圧印加したときのエネルギーバンドモデルは図8(a)に示すようになる。同図に示されたように，TPD/Alq$_3$ 界面に C_{60} 層を挿入した素子の場合，TPD 層内の正孔は TPD/C_{60} 界面に蓄積されることになる。したがって，この TPD/C_{60} 界面に蓄積された正孔により，C_{60} 層を挿入した素子は C_{60} 層を挿入しない素子よりも Alq$_3$ 層の電界が増強されることになる。この結果，EL 特性が向上したと考えられる。この特性の向上は，注入された電子と正孔のキャリヤバランスが改善されたことにも起因していると考えられる。このとき，TPD/C_{60} 界面に蓄積された正孔は，超薄膜の C_{60} 層をトンネル効果により輸送されると思われる。

TPD/Alq$_3$ 界面近傍の Alq$_3$ 層内に C_{60} 層を挿入した素子の場合，正孔の蓄積は TPD/Alq$_3$ 界面ではなく，主に Alq$_3$/C_{60} 界面に生じていると考えられる。したがって，Alq$_3$/C_{60} 界面に蓄積された正孔により，C_{60} 層を挿入した素子は C_{60} 層を挿入しない素子よりも C_{60} 層と陰極との間の Alq$_3$ 層の電界が増強されることになる。この場合，C_{60} 層と陰極との間の Alq$_3$ が実効的な発光層として働き，Alq$_3$ 層内に C_{60} 層を挿入することにより，見かけ上 Alq$_3$ 層の膜厚を薄くする効果が現れるものと考えられる。このとき，Alq$_3$/C_{60} 界面に蓄積された正孔は，超薄膜の C_{60} 層をトンネル効果により輸送されると思われる。図7(a)の結果は，C_{60} 層挿入素子の駆動電圧は，C_{60} 層挿入位置が TPD/Alq$_3$ 界面から遠ざかるにつれて減少することを示しており，C_{60} 層挿入により実効的な発光層である Alq$_3$ 層の膜厚が見かけ上薄くなった効果が現れたことを示していると考えられる[9〜11]。

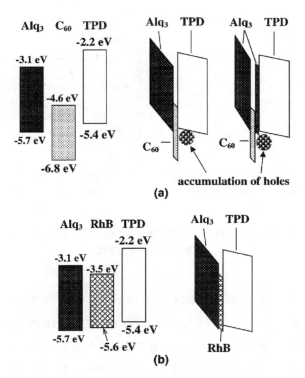

図8 OLEDのエネルギーバンドモデル
(a) C_{60} 挿入 OLED, (b) RhB 挿入 OLED。

次に,TPD/Alq_3 界面に RhB 層を挿入した素子について検討する。この素子に電圧印加したときのエネルギーバンドモデルは図8(b)に示すようになる。ここで,RhB の HOMO と LUMO レベルをそれぞれ -5.6 eV と -3.5 eV としている[14]。この場合,C_{60} 層挿入素子と異なり,TPD/RhB 界面で TPD 層内の正孔の蓄積は見られない。これは,RhB の HOMO レベルや LUMO レベルは C_{60} のものよりも高く,RhB の HOMO レベルは TPD や Alq_3 のものとかなり近い値となっている。したがって,RhB 層を挿入した素子では特性の向上は見られなかったものと考えられる[11]。

なお,ここではエネルギーバンドモデルを用いた大雑把な考察を行っているが,現実には膜構造や界面の電子状態なども考慮する必要があると考えられる。

第6章 フラーレン層挿入によるナノ界面制御

3 まとめ

OLEDにC_{60}層を挿入することにより，低電圧駆動化や発光効率の向上が確認されている。この効果は，C_{60}層と有機層との界面に注入された正孔が蓄積されるために発光層の電界が増強したためと考えられている。このように界面にC_{60}層のような超薄膜層を挿入しナノ界面制御することにより，デバイスの特性制御が可能で，高効率デバイスの開発に寄与できると考えられる。なお，電極／有機界面や有機／有機界面の電子状態の物性的な解明も進んでおり，ナノ界面制御による高効率デバイスの開発に向けた研究のさらなる進展が期待される。

文　献

1) S. A. Vanslyke, C. H. Chen and C. W. Tang, *Appl. Phys. Lett.*, **69**, 2160 (1996)
2) E. I. Haskal and A. Curioni, *Appl. Phys. Lett.*, **71**, 1151 (1997)
3) H. S. Woo, J. G. Lee, H. K. Min, E. J. Oh, S. J. Park, K. W. Lee, J. H. Lee, S. H. Cho, T. W. Kim and C. H. Park, *Synthetic Metals*, **71**, 2173 (1995)
4) L. S. Hung, C. W. Tang and M. G. Mason, *Appl. Phys., Lett.*, **70**, 152 (1997)
5) M. Matsumura, K. Furukawa and Y. Jinde, *Thin Solid Films*, **331**, 96 (1998)
6) K. Shinbo, E. Sakai, F. Kaneko, K. Kato, T. Kawakami, T. Tadokoro, S. Ohta and R. C. Advincula, *IEICE Trans. Electron.*, **E85-C**, 1233 (2002)
7) K. Shinbo, E. Sakai, F. Kaneko, K. Kato, T. Kawakami, T. Tadokoro, S. Ohta and R. C. Advincula, *Mat. Res. Soc. Symp. Proc.*, **708**, 95 (2002)
8) M. Matsumura and T. Furukawa, *Jpn. J. Appl. Phys.*, **40**, 3211 (2001)
9) 鈴木慶介，新保一成，加藤景三，金子双男，坪井　望，小林敏志，田所豊康，太田新一，信学技報, **102**, 35 (2002)
10) K. Kato, K. Suzuki, K. Shinbo, F. Kaneko, N. Tsuboi, S. Kobayashi, T. Tadokoro and S. Ohta, *Jpn. J. Appl. Phys.*, **42**, 2526 (2003)
11) K. Kato, K. Takahashi, K. Suzuki, T. Sato, K. Shinbo, F. Kaneko, H. Shimizu, N. Tsuboi, S. Kobayashi, T. Tadokoro and S. Ohta, *Current Appl. Phys.*, **5**, 321 (2005)
12) M. Uchida, Y. Ohmori and K. Yoshino, *Jpn. J. Appl. Phys.*, **30**, L2104 (1991)
13) K. Iizumi, K. Saiki, A. Koma, *Sur. Sci.*, **518**, 126 (2002)
14) K. Hashimoto, M. Hiramoto, T. Sakata, *Chem. Phys. Lett.*, **148**, 215 (1998)

第7章 ヘテロ接合界面制御による有機EL素子の特性向上

松島敏則[*1], 村田英幸[*2]

1 はじめに

近年の有機エレクトロルミネッセンス (EL) 素子の高性能化に関する発展は目覚しく，内部量子効率は100%近くに到達し[1]，素子の駆動電圧も発光分子の光子エネルギー近傍まで低減できつつある[2]。一方，有機EL素子の耐久性の支配要因に関しては未だ完全には明らかにされておらず，耐久性向上の為のデバイス設計指針の確立が望まれている。本報では有機EL素子の(1) indium tin oxide(ITO) 電極／正孔輸送層界面および(2)正孔輸送層／発光層界面に着目し，これら界面の制御が有機EL素子の素子特性に及ぼす影響について紹介する。

有機EL素子の駆動電圧と耐久性を改善するためにITO電極とトリフェニルアミン正孔輸送層の界面に正孔注入層を挿入することが有効であることが知られている[3~10]。筆者らは正孔注入層として酸化モリブテン (MoO_3) に着目し，MoO_3 層の膜厚変化が素子特性に及ぼす影響について検討した。MoO_3 層を用いることで有機EL特性が改善されることは既に知られていたが，これまでに用いられてきた MoO_3 層の膜厚は2 nmから50 nmであった[6~10]。本研究においては2 nm以下の領域を含めて MoO_3 膜厚を詳細に検討した結果，0.75 nm の MoO_3 層を有するITO/MoO_3 電極を用いた場合にのみ，オーミックな正孔注入接合が実現されることを明らかにした。さらに，有機EL素子の耐久性は MoO_3 膜厚に強く依存し，0.75 nm の MoO_3 層を用いた場合に飛躍的な耐久性の向上が実現されることを見いだした。

一方，正孔輸送層／発光層界面に関しては，これらの層を構成する有機分子を共蒸着させた層を用いることで有機EL素子の耐久性が向上されることが知られている[11~19]。この共蒸着層を有する素子はバルク共蒸着型素子と呼ばれ，通常50 nm以上の厚膜共蒸着層が用いられる。共蒸着層中で正孔が N,N'-diphenyl-N,N'-bis(1-naphthyl)-1,1′-biphenyl-4,4′-diamine (α-NPD) 分子間をホッピング伝導することで，電気化学的に不安定な tris(8-hydroxyquinoline)aluminum

---

[*1] Toshinori Matsushima 北陸先端科学技術大学院大学 マテリアルサイエンス研究科 助教
[*2] Hideyuki Murata 北陸先端科学技術大学院大学 マテリアルサイエンス研究科 教授

第7章 ヘテロ接合界面制御による有機EL素子の特性向上

（Alq$_3$）のラジカルカチオンの生成が抑制され，耐久性が向上するメカニズムが提案されている[13]。正孔輸送層材料であるα-NPDと発光層材料であるAlq$_3$の共蒸着層を用いたこれまでの報告では，素子の耐久性は改善されるものの駆動電圧の上昇が報告されている[12,19]。この電圧上昇は，厚膜の共蒸着層中のキャリア移動度が低下したために生じると考察されている[18]。最近，5 nm程度の薄い共蒸着層を用いることで，有機EL素子の駆動電圧が低減されることが示唆された[20]。本研究では，前述した0.75 nmのMoO$_3$正孔注入層をITOとα-NPDの界面に挿入し，さらに5 nmの正孔輸送層／発光層界面の共蒸着層を組合せた有機EL素子において，駆動電圧と耐久性にどのような影響が生じるか検討した。その結果，これらの界面制御を行った素子では，界面制御を行っていない通常の素子と比較して，100 mA/cm^{2}における駆動電圧が9.5 Vから6.3 Vに34％低減され，10 mA/cm^{2}におけるエネルギー変換効率が1.67 lm/Wから2.02 lm/Wに20％向上されることがわかった。さらに，50 mA/cm^{2}で駆動させた場合の素子寿命（初期輝度が90％に減衰する時間）が32 hから281 hに約9倍に改善されることを見いだした。

2　ITO電極／正孔輸送層界面の制御が有機EL特性に及ぼす影響

本研究で作製した有機EL素子の構造とα-NPDとAlq$_3$の分子構造を図1に示す。ヘテロ接合型素子(A)は一般的なα-NPD正孔輸送層とAlq$_3$発光層で構成される。ここでITOとα-NPDの界面に挿入したMoO$_3$正孔注入層の厚みを0 nmから20 nmに変化させ，MoO$_3$の膜厚が有機EL特性に及ぼす影響について検討した[21]。

ヘテロ接合素子(A)の電流密度100 mA/cm^{2}における駆動電圧とMoO$_3$膜厚の関係を図2(a)に示す。従来の報告と同様に，2 nm以上のMoO$_3$を有する素子の駆動電圧は確かに低減されていたものの，最低の駆動電圧を示すMoO$_3$の膜厚は0.75 nmであった。0 nmと0.75 nmのMoO$_3$を用いた素子を比較すると，100 mA/cm^{2}における駆動電圧が9.5 Vから7.0 Vに27％低減されることがわかった。ITOおよびα-NPDからMoO$_3$へと電子移動が生

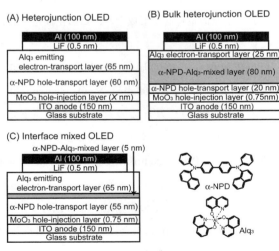

図1　本研究で作製した有機EL素子の構造とα-NPDとAlq$_3$の分子構造

有機デバイスのための界面評価と制御技術

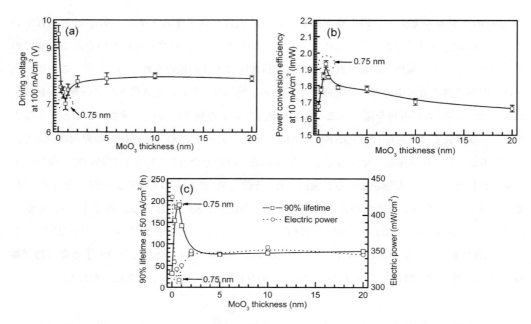

図2 (a) 100 mA/cm² における素子(A)の駆動電圧の MoO₃ 厚み依存性, (b) 10 mA/cm² における素子(A)のエネルギー変換効率の MoO₃ 厚み依存性, (c) 50 mA/cm² で駆動させたときの素子(A)の 90%寿命と消費電力の MoO₃ 厚み依存性

じることが既に明らかにされている[21〜23]。0.75 nm の MoO₃ 正孔注入層を ITO と α-NPD の界面に挿入することで, 電子移動によってこの界面でオーミック接合が形成され, 有機 EL 素子の駆動電圧が低減されたと考えられる。一方で, MoO₃ の膜厚が 1 nm 以上になるとこの界面で次第に強力な空間電荷層が形成され, この空間電荷層によって正孔の注入効率が低減されたと推測している。

ITO 陽極から α-NPD 層への正孔注入特性を詳細に検討するために, glass/ITO (150 nm)/MoO₃ (X nm)/α-NPD (100 nm)/MoO₃ electron-blocking layer (10 nm)/Al (100 nm) の構造を持つ素子を作製した[22,23]。この素子からは通電下で α-NPD の発光は観測されず, 正孔のみが通電されるホールオンリー素子であることを確認した。前述の有機 EL 素子の場合と同様に MoO₃ の膜厚 (X) を 0 から 20 nm に変化させた。ホールオンリー素子の電流密度-電圧特性を図3(a)に示す。100 mA/cm² における駆動電圧と MoO₃ 膜厚の関係を図3(b)に示す。100 mA/cm² におけるホールオンリー素子の駆動電圧は図2(a)の有機 EL 素子の駆動電圧と同様な傾向で変化し, MoO₃ の厚みが 0.75 nm のときに駆動電圧が最小となった。また, このときに電流密度が電圧の2乗に比例して増加することがわかった。この素子の電流密度-電圧特性は空間電荷制限電流で支配されていると判断できる点から, ITO と α-NPD 界面の正孔注入障壁が極限まで低減され,

第7章　ヘテロ接合界面制御による有機EL素子の特性向上

オーミック接触が形成されていることがわかった。

トラップの影響の無い場合の空間電荷制限電流は式(1)：$J=(9/8)\varepsilon_r\varepsilon_0\mu(V^2/L^3)$で表すことができる[24]。ここで$J$は電流密度，$\varepsilon_r$は比誘電率，$\varepsilon_0$は真空誘電率，$\mu$はキャリア移動度，$V$は駆動電圧，$L$は膜厚である。オーミック接触が形成された素子の電流密度-電圧特性を式(1)と一般的な有機薄膜の比誘電率である3.0を用いてフィッティングした結果（図3(a)中の実線），α-NPDの正孔移動度は電場依存性がほぼ無く約1.0×10^{-4} cm^2/Vsであることがわかった。有機薄膜の電流密度-電圧特性は電極から有機薄膜へのキャリア注入と有機薄膜中のキャリア輸送の両方で支配されているために，両者の寄与を区別して議論することは非常に困難である。本研究で見いだした超薄膜MoO_3を用いて電極／有機薄膜の界面でオーミック接触を形成させる手法は，キャリア注入障壁の影響を低減し得るため，有機薄膜のキャリア輸送のメカニズムを解明するうえでも極めて有効である。

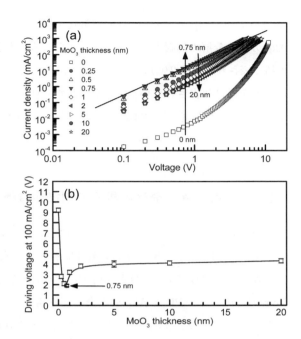

図3　(a) MoO_3の厚みを変化させたときのホールオンリー素子の電流密度-電圧特性，(b) 100 mA/cm^2におけるホールオンリー素子の駆動電圧のMoO_3厚み依存性

ヘテロ接合素子(A)の10 mA/cm^2におけるエネルギー変換効率とMoO_3膜厚の関係を図2(b)に示す。オーミック接触の形成に伴う駆動電圧の低減によって，0.75 nmのMoO_3を用いた素子のエネルギー変換効率が最も高かった。0 nmと0.75 nmのMoO_3を用いた素子を比較すると，10 mA/cm^2におけるエネルギー変換効率が1.67 lm/Wから1.93 lm/Wに16%向上されることがわかった。

ヘテロ接合素子(A)の90%寿命特性のMoO_3の膜厚Xに対する変化を図2(c)に示す。素子を50 mA/cm^2で定電流駆動させた際の初期輝度は約1500 cd/m^2であった。図2(b)のエネルギー変換効率の膜厚依存性と同様な傾向で，90%寿命特性も改善された。0 nmと0.75 nmのMoO_3を用いた素子を比較すると，50 mA/cm^2で駆動させた際の90%寿命が32 hから190 hに約6倍改善されることを見いだした。MoO_3正孔注入層の挿入による素子の長寿命化の原因は現在のところ明確ではないが，(1)印加電界によって生じるインジウム原子のα-NPD層への拡散の抑制[25]，

(2) ITO 表面の OH 基と α-NPD の電気化学反応の抑制[26]，(3)熱活性化型の電気化学反応による Alq$_3$ 分子の分解の抑制[13,28~30] などが考えられる。素子駆動時の消費電力は駆動電圧と電流密度の積で表される（図2(c)）。消費電力を低下させると，駆動時の素子内部温度の上昇が抑制されることが既に報告されている[27]。すなわち，MoO$_3$ 正孔注入層の挿入による駆動電圧の低下によって，素子の温度上昇が抑制され，上記3つの劣化が抑えられた事が素子の長寿命化の一因であると考えられる。

3 正孔輸送層／発光層界面の制御が有機 EL 特性に及ぼす影響

α-NPD と Alq$_3$ の共蒸着層の形成が有機 EL 特性に与える影響を検討するために，図1に示すバルク共蒸着型素子(B)と界面共蒸着型素子(C)を作製した[31]。バルク共蒸着型素子(B)においては 80 nm の厚膜の α-NPD と Alq$_3$ の共蒸着層を用いた。界面共蒸着型素子(C)においては 5 nm の薄膜の α-NPD と Alq$_3$ の共蒸着層を用いた。共蒸着層中の α-NPD と Alq$_3$ の組成がモル比で 1:1 となるように，α-NPD と Alq$_3$ の蒸着速度を制御した。

ヘテロ接合素子(A)，バルク共蒸着素子(B)，界面共蒸着素子(C)の電流密度－電圧特性を図4に示す。これら全ての素子において ITO 電極と α-NPD 正孔輸送層の界面に最適化された 0.75 nm の MoO$_3$ 正孔注入層を用いた。ヘテロ接合素子(A)と比較して，5 nm の薄い共蒸着層を α-NPD と Alq$_3$ の界面に形成させることで，100 mA/cm^2 における駆動電圧が 7.0 V から 6.3 V に 10% 低減されることがわかった。α-NPD と Alq$_3$ の界面には約 0.2 eV の正孔注入障壁が存在する。共蒸着領域で α-NPD と Alq$_3$ の接触が改善されたために，α-NPD から Alq$_3$ への正孔注入および電子と正孔の再結合効率が改善され，素子の駆動電圧が減少されたと考えられる[20]。0.75 nm の MoO$_3$ 正孔注入層を用いたヘテロ接合素子(A)と界面共蒸着素子(C)の 10 mA/cm^2 におけるエネルギー変換効率はそれぞれ 1.93 lm/W と 2.02 lm/W であり，駆動電圧が低減されることによってエネルギー変換効率が 5% 向上されることがわかった。

対照的に，ヘテロ接合素子(A)と比較して，α-NPD と Alq$_3$ の厚い共蒸着層 (80 nm) を素子内に形成させることで，100 mA/cm^2 における駆動電圧が 6.3 V から 8.5 V に上昇した。α-NPD と Alq$_3$ の共蒸着層中の電子移動度と正孔移動度は，

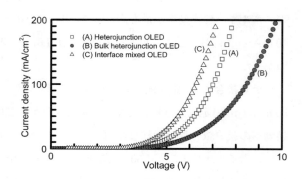

図4 素子(A)，(B)，(C)の電流密度－電圧特性（全ての素子において 0.75 nm の MoO$_3$ を用いた）

第7章 ヘテロ接合界面制御による有機EL素子の特性向上

純粋な α-NPD 層の正孔移動度および純粋な Alq$_3$ 層の電子移動度よりも低いために，素子の駆動電圧が上昇したと考えられる[18]。界面共蒸着素子(C)の共蒸着層の厚み（5 nm）はバルク共蒸着素子(B)の共蒸着層の厚み（80 nm）よりも小さいために，界面共蒸着素子(C)においては移動度の低下による駆動電圧の上昇は観察されなかったと推測する。

室温で 50 mA/cm^2 の定電流で駆動させた時の 90％寿命特性を図5に示す。

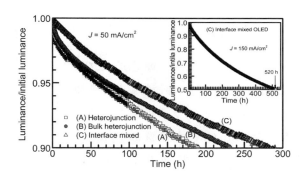

図5　50 mA/cm^2 で駆動させたときの素子(A)，(B)，(C)の輝度の時間変化（挿入図は 150 mA/cm^2 で駆動させたときの素子(C)の輝度の時間変化）

50 mA/cm^2 で駆動させた時の初期輝度は約 1500 cd/m^2 であった。ヘテロ接合素子(A)と比較して，80 nm の α-NPD と Alq$_3$ の厚い共蒸着層を素子内に形成させることで，素子寿命が 190 h から 231 h に 22％向上することがわかった。さらに，共蒸着層の厚みを 80 nm から 5 nm に減少させることで，素子寿命が 231 h から 281 h に 22％向上することがわかった。ヘテロ接合素子(A)と界面共蒸着素子(C)の 50 mA/cm^2 における消費電力はそれぞれ 310 mW/cm^2 と 275 mW/cm^2 と見積もることができる。素子内の温度上昇が抑制された結果，先述の熱活性化型の劣化機構が抑制され，素子寿命が向上したと考えられる。

最も長寿命であった界面共蒸着素子(C)を 150 mA/cm^2（初期輝度 4420 cd/m^2）で駆動させた時の寿命特性を図5の挿入図に示す。この素子の輝度が半減する時間（半減寿命）は 520 時間であった。初期輝度（L_0）と半減寿命（τ）は，加速係数（n）を使って式(2)：$L_0^n \cdot \tau =$ 一定で表される[32]。別途の実験で界面共蒸着素子(C)を 50，100，150，200 mA/cm^2 の電流で駆動させ，得られた寿命－初期輝度特性を式(2)でフィッティングすることで加速係数 n は 1.7 であると見積もった。半減寿命 $\tau = 520$，加速係数 $n = 1.7$，式(2)を用いて低輝度の場合の半減寿命を計算すると，初期輝度 1000 cd/m^2 で 6500 時間，初期輝度 500 cd/m^2 で 21,000 時間，初期輝度 100 cd/m^2 で 326,000 時間と見積もることができた。これまでに報告された Alq$_3$ を発光層とする有機EL素子の半減寿命特性を図6(a)と図6(b)にまとめた。これらの素子と比較して，界面制御を施した素子では良好な耐久性が得られていることがわかる。すなわち今回の結果は発光材料が同じであっても，素子の界面制御を行うことによって寿命特性が改善されることを実証するものである。

4 まとめ

本章では,電極/正孔輸送層および正孔輸送層/発光層の界面制御が有機EL素子の素子特性に与える影響について紹介した。0.75 nm の超薄膜 MoO_3 正孔注入層を ITO と α-NPD の界面に挿入し,5 nm の共蒸着層を α-NPD と Alq_3 の界面に形成させることで,これら界面制御を行っていない通常の素子と比較して,$100\ mA/cm^2$ における駆動電圧が9.5Vから 6.3 V に 34% 低減され,$10\ mA/cm^2$ におけるエネルギー変換効率が 1.67 lm/W から 2.02 lm/W に 20% 向上されることがわかった。さらに,$50\ mA/cm^2$ で駆動させた場合の 90% 素子寿命が 32 h から 281 h に約9倍に改善されることを見いだした。これまでの報告では α-NPD と Alq_3 の厚膜の共蒸着層を素子内に形成させることによって素子の耐久性が改善されるものの,素子の駆動電圧が上昇することが問題点であった。本報では共蒸着層の厚みが素子特性に及ぼす影響を検討した結果,5 nm の薄い界面共蒸着層を形成させることで,有機EL素子の駆動電圧と耐久性の両方が同時に改善されることを実証した。

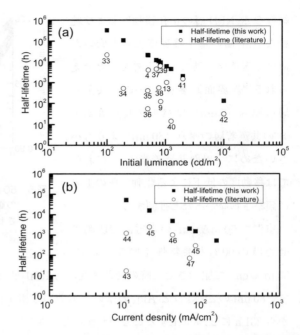

図6 (a)初期輝度を変化させたときの素子(C)の半減寿命と報告された半減寿命の比較,(b)駆動電流密度を変化させたときの素子(C)の半減寿命と報告された半減寿命の比較

■が $n=1.7$ を用いて計算したときに得られた素子(C)の半減寿命,○が報告された半減寿命で,○の下にある番号は文献番号を示す。

文　献

1) C. Adachi et al., Appl. Phys. Lett., **77**, 904 (2000)
2) T. Matsushima et al., Appl. Phys. Lett., **89**, 253506 (2006)
3) Y. Shirota et al., Appl. Phys. Lett., **65**, 807 (1994)
4) S. A. VanSlyke et al., Appl. Phys. Lett., **69**, 2160 (1996)
5) S. -F. Chen et al., Appl. Phys. Lett., **85**, 765 (2004)
6) S. Tokito et al., J. Phys. D : Appl. Phys., **29**, 2750 (1996)
7) T. Miyashita et al., Jpn. J. Appl. Phys., **44**, 3682 (2005)

第7章　ヘテロ接合界面制御による有機EL素子の特性向上

8) C. -W. Chen et al., *Appl. Phys. Lett.*, **87**, 241121 (2005)
9) H. You et al., *J. Appl. Phys.*, **101**, 026105 (2007)
10) J. -H. Li et al., *Appl. Phys. Lett.*, **90**, 173505 (2007)
11) S. Naka et al., *Jpn. J. Appl. Phys.*, **33**, L1772 (1994)
12) Z. D. Popovic et al., *Proc. of SPIE.*, **3476**, 68 (1998)
13) H. Aziz et al., *Science*, **283**, 1900 (1999)
14) V. -E. Choong et al., *Appl. Phys. Lett.*, **75**, 172 (1999)
15) J. Curless et al., *Synth. Met.*, **107**, 53 (1999)
16) V. -E. Choong et al., *J. Phys. D : Appl. Phys.*, **33**, 760 (2000)
17) A. B. Chwang et al., *Appl. Phys. Lett.*, **80**, 725 (2002)
18) S. -W. Liu et al., *Proc. of SPIE.*, **6333**, 63331R (2006)
19) M. Nakahara et al., *Jpn. J. Appl. Phys.*, **46**, L636 (2007)
20) T. Matsushima and C. Adachi, *Jpn. J. Appl. Phys.*, **46**, L861 (2007)
21) T. Matsushima et al., *J. Appl. Phys.*, **104**, 054501 (2008)
22) 松島敏則 et al., 有機EL討論会第5回例会予稿集, **S9-2**, 55 (2007)
23) T. Matsushima et al., *Appl. Phys. Lett.*, **91**, 253504 (2007)
24) M. A. Lampert and P. Mark, *Current Injection in Solids*, (Academic, New York, 1970)
25) S. T. Lee et al., *Appl. Phys. Lett.*, **75**, 1404 (1999)
26) K. Akedo et al., *Proc. of 13th International Display Workshops*, 465 (2006)
27) X. Zhou et al., *Adv. Mater.*, **12**, 265 (2000)
28) J. C. Scott et al., *J. Appl. Phys.*, **79**, 2745 (1996)
29) D. Y. Kondakov et al., *J. Appl. Phys.*, **101**, 024512 (2007)
30) Y. Luo et al., *J. Appl. Phys.*, **101**, 034510 (2007)
31) T. Matsushima and H. Murata, *J. Appl. Phys.*, **104**, 034507 (2008)
32) C. Féry et al., *Appl. Phys. Let.*, **87**, 213502 (2005)
33) F. L. Wong et al., *J Crystal Growth*, **288**, 110 (2006)
34) A. Yamamori et al., *J. Appl. Phys.*, **86**, 4369 (1999)
35) H. -Il Baek et al., *Proc. of SPIE.*, **6333**, 63331B (2006)
36) Y. Kim et al., *Appl. Phys. Lett.*, **88**, 043504 (2006)
37) G. Vamvounis et al., *Synth. Met.*, **143**, 69 (2004)
38) Z. D. Popovic et al., *Proc. of SPIE.*, **3476**, 68 (1998)
39) Z. D. Popovic et al., *Synth. Met.*, **111-112**, 229 (2000)
40) Y. Zhou et al., *Chem. Phys. Lett.*, **427**, 394 (2006)
41) D. -S. Leem et al., *Appl. Phys. Lett.*, **91**, 011113 (2007)
42) T. Ikeda et al., *Chem. Phys. Lett.*, **426**, 111 (2006)
43) G. Sakamoto et al., *Appl. Phys. Lett.*, **75**, 766 (1999)
44) M. K. Mathai et al., *J. Appl. Phys.*, **95**, 8240 (2004)
45) V. V. Jarikov et al., *J. Appl. Phys.*, **102**, 104908 (2007)
46) V. V. Jarikov *J. Appl. Phys.*, **100**, 014901 (2006)
47) P. Cusumano et al., *Synth. Met.*, **39**, 657 (2003)

有機デバイスのための界面評価と制御技術
《普及版》(B1149)

2009年 8月17日	初　版　第1刷発行
2015年12月 8日	普及版　第1刷発行

　監　修　　岩本光正　　　　　　　　　Printed in Japan
　発行者　　辻　賢司
　発行所　　株式会社シーエムシー出版
　　　　　　東京都千代田区神田錦町1−17−1
　　　　　　電話 03(3293)7066
　　　　　　大阪市中央区内平野町1−3−12
　　　　　　電話 06(4794)8234
　　　　　　http://www.cmcbooks.co.jp/

〔印刷　倉敷印刷株式会社〕　　　　　　　© M. Iwamoto, 2015

落丁・乱丁本はお取替えいたします。

本書の内容の一部あるいは全部を無断で複写(コピー)することは，法律で認められた場合を除き，著作者および出版社の権利の侵害になります。

ISBN978-4-7813-1042-8　C3043　¥4400E